"十三五"江苏省高等学校重点教材

全国高职高专教育建筑装饰工程技术专业规划教材

家居装饰项目（第2版）

装饰设计与表现、材料、构造、预算

JIAJU ZHUANGSHI XIANGMU
ZHUANGSHI SHEJI YU
BIAOXIAN CAILIAO GOUZAO YUSUAN

陈永 ◎ 编著

知识产权出版社
全国百佳图书出版单位

图书在版编目（CIP）数据

家居装饰项目装饰设计与表现、材料、构造、预算 / 陈永编著. —2版. —北京：知识产权出版社，2018.9

ISBN 978-7-5130-5827-8

Ⅰ. ①家… Ⅱ. ①陈… Ⅲ. ①住宅－室内装饰设计 Ⅳ. ①TU241

中国版本图书馆CIP数据核字(2018)第210598号

内容提要

本书是基于工作过程专业系统化的项目教材，以完成具体装饰项目的工作过程及每个工作过程所需知识和能力为编写框架，以工作过程为编写内容，以知识点的“能用、够用”为编写原则，将建筑装饰设计、装饰材料、装饰构造、计算机辅助设计、装饰预算等不同课程知识点贯穿起来，采用了大量案例实景和材料图片，并对图片进行了简明扼要的文字说明，试图做到图文并茂，以期让学生在读图中收获知识，学得直观，让学生熟悉企业运作装饰项目的步骤，重点在于培养学生的职业就业能力。

责任编辑：张　珑　　　　**责任印制**：孙婷婷

家居装饰项目装饰设计与表现、材料、构造、预算（第2版）

陈永　编著

出版发行：知识产权出版社有限责任公司　　**网　　址**：http：//www.ipph.cn

电　　话：010－82004826　　http：//www.laichushu.com

社　　址：北京市海淀区气象路50号院　　**邮　　编**：100081

责编电话：010－82000860转8574　　**责编邮箱**：zhanglong@cnipr.com

发行电话：010－82000860转8101　　**发行传真**：010－82000893

印　　刷：北京中献拓方科技发展有限公司　　**经　　销**：各大网上书店、新华书店及相关专业书店

开　　本：720mm×1000mm　1/16　　**印　　张**：13

版　　次：2018年9月第2版　　**印　　次**：2018年9月第1次印刷

字　　数：307千字　　**定　　价**：58.00元

ISBN 978－7－5130－5827－8

前　言

2004年，教育部与原劳动和社会保障部等联合颁布《职业院校技能型紧缺人才培养培训指导方案》，文件中重点提出“职教课程开发要在一定程度上与工作过程相联系”的课程设计理念，要求学校课程设置应遵循企业实际工作任务开发“工作系统化”的课程模式。在这一课程设计理念的指导下，本书第1版于2011年出版，使用效果良好。在此基础上第1版已加印2次，并于2016年12月被江苏省教育厅评为“江苏省高校重点教材”。

第1版教材中，编者总结了于2003年开发并于2005年9月实施至2011年的基于工作过程系统化的《家居装饰项目》课程的课改经验，同时，结合编者自1995年至2011年的装修实践经验，总结了运作众多家居项目的经验，在此基础上编写而成。本书第1版教材是以完成具体装饰项目的工作过程及每个工作过程所需知识和能力为编写骨架，以工作过程为编写内容，以知识点的“能用、够用”为编写原则，将《建筑装饰设计》《装饰材料》《装饰构造》《计算机辅助设计》《装饰预算》等课程及最前沿的知识点贯穿起来，用到什么知识编写什么知识，以期让学生熟悉企业运作装饰项目的步骤及其知识和能力所需，重点在于培养学生的职业就业能力。

在第2版教材中，为了适应课改要求，编者在第1场版教材的基础上增加了亲历“互联网+装饰”运作家居项目时的表现手段及其技法，紧跟时代和市场。

本书在编写过程中，为适用职业院校学生读图学习的习惯，采用了大量案例实景和材料图片（其中有设计大师的作品，也有编者在全国室内设计大赛、金外滩奖等的获奖作品），并对图片进行了简明扼要的文字说明，试图做到图文并茂，以期让学生在读图中收获知识，学得直观。

在编写过程中，编者还参考了大量的专业网站上众多知名设计师家居室内设计作品，同时，得到常州多家当地知名装饰工程公司的大力帮助，也得到知识产权出版社编辑的编写指导，在此表示深深地感谢。但由于自身知识和能力有限，不足之处在所难免，敬请读者朋友批评指正。

前言

目录 CONTENTS

第一篇　项目承接

大量的实践证明，要想将一个项目运作好，设计人员必须知晓绘画、雕塑、材料、构造、施工、地理、历史、消费心理等不同学科的知识，在项目设计之前更应该充分地做好各项准备：与业主进行初步交流，准确丈量、绘制出实地空间尺寸，有能力根据业主要求确定总体设计风格或主题等。

工作过程1　承接项目和与业主进行初步交流

目前，家居装修公司的项目来源大致分为三类：第一类是主动上门的客户；第二类是业务员营销来的客户；第三类是朋友介绍或口碑的客户。无论哪种客户，公司都会根据业主情况针对性地安排设计人员与业主初步交流，另外，大部分业主在装修自己的新居前，会带着新居的原始结构平面图找寻多家装修公司。初步交流后，如果对公司和设计人员印象较好，业主就会请设计人员进行之后的工作，否则，该项目就会到此终止。可见，与业主的第一次交流、专业引导业主，是能否继续进行下序工作的关键。

设计人员与业主的沟通技巧简述如下。

首先，设计人员应按正规的社交礼仪礼貌的接待业主，与业主交谈时提倡使用普通话，用语要文明、举止要得体，认真倾听以全面、准确了解业主的需求，并以简明、扼要、准确的语言回应业主的提问，如不能满足业主提出的要求应明确告知。接着，设计人员应主动向业主介绍优秀的家庭装修范例或自己的得意作品，介绍时，需要用诸如“风格、主义或主题”“内涵、气质、尺度”等专业术语，这样就能直观、全面、专业且快速地启发业主，而且，设计人员介绍自己的得意作品时给业主的这种启发，则更会让业主产生信任感，同时，还要告诉业主：这些作品中每一个完整的室内设计作品都涉及空间规划布局、家具选配与摆放、界面（顶地面和立面）造型及用色和选材、灯光设计与灯具选配、工艺陈设品选配与摆放、绿植选配与摆放等多个要素，如图1-1所示。并告知业主，会用同样的设计方法和态度认真对待每个业主。大量经验表明，此刻，绝大部分业主会因为设计人员的专业和负责而很快表明自己新居的设计意向，并拿出自己新居的结构平面图，提出自己的要求和风格意向的建议，从而使家装设计人员能尽快找到与业主的初步结合点，这将对后续的设计及签单有直接的影响。

接着，设计人员应该仔细阅读业主提供的原始结构平面图纸，准确识读承重墙与非承重墙等民用建筑的构造组件和空间尺寸等，同时，与业主核对图纸信息，且询问业主最初的生活规划和设计要求，在征求业主同意后，即时把业主的最初生活规划和设计要求记录在业主提供的原始结构平面图的空白处，以备后续工作的展开。在询问业主时，可以设计以下几个问题引导业主：

（1）您的房子装修后有多少人常住？

（2）三个朝南房间都做卧室吗？还是要设置一个书房？

（3）北阳台是单独使用还是和厨房合在一起将厨房面积扩大使用？

（4）有没有考虑将内卫作为储藏间或衣帽间处理？

（5）喜欢开敞式厨房吗？

（6）喜欢开敞式书房吗？

（7）阁楼上的好几个房间，您有怎样的生活规划？

（8）书房、卧室、厨房家具是购买还是现场打制？

（9）儿童房是给女儿还是给儿子住？孩子喜欢什么颜色呢？

（10）钢琴是放置在客厅还是在书房？

图 1-1 室内设计要素

在接下来的交流中，设计人员应向业主介绍住宅装饰、装修方面的基本常识，且应根据业主的要求和意向及自己的专业实践，提出对该空间的初步设计构想和意图，以期启发业主并使其感知设计人员的专业，当基本情况介绍差不多时，设计人员应及时主动提出要去业主新居实地测绘详细尺寸，因为业主提供的原始结构平面图与建成的房子会有尺寸误差，出于对业主的负责并能更好地设计和绘制准确的方案及施工图的态度，设计人员需要到业主新居现场进行准确的尺寸测绘并感受其空间尺度。一旦业主表示有意请设计人员进行后序的工作，会马上答应并约定时间去新居现场。如果，初步交流的不好，当设计人员提出上述要求时，业主会找出婉言拒绝的理由而终止该项目。

工作过程2　项目空间现场测绘和进一步与业主交流

按时间约定，设计人员和业主来到新居现场，设计人员即刻投入现场尺寸丈量和量后图纸绘制，该工作过程是后续合理方案设计、绘制出准确施工图及准确预算的前提。

一、实地空间图纸绘制及准确丈量的人员与工具配置、原则、方法等

实际空间尺度的准确把握，关系到设计方案的施工可行性和施工图纸的准确性。要做出令人折服的精美室内设计方案，空间尺度是一个必须重视的因素。同时，由于方案设计和项目施工上的分工合作，设计方案施工图中尺度的准确度直接影响到以后的施工工作。可见其重要性。具体如下：

（一）人员配置

一般要求，2名设计人员组成一个测量小组，分别作为记录员与度尺员并配合工作。目前，有经验的设计人员经常一个人边度尺边记录，当记录与度尺为同一个设计人员时，必要时须重复核对两遍。

（二）工具配置

5m、7.5m或10m钢卷尺1把，卷尺钢性要好，不能软塌，如图1-2所示；红外线（激光）测距仪，如图1-3所示；记录本或速写本1本和签字笔1～2支；有条件者最好配备一部数码相机。钢卷尺用于测量中小型空间内各种尺寸，红外线（激光）测距仪则用于测量各种类型空间的进深和开间、净高等距离，界面上的小尺寸多用钢卷尺测量，可根据实际情况具体选择。

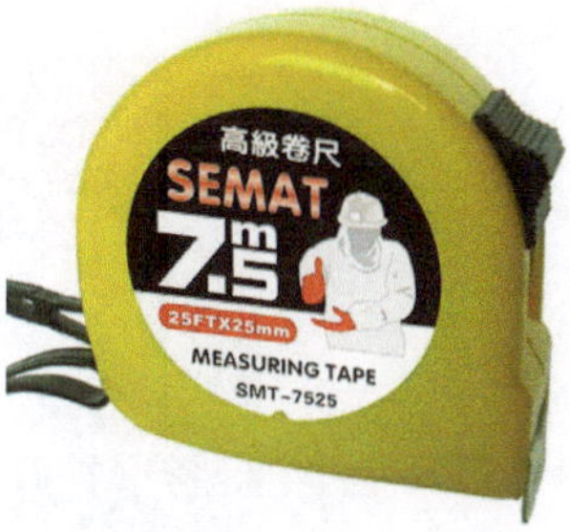

图1-2　钢卷尺

图1-3　红外线（激光）测距仪

（三）原则

丈量尺寸真实、准确，量后图纸绘制清晰、完整。

（四）内容

（1）位置：建筑室内各空间的开间及进深、柱梁位置、门窗位置、配套设施位置等。

（2）尺寸：长、宽、高等距离尺寸、建筑件尺寸等。

（五）步骤

对于初学者或经验不足的设计人员，宜采用以下步骤：

（1）首先，设计人员将欲丈量的家居空间完整的绘制出其套内建筑户型草图，并详细标注该家居套内每一个细部，如配电箱体、入户门开启方向、窗的位置、煤气管位、主进水管位、洗手间及厨房等上部管位分布及关联到设计的所有配套设施尺寸，如图1-4所示。

（2）接着，开始测量和记录尺寸工作，一般由大门位置或柱身位置开始丈量，也可根据设计人员的个人习惯从其他部位开始丈量，同时，还应对套内建筑的其他资料进行文字记录或实地现场拍摄，包括建筑现状、建筑缺陷、外部景观等。

（3）完成测量后务必花点时间重新核对一下是否测量完整，免得后期工作中发现遗漏或严重误差而造成复量的麻烦。

（4）经验表明，量后并核对后，设计人员务必花点时间整体感知并记忆一下该家居空间，如站在进门处感知客厅等空间、站在阳台处感知客厅等空间等，这样既可以确保后续设计过程中始终有清晰的空间感，又有利于设计出精美的方案。

（六）方法

（1）在现场丈量空间尺寸，量后手绘图过程中，一定要按如下规范：

1）墙体、门窗等基本民用建筑组件用细实线表示；

2）横梁以虚线表示；

3）暗埋管线以点划线表示；

4）长、宽尺寸标注要求以mm为单位，标高用m为单位，正常要求精确到小数点后两位。

除上述规范外，有的设计人员也会有自己的习惯表示方法，比如窗及其窗上墙和窗下墙的高度表示方法等。

（2）完整绘制出欲丈量空间的户型图，详细标注该家居套内每一个细节。

（3）小组协作，现场丈量并在绘制的户型图上记录如下空间各部分尺寸，常用的方法具体如下：

1）门宽度的丈量与尺寸记录，如图1-5（a）所示；

2）门高度的丈量与尺寸记录，如图1-5（b）（c）（d）所示。

经过第1）步和第2）步，丈量及其尺寸记录后的手绘平面图，如图1-6所示。

3）窗间墙宽度的丈量与尺寸记录，如图1-7所示。

4）窗下墙高度的丈量与尺寸记录，如图1-8所示。

5）窗洞高、宽的丈量与尺寸记录，如图1-9所示。

6）窗上墙高度的丈量与尺寸记录，如图1-10所示。

经过第3）步～第6）步，手绘出量后的平面图及尺寸记录，如图1-11所示。

图1-4　绘制户型草图

7）柱面宽度的丈量与尺寸记录，如图1-12所示。丈量及其尺寸记录后的手绘平面图，如图1-13所示。

8）在房屋阴角处丈量和记录房屋的净高，如图1-14所示。

9）现场空间尺寸丈量与尺寸记录，如图1-15所示。

重复以上所有步骤，直至完成所有丈量和量后尺寸记录，如图1-16所示。

(a)　　(b)　　(c)　　(d)

图 1-5　丈量和记录门的高度尺寸

(a) 门宽度尺寸丈量与记录；(b) 拉出足够长的卷尺；(c) 顶靠丈量门洞高度；
(d) 门上墙的尺寸丈量

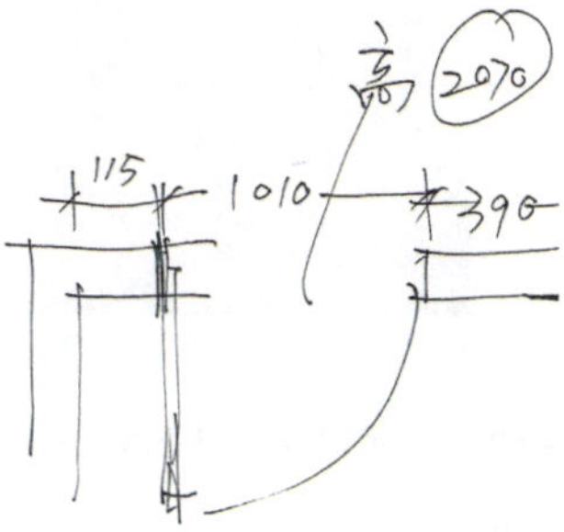

图 1-6　丈量及尺寸记录后的手绘门平面图

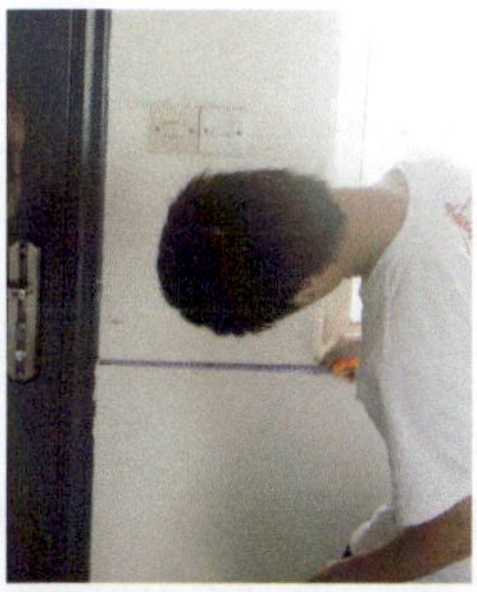

图 1-7　窗间墙宽度尺寸的丈量和记录

图 1-8　窗下墙高度尺寸的丈量和记录

(a)　　(b)

图 1-9　窗洞宽度和高度尺寸的丈量和记录

(a) 丈量和记录窗洞宽度尺寸；(b) 丈量和记录窗洞高度尺寸

图1-10　窗上墙高度尺寸的丈量和记录

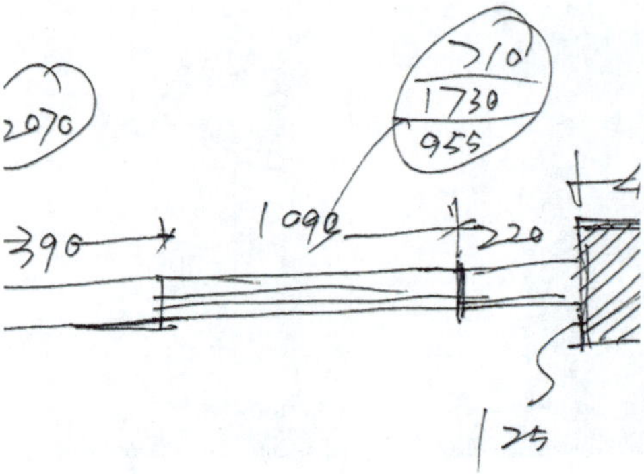

图1-11　丈量及尺寸记录后的手绘窗平面图

(a)　　(b)　　(c)

图1-12　柱面宽度尺寸的丈量和记录

(a) 丈量和记录柱子侧面；(b) 丈量和记录柱子正面；(c) 丈量和记录柱子另一侧面

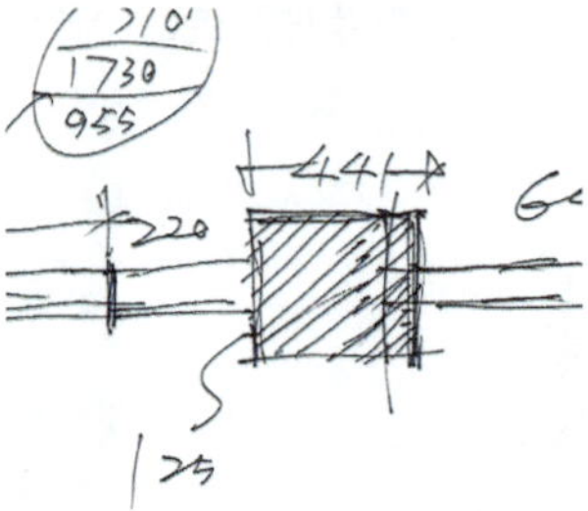

图1-13　丈量及尺寸记录后的手绘柱子平面图

(a)　　(b)　　(c)

图1-14　房屋净高的丈量和记录

(a) 拉开卷尺，将卷尺头顶至顶棚阴角；(b) 左手按住卷尺，下拉卷尺；(c) 识读净高尺寸

图 1-15　现场空间尺寸的丈量和记录

（七）注意事项

（1）度尺摆尺要横平竖直，不能有起伏弯曲。

（2）度尺观尺保持与尺寸数字在同一直线，以防误差。

（3）度尺报数前商定选定尺寸单位，正常规范要求以mm为单位，特殊情况也可选用cm为单位；读数时要以选定的单位统一读数，单读数字，读数时要重复一次。如2.2m的尺寸长度，当选定mm为单位时，要读2200；若在特殊情况下选定cm为单位时，要读220。

（4）记录员记录数字后，确认已完成记录，度尺员再度下一尺寸。

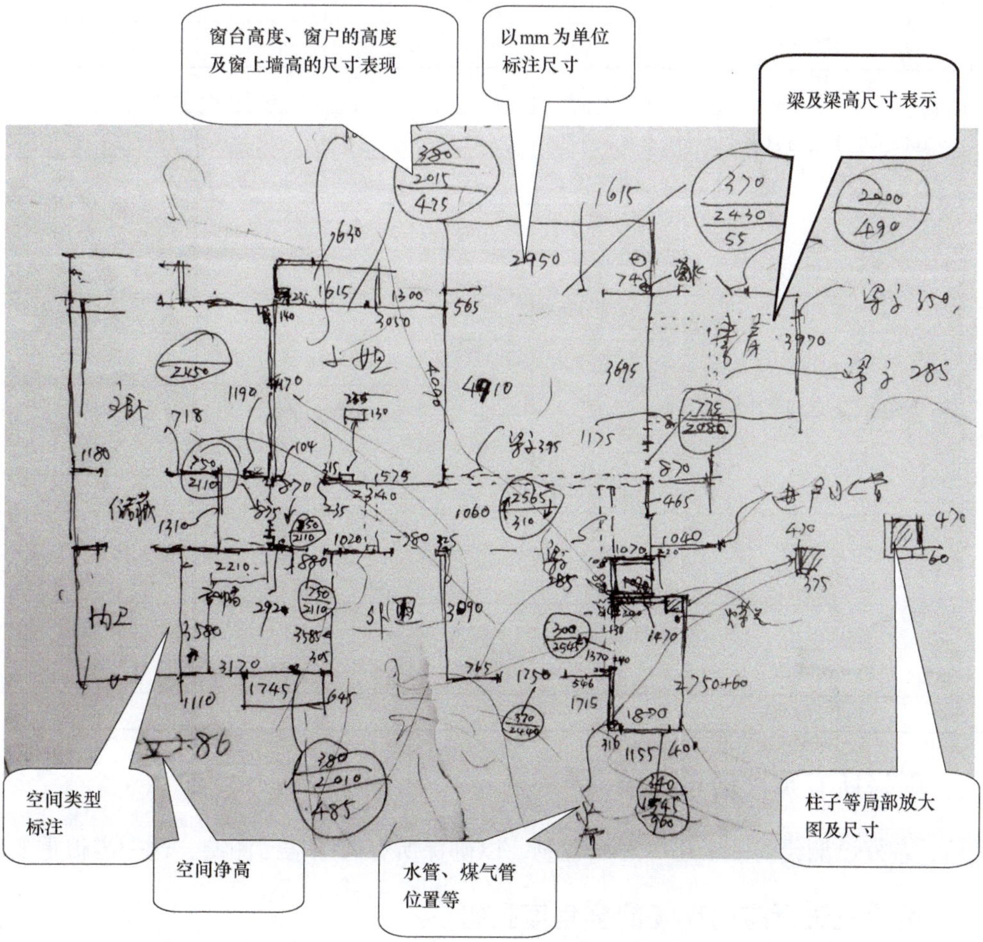

图 1-16　现场丈量及尺寸记录后的手绘详细尺寸图和记录的基本资料

（5）记录员监督度尺员工作规范，发现问题要及时提出纠正。

（6）注意工作中的礼仪问题，不能随意破坏现场的建筑件，对有可能影响现场的度尺动作的物件要请示业主并征得其同意后才可以挪动。

（7）注意人身和财产安全。

二、实地空间内，进一步与业主交流，再次了解业主需求

在设计人员绘制出实地空间并准确丈量尺寸的同时，业主及家人会进一步思考和讨论家居生活规划和设计构思。为了更好地服务设计，上述工作结束后，设计人员必须进一步了解业主需求，即在上述与业主交流的基础上，拿出预先设计好的业主档案表，见表1–1，给业主讲明业主档案表对后续设计工作的重要性，并按表中所列项请业主配合逐项填写，这样就完成了与业主的进一步交流。

表1–1　业主档案

<table>
<tr><td rowspan="3">基本信息</td><td>委托日期</td><td></td><td>接待设计师</td><td></td><td>委托编号</td><td></td></tr>
<tr><td>委托人电话</td><td></td><td>委托案例名称与地址</td><td colspan="3"></td></tr>
<tr><td>建筑面积</td><td></td><td>居住人数</td><td></td><td>约定量房日期</td><td></td></tr>
<tr><td rowspan="13">具体要求与具体描述</td><td rowspan="4">家庭成员中个人的职业及设计风格喜好等</td><td>业主（男）</td><td colspan="4"></td></tr>
<tr><td>业主（女）</td><td colspan="4"></td></tr>
<tr><td>业主子女</td><td colspan="4">例如：喜欢粉色调</td></tr>
<tr><td>业主父母</td><td colspan="4"></td></tr>
<tr><td>装修资金投入</td><td colspan="5"></td></tr>
<tr><td rowspan="4">家庭成员中个人的具体设计要求</td><td>业主（男）</td><td colspan="4"></td></tr>
<tr><td>业主（女）</td><td colspan="4"></td></tr>
<tr><td>业主子女</td><td colspan="4">例如：次卧室为16岁女孩住，要考虑放置一架钢琴、宽大的书台和双人床</td></tr>
<tr><td>业主父母</td><td colspan="4"></td></tr>
<tr><td>家庭成员的禁忌
（色彩、宗教等）</td><td colspan="5"></td></tr>
<tr><td>已购或欲购的家具、电器物件尺寸及颜色等</td><td colspan="5"></td></tr>
<tr><td>其他方面</td><td colspan="5"></td></tr>
</table>

三、确保所有尺寸均已测绘

之后，拿好已测绘的图纸逐一对照现场，以确保所有尺寸均已测绘，这一步很重要。

四、用手机进行空间现场的全角度拍摄

接下来，用手机进行空间现场的全角度拍摄，如图1–17所示，因为，测绘人员离开现场

后，对现场的结构及细节或多或少会有些遗忘，在后续图纸放样和方案设计时，若出现记忆不清时，打开全角度拍摄的资料浏览，来确保空间尺寸及结构的准确表现，经验表明，该环节很有必要。

图1-17　全角度拍摄现场（部分角度）

五、做好离开现场的各项工作

请示业主是否恢复在测量过程中因影响现场的度尺动作而移动的物件。离开工地现场时注意帮助业主关好门窗及电闸等。

同时，还需要向业主索要房屋结构图，图上黑色部分就是承重结构所在位置，后续设计改造绝对不能拆改，所以，后续的设计必须参照原始结构图，如图1-18所示。

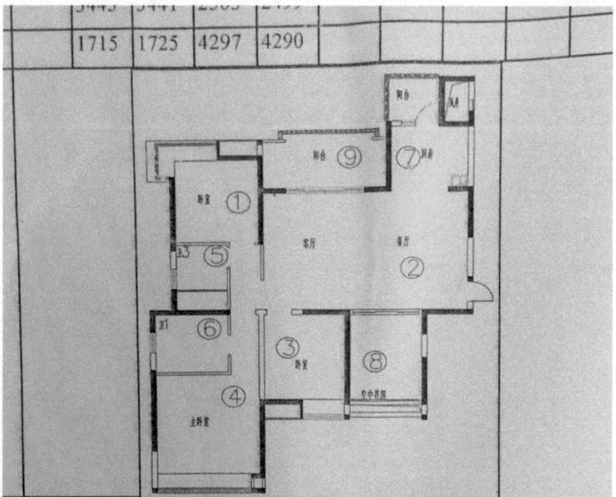

图1-18　房屋结构图

第二篇　项目设计及设计协议签订

工作过程1　运用软件放样测绘后的图纸

前面的工作都已完成，接下来，需要设计人员或设计助理运用AutoCAD绘图软件将现场测绘的草图立即放样，具体绘制的方法和步骤如下。

AutoCAD放样现场测绘草图的流程图为：新建图→修改图形参数→新建图层→绘制轴线网→绘制墙体→绘制门洞和窗洞→创建窗线阳台及门（别墅空间需要绘制楼梯及电梯）→文字标注→尺寸标注，绘制步骤如下。

一、新图创建

打开AutoCAD软件，快速创建一张新图，鼠标移至[格式]，点击鼠标左键弹出下拉菜单，点击图形界限，接着，在命令行内输入图形界限为“29700，42000”，单击“Enter”键，如图2-1所示。

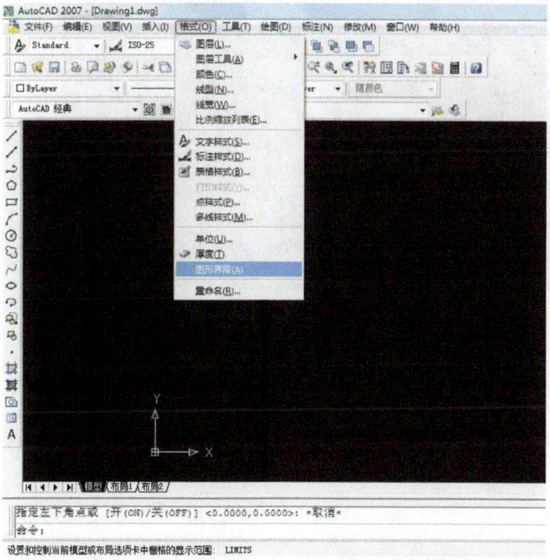

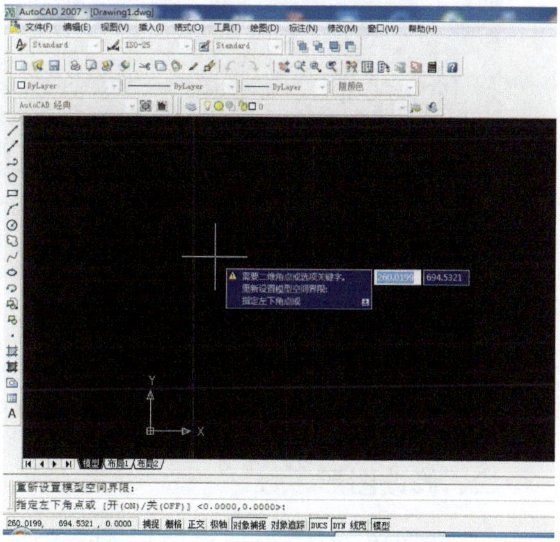

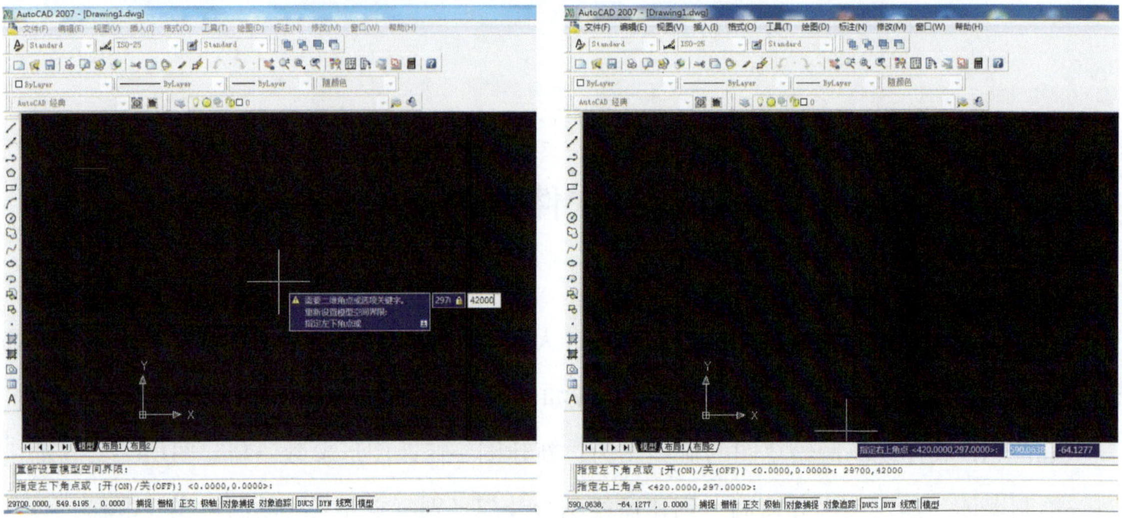

图2-1　设置图形界限

鼠标移至[窗口缩放]命令右下角的小三角处，点击鼠标左键并按住左键同时下移，至[全部缩放]处，然后松开左键，即可完成绘图区最大化显示。如图2-2所示。

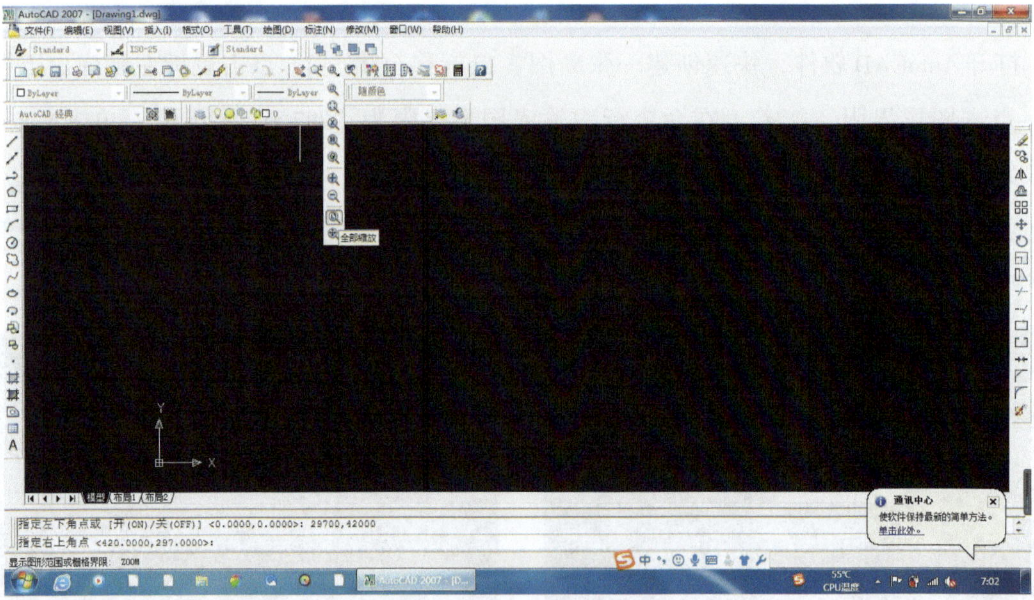

图2-2　最大化绘图区操作

二、修改图形参数

鼠标移至[格式]处，点击鼠标左键弹出下拉菜单，移动鼠标至[单位]命令处，点击鼠标左键，弹出对话框，然后，设置绘图单位为“mm”、绘制长度为小数、精度为“0”，单击[确定]按钮即可。如图2-3所示。

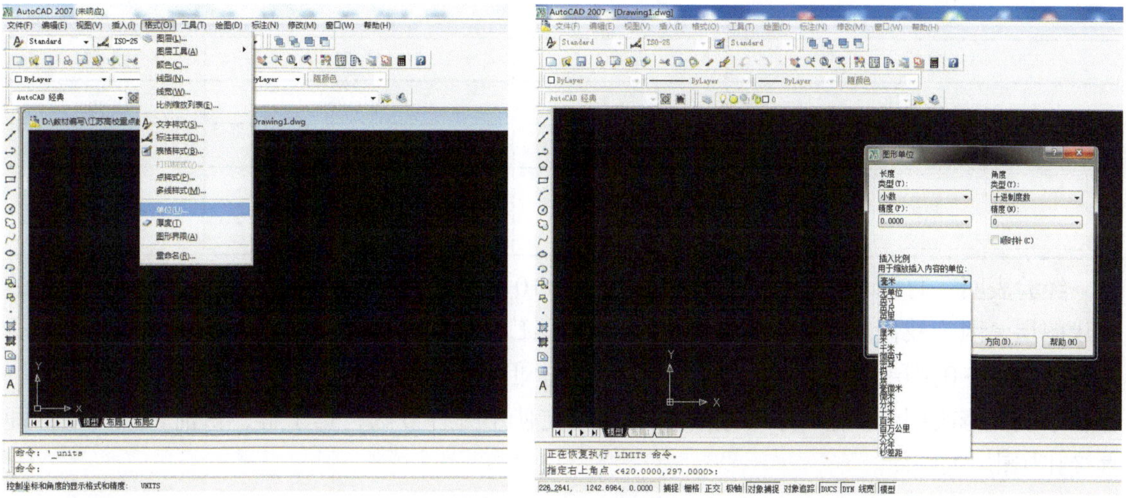

图2-3　修改图形参数

三、新建图层

单击[格式]下拉菜单，在弹出的菜单中单击[图层]工具按钮，弹出“图形特性管理器”对话框，在对话框上单击[新建]按钮并修改参数。

可以按表2-1新建图层。

表2-1　新建图层设置

图 层	颜 色	线 型	线 宽
0层	白7	Contimuous	default
轴线	红1	Dote	0.1mm
墙线及立面轮廓边线	白7	Contimuous	0.5mm
平面门窗及立面门窗造型线	黄2	Contimuous	0.15mm
门扇开启线	灰8	Dashed	0.10mm
家具线	绿3	Contimuous	0.20mm
顶面造型线	青4	Contimuous	0.20mm
顶面材质分格线	灰8	Contimuous	0.1mm
顶面回光灯槽	黄2	Dashed	0.15mm
顶面灯具	30	Contimuous	0.15mm
地面分界线	青4	Contimuous	0.20mm
地面材质分格线	灰8	Contimuous	0.1mm
立面造型线及界面线	青4	Contimuous	0.2mm
节点大样	50	Contimuous	0.3mm
所有填充	灰251	Contimuous	0.09mm
尺寸标注	洋红6 数字黄2	Contimuous	0.15mm

续表

图层	颜色	线型	线宽
文字标注	黄 2	Contimuous	0.15mm
其他文字颜色和	绿 84		0.2mm
图框	粗(蓝色)	Contimuous	0.6mm
	细(黄色)	Contimuous	0.15mm

经验表明，打开CAD软件可以直接在默认的0图层上画图，无须按上述步骤比较费时的创建图层，因为我们绘制的家居项目相对于大型工装项目而言，图纸要表达的内容较少，所以可以直接在0图层上绘图，修改起来也很方便。但大型项目图纸要表达的内容多，创建图层有利于快捷修改图纸。总之，根据个人习惯来定使用哪种方法，据了解，目前，不少设计师直接在0图层上画图。

四、绘制墙体图

第一步，绘制内墙线图（因为现场测绘都是内墙尺寸和造型）。

结合现场测绘草图和业主提供的结构图，绘制墙体，点击[直线]命令，并在界面上适合位置点击鼠标左键，松开左键将鼠标拉向一边，输入测绘草图上该段直线的测绘尺寸，点击键盘上的[Enter]键绘出该段直线，接着，按测绘草图的形状移动鼠标，绘制下一段尺寸，如图2-4所示。

重复上述步骤，逐段绘制，直至最后绘制成两根直线，由于建筑本身的尺寸误差，即便现场测绘得很准，在画图时最后两根线段相交时都会有一点偏差而不能垂直相交，如图2-5所示。有两种解决方法。第一种方法：选中这两根线段，线段变成虚线并且前段有正方形小蓝点，接下来，鼠标光点移至正方形蓝点，点击鼠标左键，此时原蓝点变成红色，松开鼠标左键同时移动鼠标至需要垂直相交的另一根线段，此时会出现相交的黄色符号，点击鼠标左键，即可完成，同样的方法完成另一个线段的垂直相交，如图2-6所示。第二种方法：鼠标左键点击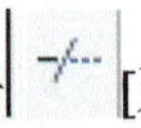[延伸]，移动鼠标至绘图界面至其中一根直线上，点击鼠标左键选中该直线，然后在空白处点击鼠标右键，接下来，移动鼠标至另一根直线上，点击鼠标左键该直线，即可完成直线的延伸；鼠标左键点击[修剪]，移动鼠标至绘图界面并在空白处点击鼠标右键，然后，移动鼠标至需要修剪的线段处，点击鼠标左键，完成修剪后的垂直相交，如图2-7所示。滚动鼠标的滚轴，缩小绘图界面，即呈现出如图2-8所示的内墙线图。

第二步，绘制外墙线图。

鼠标移至“偏移”，然后，点击鼠标左键，后将鼠标移动至绘图界面并直接输入需要偏移的尺寸240mm（外墙墙体厚度为240mm厚），移动鼠标至需要偏移的线段上，点击鼠标左键，然后松开鼠标左键并移动鼠标（鼠标移动的方向就是要偏移的方向），然后，在空白处点击鼠标左键，即完成一个线段的偏移，偏移后的两根线就表示外墙墙体厚度，如图2-9所示。

重复偏移命令，直至完成如图2-10所示的外墙线图。

第三步，外墙线的直角连接。

鼠标移至  “倒角”，然后，点击鼠标左键，查看界面左下角有“当前倒角距离1=0.0000，距离2=0.0000”的描述，否则进行修改，并确保两个倒角距离均为0.0000，后将鼠标移动至画图界面上需要进行倒角的一条线段上，并点击鼠标左键，接下来，移动鼠标至需要进行倒角的一条线段上，点击鼠标左键，即完成两条线段的直角连接，如图2-11所示。然后，在画图界面空白处，点击鼠标右键，弹出对话框，选择并点击鼠标左键“重复倒角”，反复操作上述步骤，直至完成如图2-12所示的墙体图。

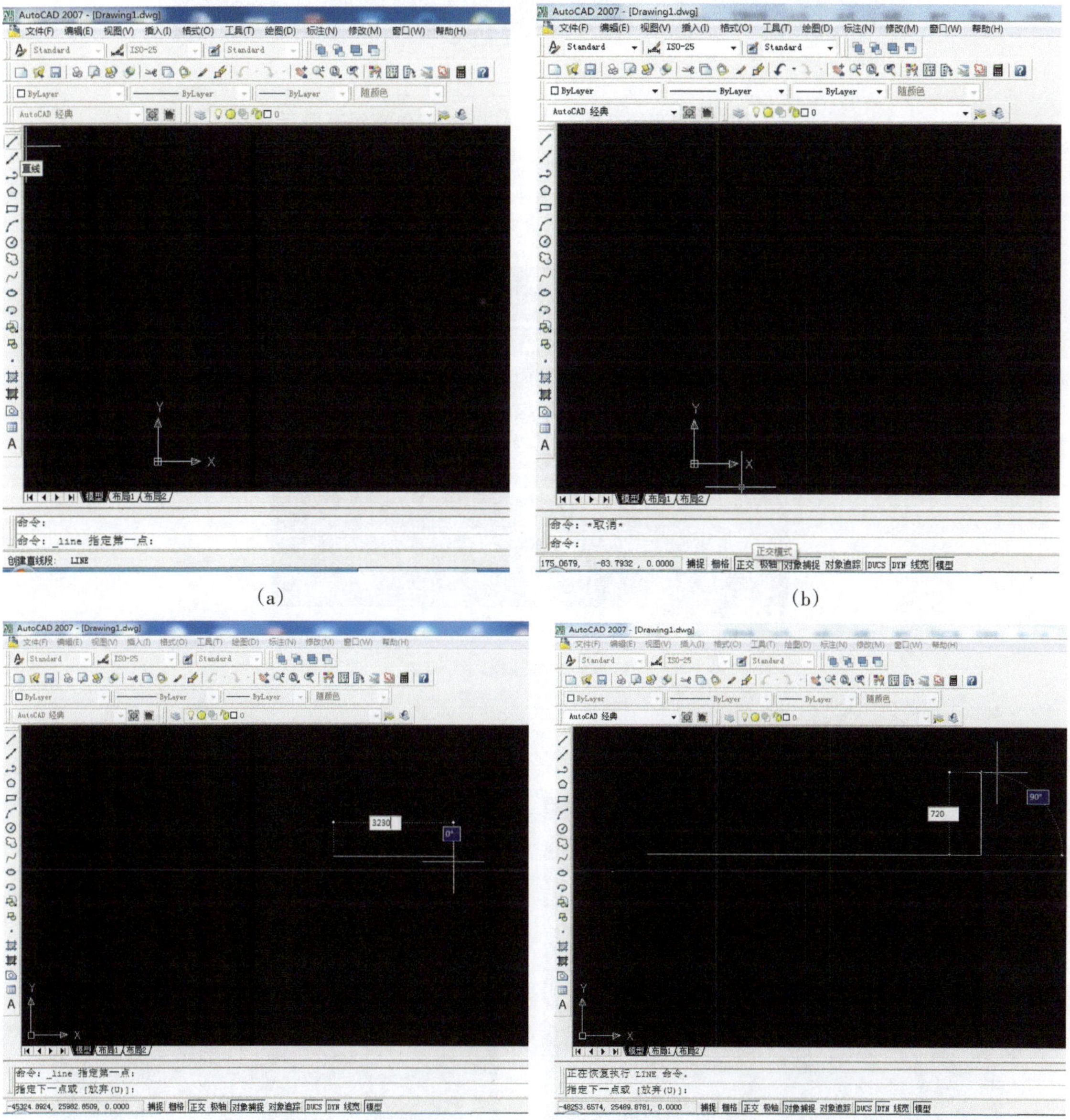

（a）　（b）　（c）　（d）

图2-4　对照测绘草图，用CAD命令绘制起始直线

（a）点击[直线]；（b）打开[正交]；（c）绘制第一条直线；（d）绘制第二条直线

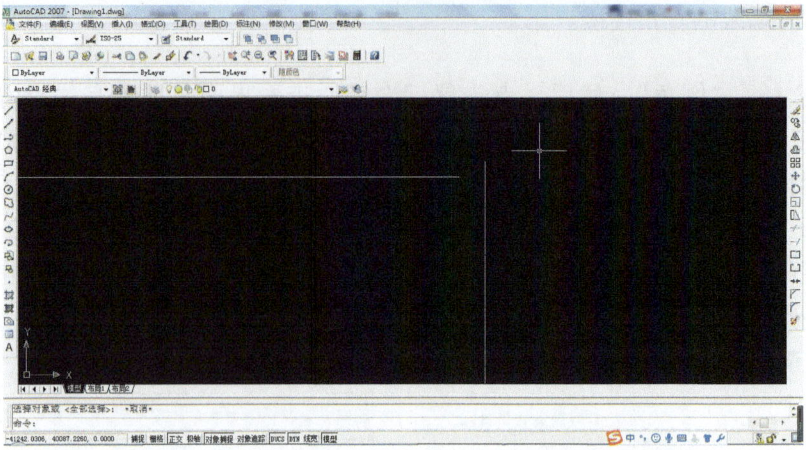

图2-5　对照测绘草图，用CAD命令绘制直线至最后

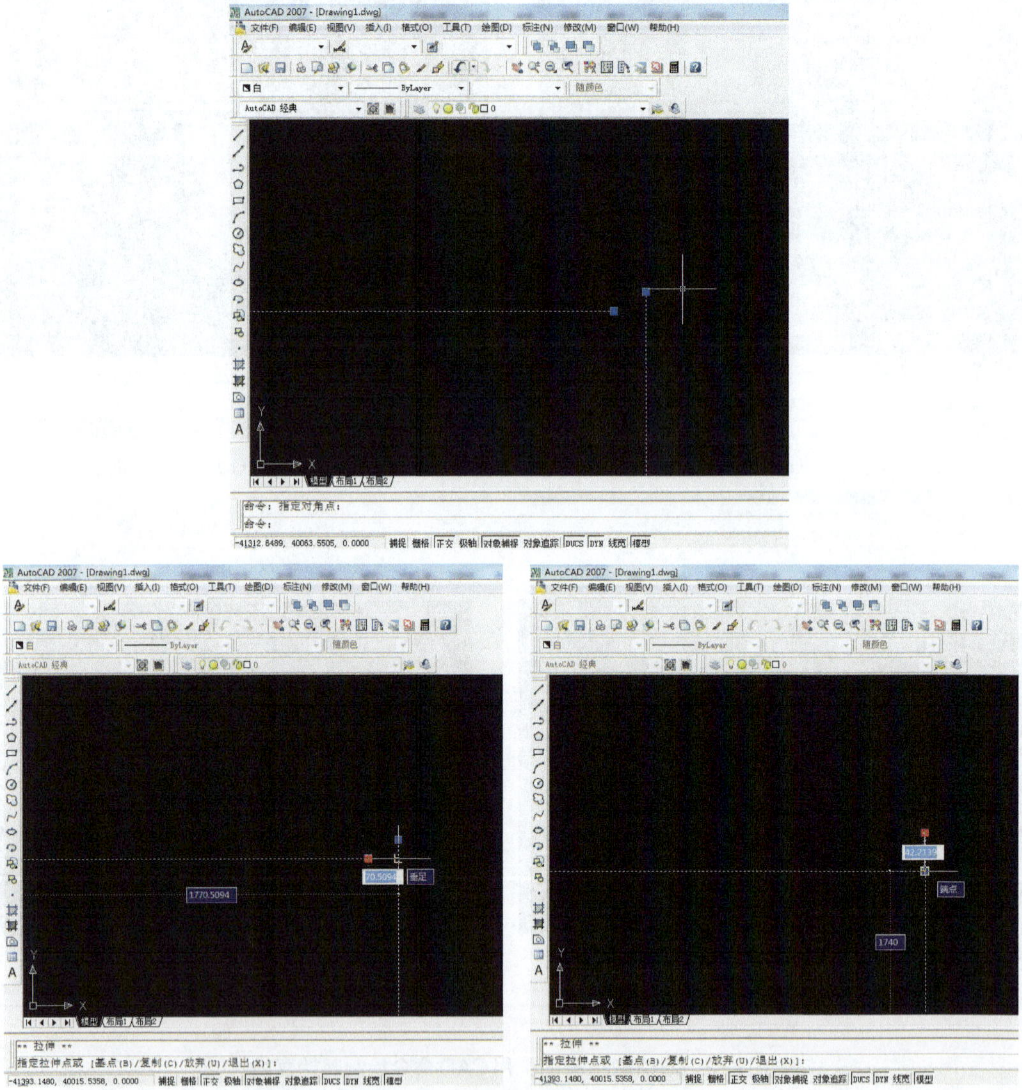

图2-6　两条错开的直线，垂直相交的第一种方法

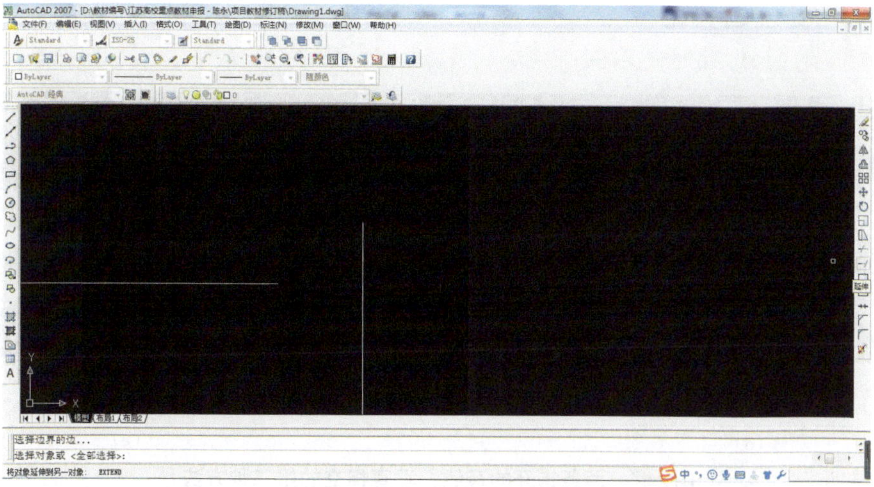
选择边界的边...
选择对象或 <全部选择>:
将对象延伸到另一对象: EXTEND

(a)

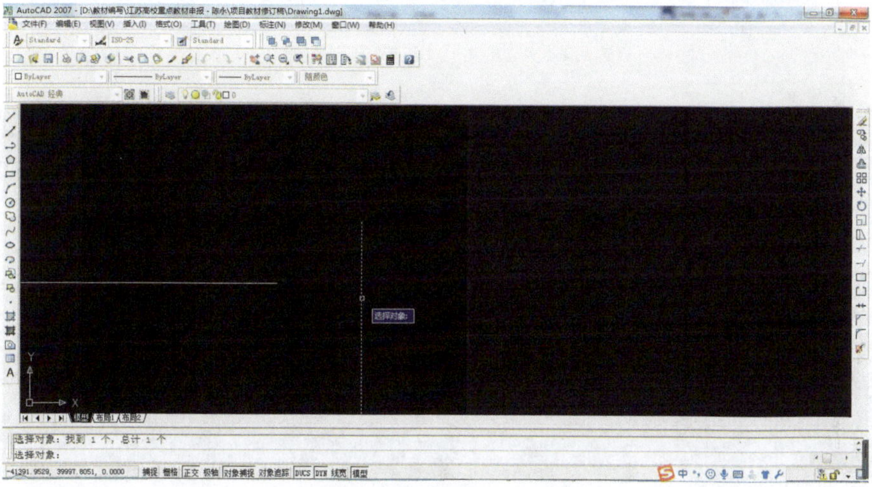
选择对象:
选择对象: 找到 1 个, 总计 1 个
选择对象:

(b)

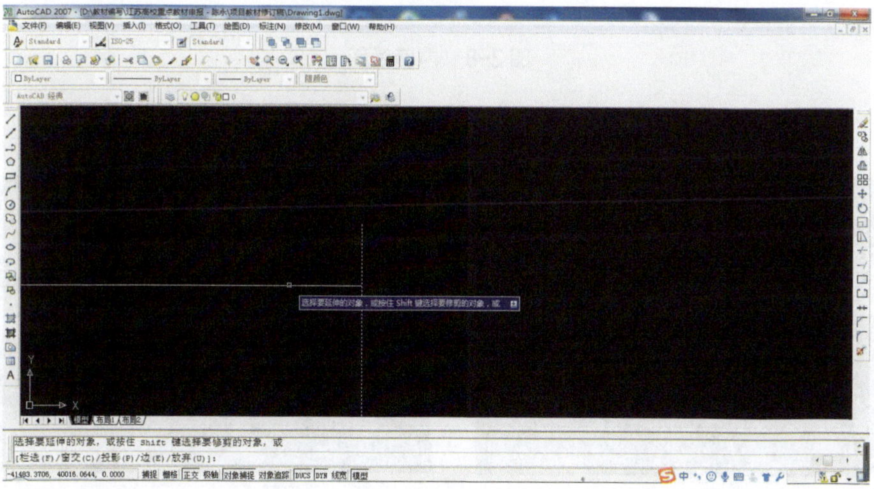
选择要延伸的对象，或按住 Shift 键选择要修剪的对象，或
[栏选(F)/窗交(C)/投影(P)/边(E)/放弃(U)]:

(c)

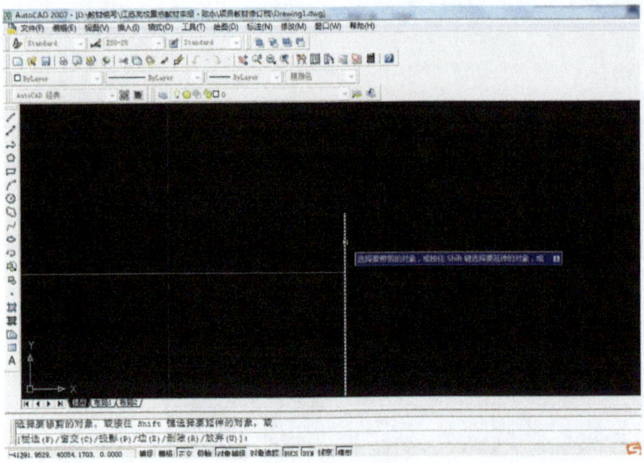

(d)

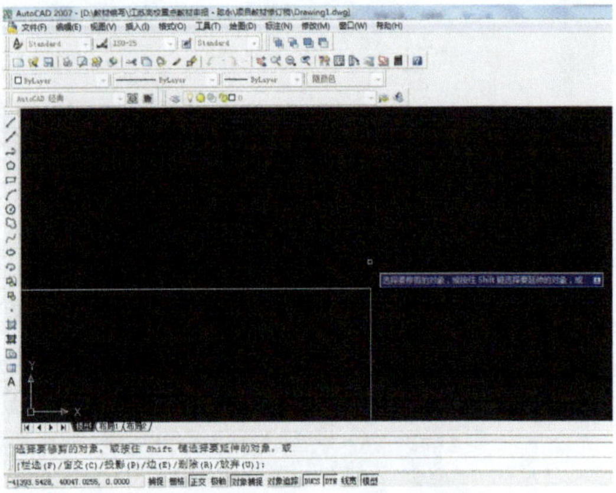

(e)

图2-7　两条错开的直线，垂直相交的第二种方法

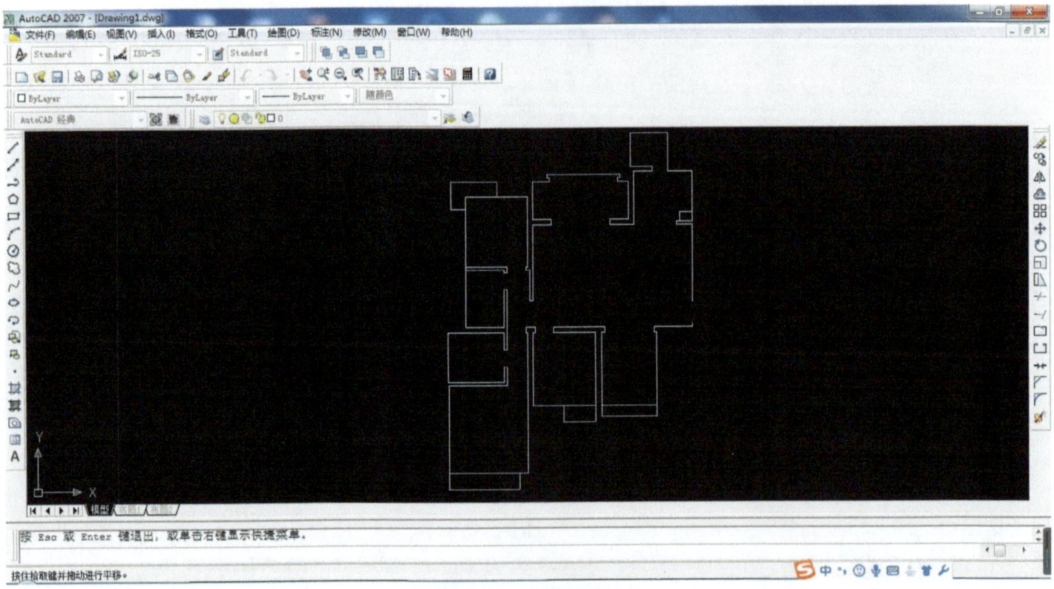

图2-8　内墙线图

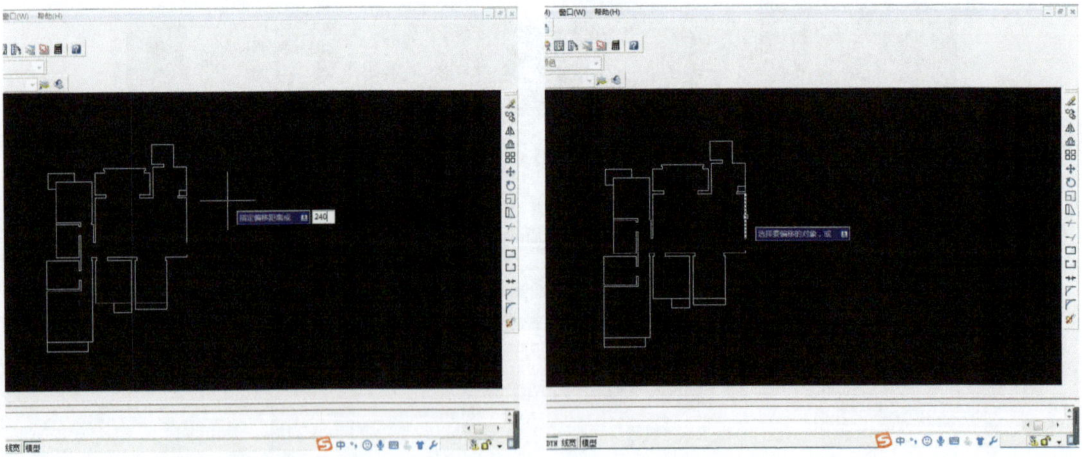

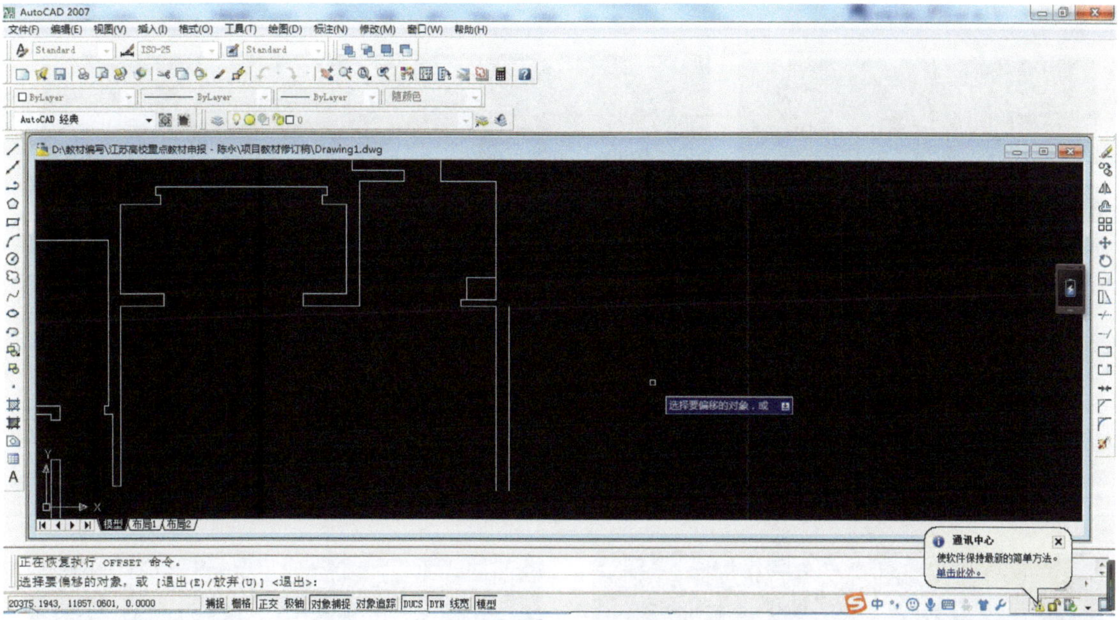

图2-9　外墙线的绘制

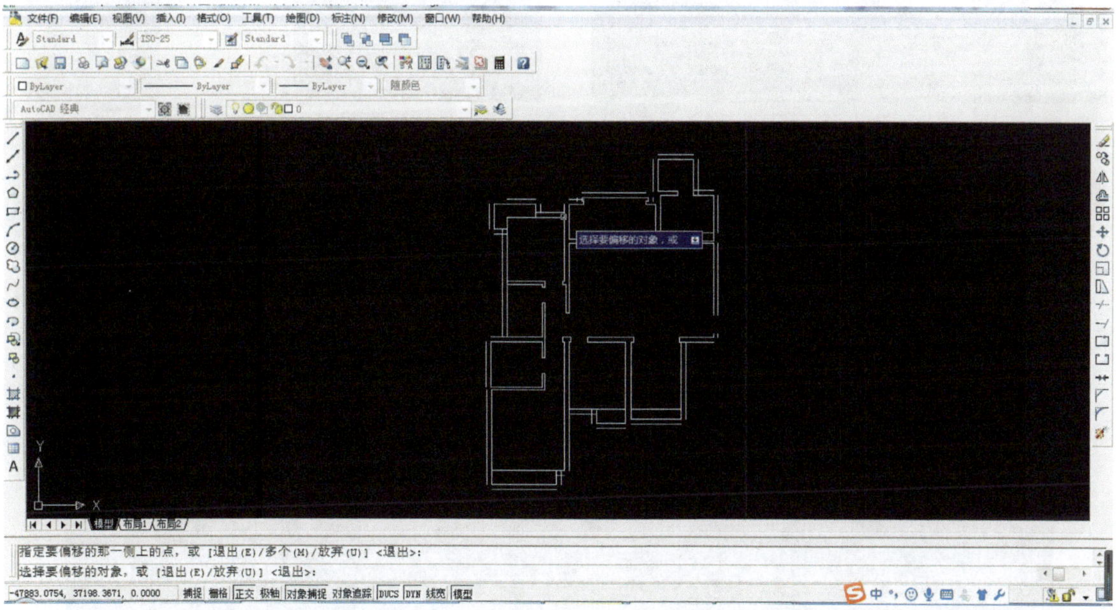

图2-10　全部偏移后的外墙线图

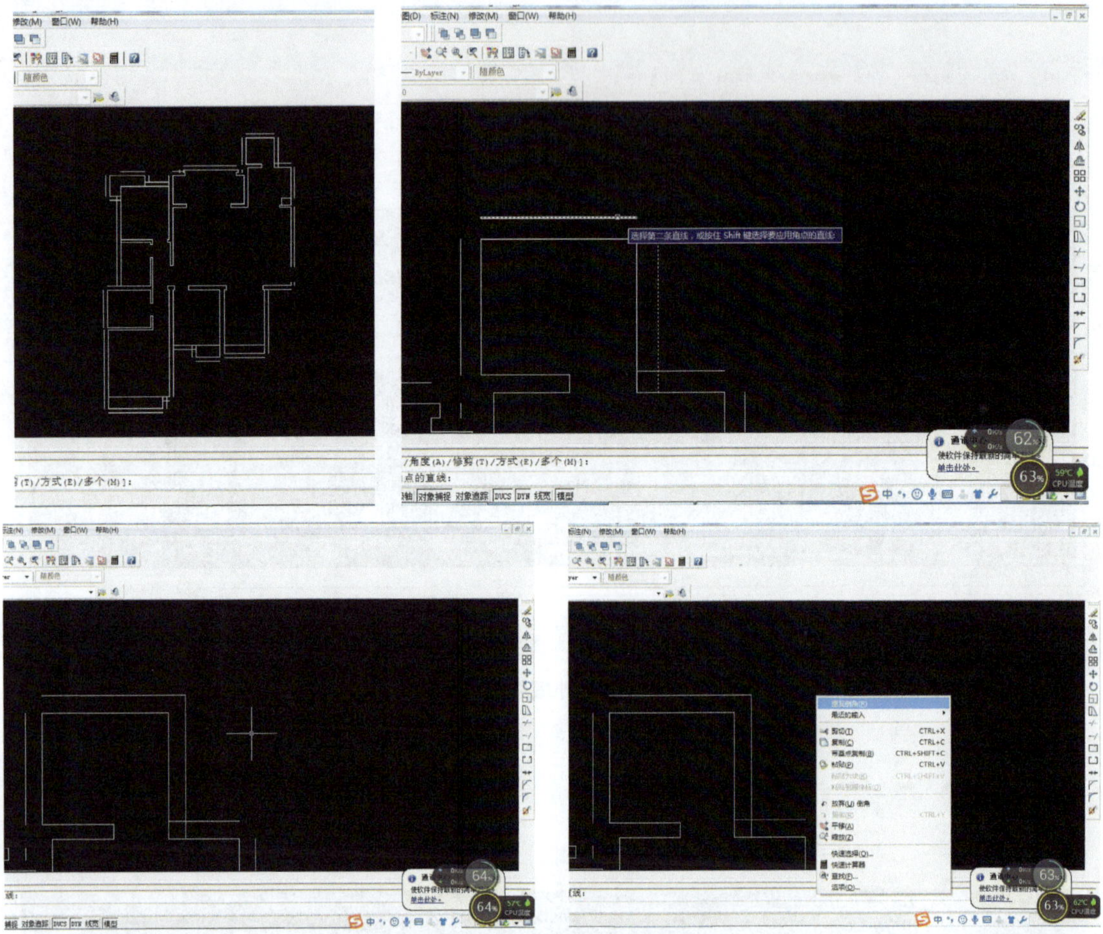

图2-11　外墙线的直角连接

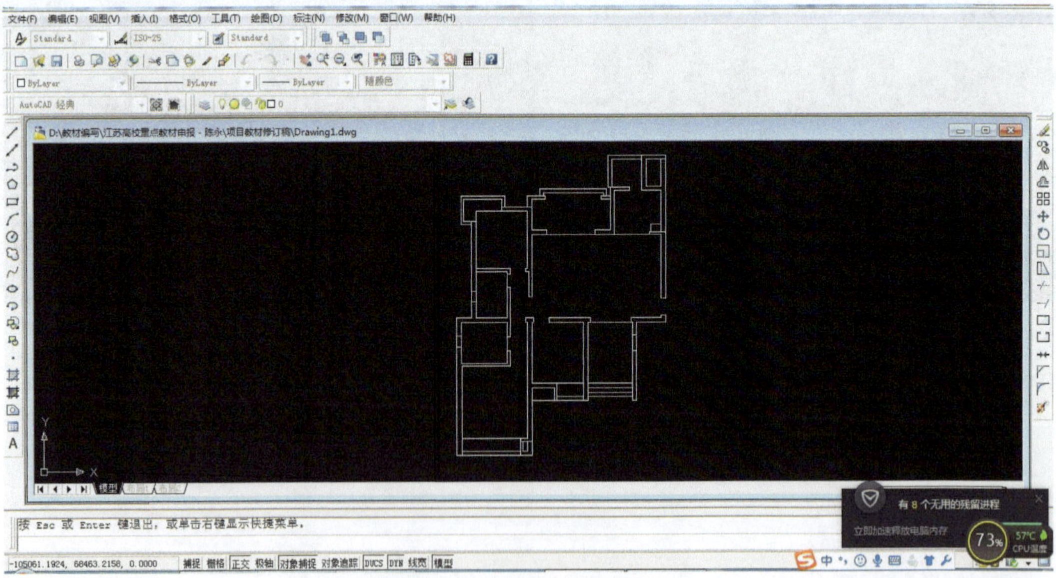

图2-12　绘制完成的墙体图

五、调整并显示墙体和窗户等线宽

对照草绘图纸，标画出厨卫的马桶、洗手池等下水位置及其直径等，调整墙体线宽为0.35mm或0.40mm，窗台线宽为0.13~0.18mm。然后，执行显示线宽命令，如图2-13所示。调整和显示线宽后即可得到如图2-14所示效果。

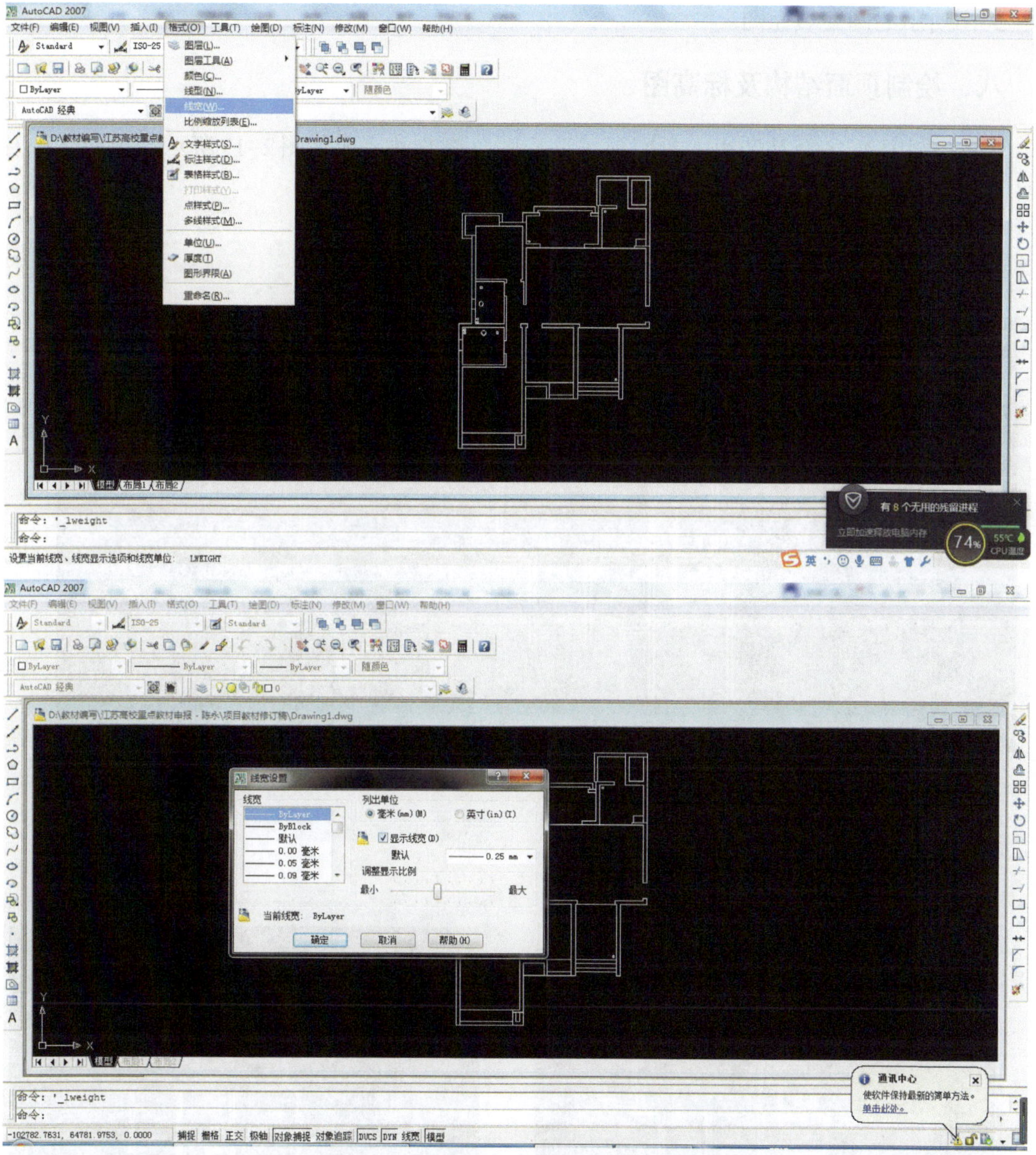

图2-13 调整并显示墙体、窗户线宽

六、绘制门窗

单击工具，参照自己的现场测绘图，用[直线]、[圆]和[修剪]等命令配合[捕捉]等功能绘制出所有门、窗，并标注出地面和窗等的标高，如图2-15所示。

七、图案填充承重结构

对照结构单击[图案填充]按钮，弹出“边界图案填充”对话框，设置“样例”，“角度为0”，“比例为30”后。单击[拾取点]按钮，回到主界面，左键点击封闭图形区域后，单击鼠标右键，弹出对话框，单击[确定]后，返回“边界图案填充”对话框，单击 [确定]后，最后生成如图2-16所示的图案填充图。

八、绘制顶面结构及标高图

复制绘制图2-16至其旁边，参照现场草绘图，修改并完成如图2-17所示的顶面结构及标高图。

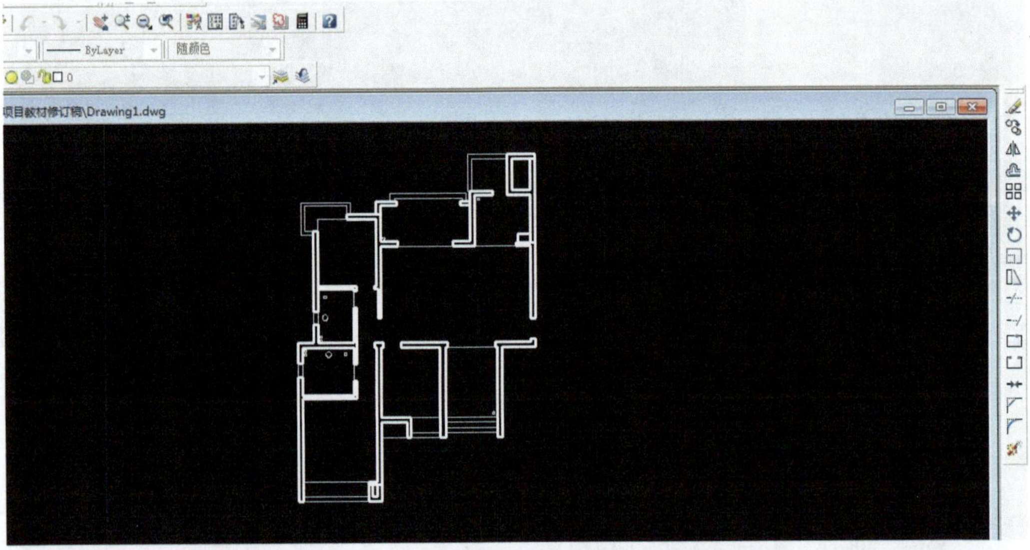

图2-14　调整并显示完成墙体、窗户线宽

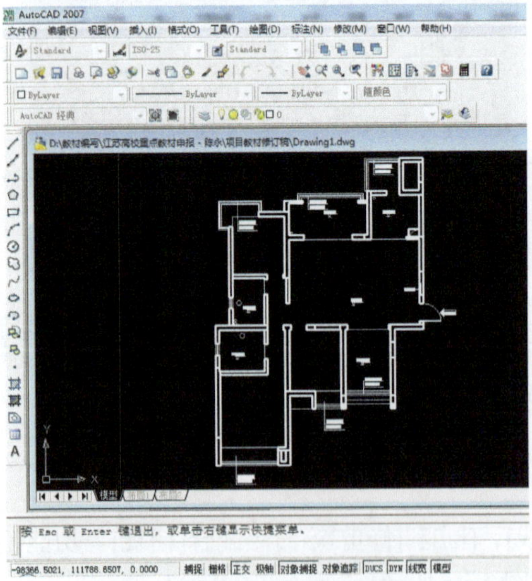

图2-15　绘制完成门窗并标注标高

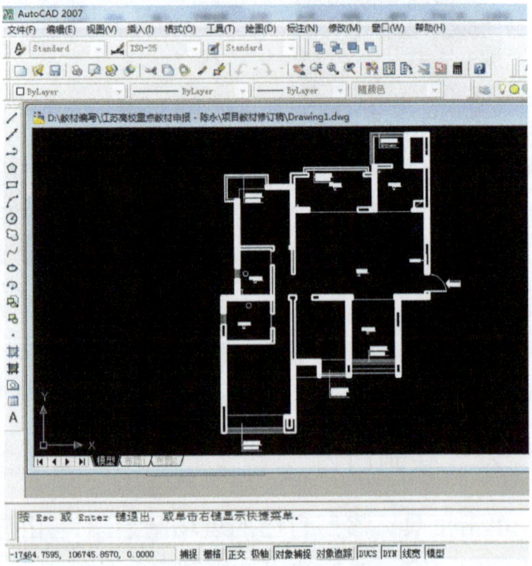

图2-16　图案填充墙体承重结构

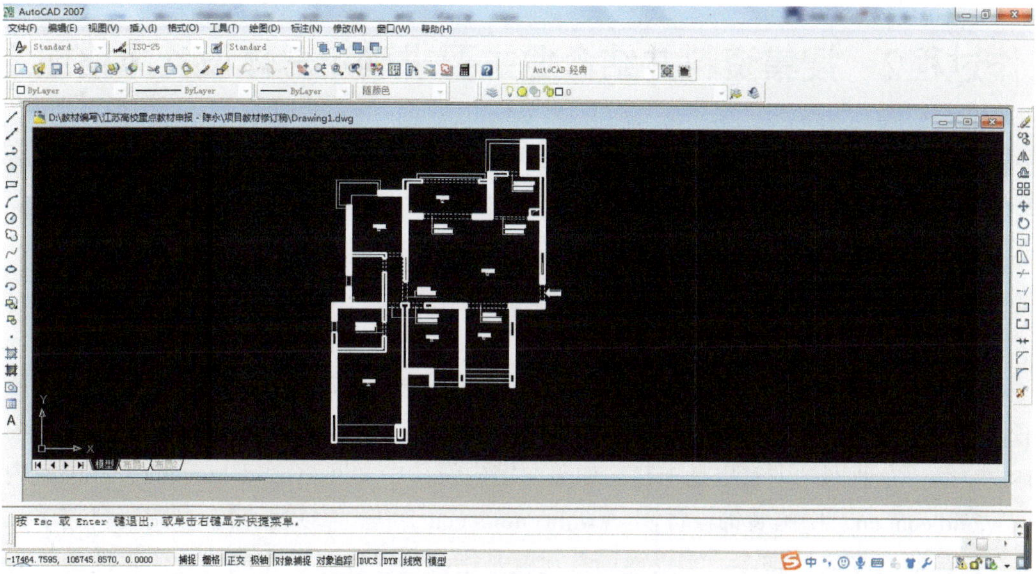

图2-17　顶面原始结构及尺寸图

工作过程2　搜集资料并结合业主要求确定总体设计风格或主题

经过上述工作，设计人员已掌握了业主众多信息和设计要求，接下来，设计人员必须结合业主要求、房屋结构及自身的专业知识和生活阅历，开始如下工作。

一、根据业主要求查找资料和感受家居室内设计风格

（一）学会查找资料

查找资料，就是要先大量翻阅室内设计资料和浏览室内设计网站，资料查找的途径有专业书籍杂志、网络查找和实景现场参观。书籍杂志种类繁多，如《室内设计资料》《室内设计经典集》等；专业网站内容更是丰富，如美国室内设计中文网www.idchina.net、中国室内设计网www.ciid.com.cn、中国装饰设计网www.mt-news.com）等。实践表明，参阅资料越多，设计人员在设计前所受启发越多。实景现场参观就是指参观已经施工完成的有代表性的优秀室内设计工程作品或样板房，这样有地域等诸多因素的限制，而书籍和网络上有很多国内外知名设计师、设计大师的竣工工程的实景照片，所以，目前设计人员查找资料的主要途径是以专业书籍杂志、网络为主。

（二）学会阅读资料，分清不同风格的设计图片及其主要特征

首先，要知晓每种室内设计风格都由空间规划与地面选材、家具的选用与摆放、墙立面造型设计与选材、灯光设计与灯具的选配、工艺陈设品及窗帘等的配饰、绿化的选择与摆放等六大设计要素相互影响而组成的，在设计过程中，设计人员通过艺术手法将六大设计要素相互融合、相互制约，直至设计出既满足使用要求又极具艺术美感、个性的室内环境。

接着，要了解目前装饰市场上正在流行的装饰风格：新古典主义风格、新中式风格、新地方主义风格、田园乡土风格、现代简约风格、构成风格、另类风格和混搭风格等多种家居室内设计风格。每种室内设计风格都有自己的具体特征，内容如下。

1.新古典主义风格

新古典主义风格以尊重自然、追求真实、复兴古代的艺术形式为宗旨，复制古希腊、古罗马文明鼎盛期的作品，但不照抄古典主义，或庄重厉穆、或典雅美丽，区别于16、17世纪以绝对的审美概念和繁复的艺术形象为主的传统的古典主义。新古典主义风格中拉毛粉饰、大理石的运用，使室内装饰更讲究材质的变化和空间的整体性。家具的线形不再是圆曲的洛可可样式而变直，装饰饰面也多采用扇型、叶板、玫瑰花饰、人面狮身像等纹样。如图2-18所示。

2.新中式风格

该风格是通过对传统文化的再认识，将现代元素和传统元素结合在一起，既能体现中国传统神韵，又能体现现代感设计的时尚和潮流。如图2-19所示。

图2-18　新古典主义风格

图2-19　新中式风格

3. 新地方主义风格

该风格又包括以下几种风格。

1）美式装修风格

该风格最大的特点是文化和历史的包容性以及空间设计上的深度享受。其中的美式田园风格长久以来占据着重要的地位。美式田园风格又称美式乡村风格，倡导“回归自然”，室内设计选材也十分广泛：天然实木、藤、竹、印花布、手工纺织的尼料、麻织物、石材等质朴纹理的材质……，配以巧妙设置的室内绿化，在室内环境中力求表现悠闲、舒畅、自然、高雅的田园生活情趣和氛围。美式田园风格的家具通常具有简化的线条、粗犷的体积，它摒弃了烦琐与奢华，兼具古典主义的优美造型与新古典主义的功能配备，既简洁明快，又便于打理，所以，更适合现代人的日常使用，如图2-20所示。

图2-20　美式风格

2）墨西哥风格

墨西哥风格粗犷洒脱，既有浓郁的异国风格，又有和谐安宁、质朴的共性。大多采用传统装修方式，家具、隔断等多采用原木本色且不多加装饰，洒脱，保持了简单朴素的墨西哥式风格。这可能也和墨西哥与玛雅文化的渊源有关，如图2-21所示。

3）意大利风格

美丽、和谐、诱惑、耀眼是意大利风格的写照，它拥有深厚的古典美学传统，其中一个重要特点就是把艺术和功能结合得十分紧密，运用透视法将建筑、雕塑、绘画融于一室，使其具有强烈的透视感和雕塑感，创造出既具有古希腊典雅的美丽和古罗马的豪华壮丽，又具有更接近人的个性解放以及人文主义思想的朴素、明朗、和谐的新室内风格，对生活有相当积极的影响，如图2-22所示。

图2-21　墨西哥风格

图2-22　意大利风格

4）东南亚风格

该风格有独特的、强烈的民族感，冷色和暖色搭配、色彩对比鲜明，装饰注重阳光气息、饰物传统且手工；既有东南亚风情，又含有欧洲风情。东南亚式的设计风格之所以如此流行，正是因为其崇尚自然、原汁、原味，真正体现了对生活的设计。如图2-23所示。

5）韩式风格

所谓韩式风格，并没有一个具体的、明确的说法，更没有一个固定的、准确的概念。韩式风格实际上是取百家之长，如有的采用新古典主义风格的花瓣吊灯，还有的采用中式风格、欧式风格等。室内装修材料多采用原木，供暖多为地热供暖。现在所说的韩式风格实际上更接近“欧式”的风格，如图2-24所示。

图2-23　东南亚风格

图2-24　韩式风格

6）日式风格

线条清晰，布置优雅，木格子拉门、地台，屋、院通透，人和自然统一，注重利用回廊、挑檐而使得回廊空间敞亮、自由等是日式装修风格的主要特征，极具浓郁的日本民族特色。

日式风格采用木质结构，简约，没有过多装饰；其空间意识极强，形成了特有的“小、精、巧”的空间模式；利用檐、龛空间，创造出了特定的幽柔润泽的光影；明晰的线条，纯净的壁画，卷轴字画，室内宫灯悬挂，伞作造景等，创造出了极富文化内涵，格调高雅的室内氛围，如图2-25所示。

7）港式风格

港式风格多以金属色和线条感营造金碧辉煌的豪华感，简洁而不失时尚。

图2-25　日式风格

图2-26　田园乡土风格

4.田园乡土风格

大量木材、石材、竹器等自然材料以及自然符号得到应用，自然物、自然情趣的直接切入，室内环境的“原始化”“返璞归真”的心态和氛围，体现了乡土风格的自然特征。主要是因为现代人对阳光、空气和水等自然环境的强烈回归意识以及对乡土的眷恋使人们将思乡之物、恋土之情倾泻到室内环境空间、界面处理、家具陈设以及各种装饰要素之中。此风格得到文人雅士的推崇，如图2-26所示。

5.现代简约风格

现代简约风格极力反对从古罗马到洛可可等一系列繁复奢华的古典风格，力求创造出独具新意的简化装饰，设计简单、通俗、清新，更接近人们生活。将玻璃、瓷砖等新工艺，以及铁艺制品、陶艺制品等综合运用于室内。注重室内外沟通，竭力给室内装饰艺术引入新意，如图2-27所示。

图2-27　现代简约风格

6. 构成风格

如图2-28所示，构成风格运用立体、平面、色彩三大构成原理，将简洁的几何形体、点、线、面，直、曲、折弯等数字造型模式，经过多种组合运用到设计之中，再赋予纯净的色彩原色，体现一种强烈的理性和象征，带有明显的主观精神。构成风格普遍受到年轻一代的欢迎，迎合了E时代人们追求强烈个性的心理。

7. 另类风格

另类风格如图2-29所示。

图2-28 构成风格

图2-29 另类风格

8. 混搭风格

近年来，建筑设计和室内设计在总体上呈现多元化、兼容并蓄的状况。室内布置中也有既趋于现代实用，又吸取传统的特征，在装修与陈设中溶古今中外于一体，如传统的屏风、摆设和茶几，配以现代风格的墙面及门窗装修、新型的沙发；欧式古典的琉璃灯具和壁面装饰，配以东方传统的家具和埃及的陈设、小品等。混合型风格虽然在设计中不拘一格，运用多种体例，但设计中仍然是匠心独具，深入推敲可以感知其形体、色彩、材质等方面的总体构图和视觉效果，如图2-30所示。

图2-30 混搭风格

另外，有关欧式古典装修风格中古埃及、古罗马、古希腊、拜占廷、罗马式、哥特式、文艺复兴、巴洛克、洛可可和北欧风情、中式古典风格以及地中海式、国际式风格派、极简主义、装饰艺术风格等的众多室内装饰风格均可以在网上查找到。设计人员应定期查找参阅。值得一提的是，上述流行的室内设计风格只是室内装饰历史中众多室内设计风格中的一部分，这段时间的流行，就意味着下段时间会退出流行的舞台而不流行。下段时间流行什么风格，完全取决人们“喜新”和“恋旧”的心理和审美需求，所以，建议大家要始终多多关注20年前曾经流行过的室内设计风格，它可能就是今天或即将流行的室内风格。因为，设计永远是没有定论的，任何流行或落后的风格都是暂时的。

二、根据业主要求，查找资料，感受家居主题室内设计

20世纪90年代后期，我国房地产业的迅猛发展，使得家居装修成了装饰行业的重点，进入21世纪后，中国人的住房面积和生活水平得到进一步提高，随之，人们对居住环境的要求也越来越高，已经从材料堆砌的简单装修发展到有不同室内设计风格要求的装修，设计师为了满足业主的需求，运用了上述诸如欧式、新中式、日式、后现代、现代简约、田园、东南亚等不同的室内设计风格来装修家居，但这些风格的运用多是一种“拿来主义”，是把国外100多年来所形成的众多室内设计风格及其特有的设计语言都“拿来”并使用了一遍。因此，有权威人士说，自1988年中国开始室内设计专业人才培养至今的短短的20多年来，中国的室内设计师演绎了西方100多年的室内装饰历史。可以说，在国际化程度、国际地位和个性需求越来越高的当今中国，这种演绎和跟随已经不能满足整个世界对中国室内设计的期许，因此，中国的室内设计师们也不得不积极、努力地思考。部分设计师已率先尝试在室内设计风格统领下将诸如文学、艺术、人文、季节、地域等主题的代表元素浓缩室内，以期努力打造主题家居室内空间环境，得到了国内外专家一致认可，取得了卓越的效果，非常值得学习。如《海印象》就是以一首诗词为主题而进行的室内设计；《峻·白色意象》和《纯·净·面》就是以抽象的文字表述为主题而进行的设计；设计大师香港梁志天的作品《冬》就是以季节为主题而进行的家居主题室内设计。目前，家居主题设计的具体表现为如下几点。

（一）以古诗词句或诗情画意般词句等为主题进行家居室内设计

如图2–31所示的这种主题设计，取意古诗“宁可食无肉，不可居无竹”，主题定为“居有竹”，来演绎简约幽雅意境情愫。该家居的业主夫妇经营国外进口葡萄酒，经常去欧洲国家葡萄庄园，女儿在国外工作，一家人深受国外装修理念的影响，也很崇尚中国的意境装修。所以，运用减法设计理念，轻装修、重意境，该作品获得2017年中国（上海）国际建筑与室内设计节“金外滩奖”入围奖。

设计上，运用墙面阴刻艺术技法，将意境竹林“移植”在室内中心走廊处，即在走廊入口两边墙面上用石膏板打底，设计师亲自现场阴刻3小簇竹叶、在走廊尽头端景墙面上用石膏板打底，设计师亲自现场阴刻6根竹竿。这种内景外借和“3、6”的数字选用，意在将室外柱荫意境通过阴刻竹纹浅浅地借入室内，试图打造主人在家的日常活动犹如在室外竹林小道踱步的意境。

然后，室内顶面、地面、墙面都选用低调白色，配以定制鸡翅木仿明式家具，意境渲染的配饰（如沙发背景挂画则请当地著名花鸟画家定制，餐桌背景则是设计师的紫砂陶艺作品）和必要的绿植等。就是这种意境搭配，配以个性灯光，加上所有墙、顶面仅选用乳胶漆的环保用材，最终营造出了采光充足、通风顺畅、实用舒适、安全节约、美感惬意的生活环境，

整个室内弥漫着“居有竹”的清雅……

图2-31 “居有竹”

如图2-32所示的这种主题设计，项目业主夫妇事业有成，女儿为国内某知名艺术学院器乐在读，研究生三年级。家中常有优美旋律，“余音绕梁”，所以，以此诗情画意般词句为主题，运用混搭设计手法，演绎简约情愫，作品获得2015年中国（上海）国际建筑与室内设计节“金外滩奖”入围奖。

设计上，取材一架白色钢琴，室内顶面、地面、墙面都选用白色来营造净白整体色调，家具和墙饰则以琴键的黑白交替组织搭配，就是这种交替搭配，犹如琴键上下跳动并流畅出美妙的音符，个性灯光设计宛如音符的充盈延展，加上设计师在施工现场阴刻的琴键，整个室内弥漫着美妙的旋律……另外，本着环保原则，选材上则以绿色环保为主，最终营造出了采光充足、通风顺畅、实用舒适、安全节约、美感惬意的生活环境。

图2-32　“余音绕梁”

（二）以历史名胜等为主题进行家居室内设计

如图2-33所示的这种主题，取名“廊亭叙”，经过与业主前期的详尽沟通和对室内结构及户型的综合分析，定格中式风，即在该室内讲述“长廊和亭子的故事”，设计上，取意著名文化瑰宝“兰亭序”，取景“中国十大著名景亭”，用室内长廊将客餐厅、书房灯等空间进行故事化、艺术化、风景化的有序组织。客厅取名“爱晚亭”，舒适、惬意；书房取名“兰亭”，文化气息浓厚；餐厅取名“醉翁亭”；室内长廊寓意“时空廊”。在传统中式风格的掌控下，本着环保原则，在具体的每个空间设计上，采用“仿景”设计手法，运用现代技术手段模仿历史名亭等的顶面、地面造型与选材，选材上则以绿色环保为主，墙面都选用白色来营造整体风格，加上精心选配的新中式灯具及工艺陈设、绿化等，整个室内时空穿越、文化底蕴浓厚，弥漫着今古同奏的美妙旋律……作品获得2015年“江苏之星”室内设计大奖赛银奖。

图2-33 “廊亭叙”

（三）以抽象的文字表述等为主题进行家居室内设计

该设计理念就是用室内设计的特有语言将诸如一种感觉表现在室内空间设计中。如图2-34所示的主题家居室内设计。

图2-34　“情结的诱惑”

该家居业主有想成为文人雅士和怀旧情结，且是心系年幼时的梦想和对柚木的情有独钟，为此，设计师尝试了名为“情结的诱惑”的主题设计，运用“室内设计室外化”的设计理念，创新的将大面积白色墙面、柚木色的家具、钢化玻璃墙、中式隔断、花格和灯具、青砖、竹、灵璧石、工艺品、绿化等等有序组合，共同打造出了业主想要的文化、意境雅居，了却了业主的一段情结……该作品获2012年“万都国际家居杯”室内设计大奖赛银奖。

（四）以特定季节的代表景观等为主题进行家居室内设计

如图2–35所示的家居设计，以“荷·秋”为主题，运用“仿景”设计，模仿荷塘周边通透而美妙的秋景视野进行空间规划；撷取荷塘及周边的秋色形成整体色调；设计师现场墙面浮雕、彩绘、柜门阴刻“荷·秋”的代表物，并在榆木家具上摆放设计师制作烧制的部分陶艺作品，在烟灰色仿洞石地面上摆放3片荷叶等打造细节……整个空间内，樟香与荷香交织、惬意与清幽交融、古韵与时尚交互……该作品获2012年“万都国际家居杯”室内设计大奖赛金奖。

图2-35　“荷·秋”

三、学会整理资料、考虑风格定位或设计主题

在大量浏览图片的同时，要结合业主的图纸和设计要求，一边参阅一边有目的地去选择图片，通过手、脑、眼的结合记忆图像信息，并将其归类，同时考虑如何将这些图片中的设计要素运用在自己的方案中。最终结合业主要求，确定总体设计风格或主题。

工作过程3　参考资料并进行初步平面规划设计

项目设计前的各项工作完成后，开始进行真正的项目设计。项目设计一般分成两个阶段：方案设计阶段、施工图设计阶段。每个设计阶段都要在约定的工作日内完成，并约见业主进行技术交底并听取业主的修改意见。

方案设计阶段的主要工作是平面规划设计。该阶段，设计师应在充分征求业主意见的基础上，对整套家居中各种功能区域进行规划和界定，确定装修风格和主要用材，根据业主的需求绘制出客厅等主要空间的平面规划图。

室内设计是一种从无到有的思维过程，是将三维空间的艺术构想及其选材、构造设计、家具选配等表达要素绘制在二维的图纸上，然后再以此用来指导施工而营造出不同视觉感受的三维空间。也就是说，每个完整的家居项目设计过程，都涉及装饰设计、选材、构造设计与表现（包括计算机辅助设计表现）、预算等专业知识。实践表明，家居装饰项目的室内设计常用两种方法：一种是从整体到局部的设计方法，也是初学者要认真学习的方法，即设计人员在与业主充分交流后，先确定室内设计整体风格，然后，在整体风格掌控下进行其空间的平、顶面规划设计及其面层选材，立面造型设计及其选材，家具的选配与摆放，灯光设计与灯具的选配，工艺陈设品、窗帘的选配，绿化选配等具体的工作；另一种是从局部到整体的设计方法，有丰富实践经验的设计人员常采用这种方法，即设计人员在与业主交流并填完表1-1后，请业主提供家人很喜欢且在其新居装修好后一定要将其放置在新居中一套家具（一个灯具甚至是一个工艺品等）不同角度的图片或实物资料，并在设计人员真正开始设计前交给设计人员。设计人员就会根据业主的选定，以“点”到“面”再到“体”展开设计，即由局部开始联想继而引发整体风格的设计。这种方法既可以确保方案的整体性，又可以减少与业主的沟通次数，大大提高了项目设计的成功率。因为，沙发等主要家具在室内整体风格的打造中占主导地位，以确定的家具来引发整体设计，可以确保家居内空间与地面选材、立面造型与墙面选材、灯光设计与灯具选配、工艺品选配、绿化选配等多方面能更容易更直观的与主要家具的风格相一致。如果先进行方案设计再去专业市场选购沙发等主要家具，常会出现设计方案中设计选用的主要家具在当地或附近专业家具市场上购置不到的现象，再加上设计师种种原因不能陪业主去专业市场选购家具，就会出现业主选购回来的主要家具与整体风格不协调而缺乏美感的常见现象。但这种方法较难整体掌控，掌控不好就会出现室内设计的不伦不类而缺乏美感。所以，下面将重点介绍由整体到局部的项目设计方法。

从整体到局部的项目设计方法要求设计人员首先应该进行平面规划的具体设计，即进行完整室内设计作品中的第一个也是首要的设计要素——空间规划，只有合理的平、顶面规划，尤其是合理的平面规划，才能更好地进行后续设计。因为，符合空间比例美感的平面规划设计如同模特的体型，本身给人以美的享受，然后，再给这样的空间配上适合的家具、灯光和灯具、工艺品、绿化等，既满足了居者使用要求又能满足其精神要求的室内环境就被打造出来了。否则，就会出现影响居者使用要求的空间，从而降低居者的生活质量。可见，平面规划的重要性。进行合理的平面规划需掌握以下几方面。

原则：家居空间在满足使用要求第一的同时，要确保良好的通风、充足的采光及所有交通路线的顺畅合理，选材安全、环保。当上述要素都满足后，再考虑精神需求。

方法：首先，将现场丈量并绘制出的手绘草稿进行整理，手工绘制出较为规整的平面框图，或请设计助理用CAD绘制和打印出平面框图；其次，本着平面规划设计的原则，结合业主的需求，了解有关空间规划设计的基本知识，并大量参阅室内设计中不同设计风格下平面规划的资料，开始在平面框图纸上逐个空间进行详细的规划设计，并用笔按比例手绘表现出来，即这个空间为何用，另一空间如何用，同一空间中这一块摆放什么，那一块如何用……客厅空间内摆放什么，如何摆放，摆放后是否影响相邻空间的使用，是否满足“采光、通风、环保”要求，等等。可以说，家居平面规划设计首先是满足居者使用要求的框架设计，在平面规划设计和手绘过程中，凭借设计人员的专业知识和生活阅历，通过各种设计比较来发现问题并及时调整不合理处直至空间平面规划设计比较合理、家具摆放位置适合等，该过程是个反复的过程，在一定程度上，是自我否定并肯定的过程，要求设计人员一定要有耐心和激情。

一、室内空间的基本知识

合理平面规划后得到的空间要体现出功能、经济和情感等。

1.空间组织方式

（1）线性结构：直接或以一般方式的联络的空间组织形式，如图2-36所示。

（2）放射性结构：有一个共同的中心空间，围绕该中心或从该中心向外延伸的空间组织形式，如图2-37所示。

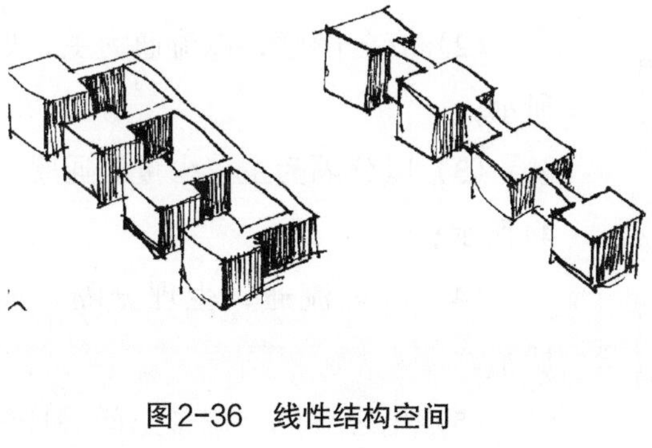

图2-36　线性结构空间

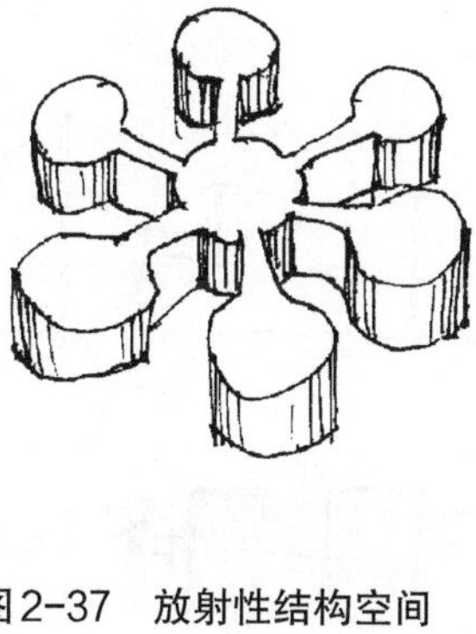

图2-37　放射性结构空间

（3）轴心结构：沿中心空间或走廊分布，包括在重要的空间定位交叉或以其为终端的线性结构形式，如图2–38所示。

（4）格栅性结构：单元系统的重复，在两组互为轴线的平行线间建立重复的模块结构，如图2–39所示。

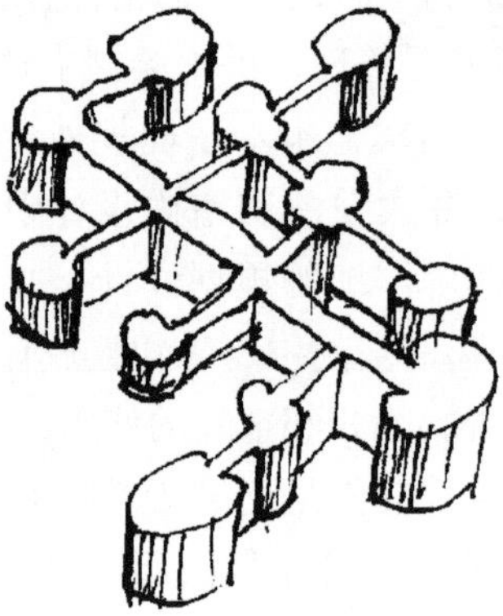

图2–38 轴心结构空间

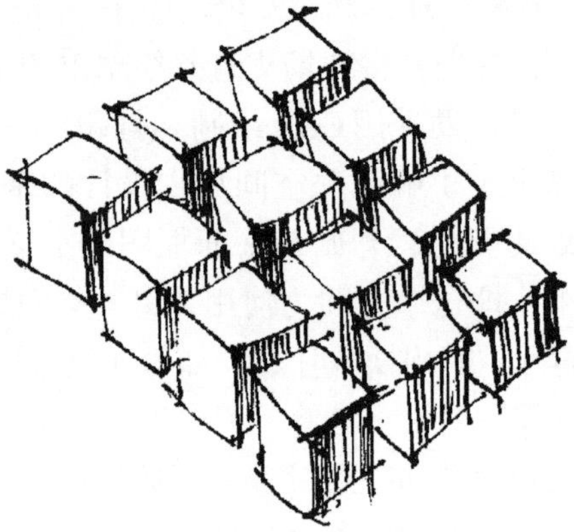

图2–39 隔栅性结构空间

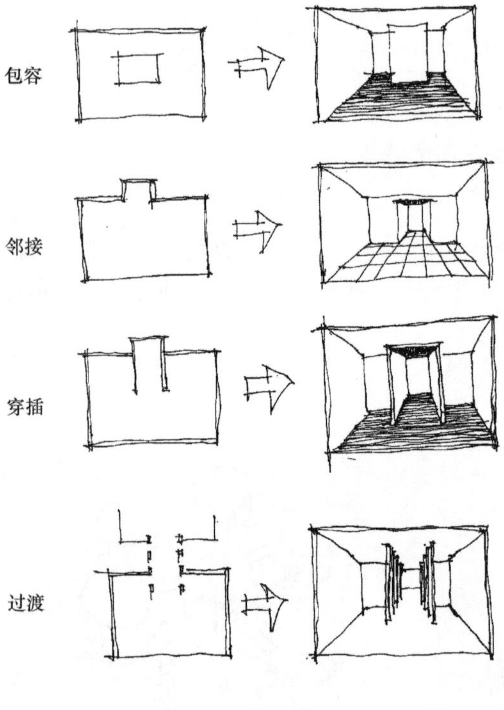

图2–40 空间组合方式

2. 空间组合方式

空间组合方式有包容、邻接、穿插、过渡和因借，如图2–40所示。

3. 空间分隔方式

包括隔断分隔、地面分隔、顶棚分隔、墙立面分隔，如图2–41所示。每种分隔方式的具体内容如下。

1）隔断分隔

（1）全流通，很少分隔感，如图2–42所示；

（2）有分隔感，以流通为主，如图2–43所示；

（3）以分隔为主，少量流通感，如图2–44所示；

（4）心理流通，生理分隔，如图2–45所示；

（5）生理分隔，虚拟空间心理流通，如图2–46所示；

（6）完全分隔，如图2–47所示。

2）地面分隔

分别见图2-48～图2-52。

图2-41　空间分隔方式

图2-42　全流通，很少分隔感

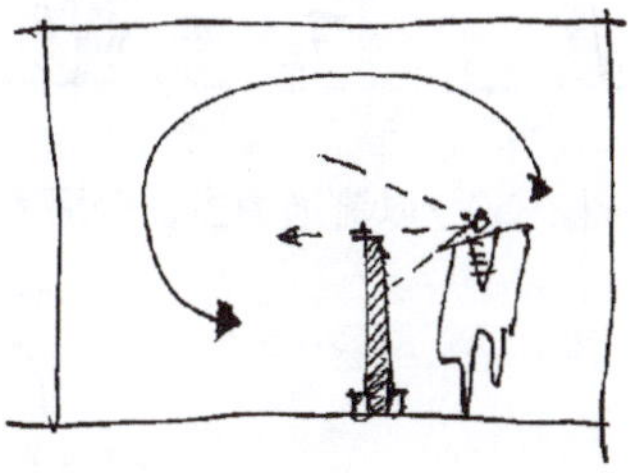

图2-43　以流通为主，有分隔感

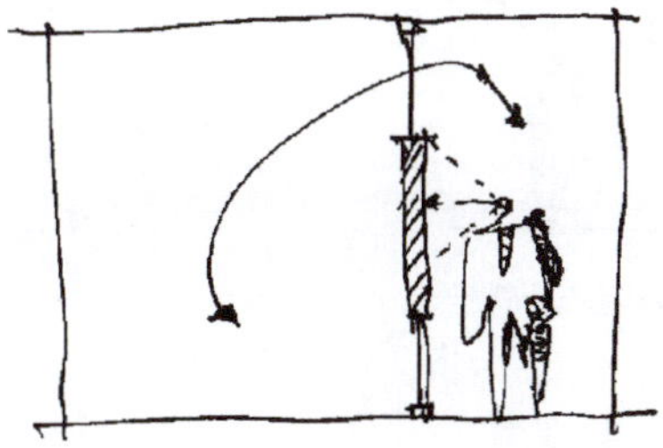

图2-44　以分隔为主，少量流通感

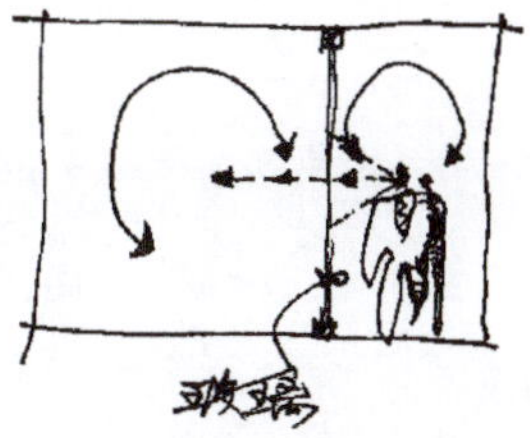

图2-45　生理分隔，心理流通

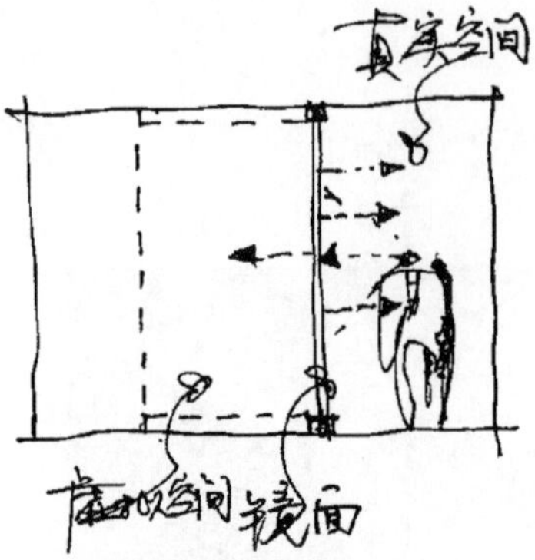

图2-46　生理分隔，虚拟空间心理流通

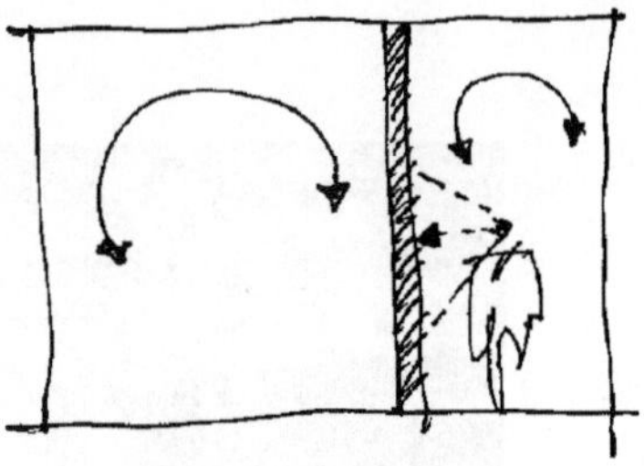

图2-47　完全分隔

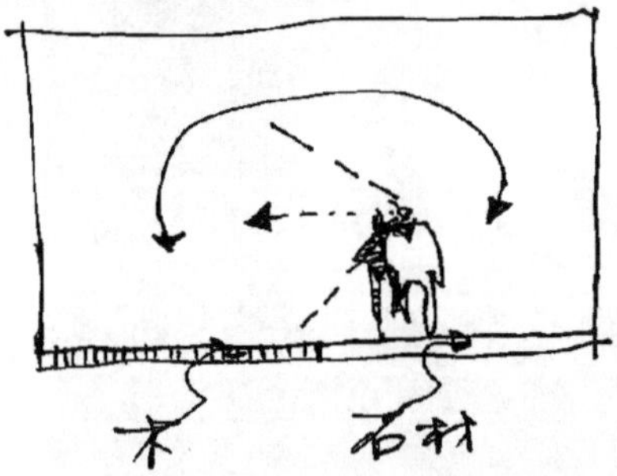

图2-48　全流通，很少分隔感

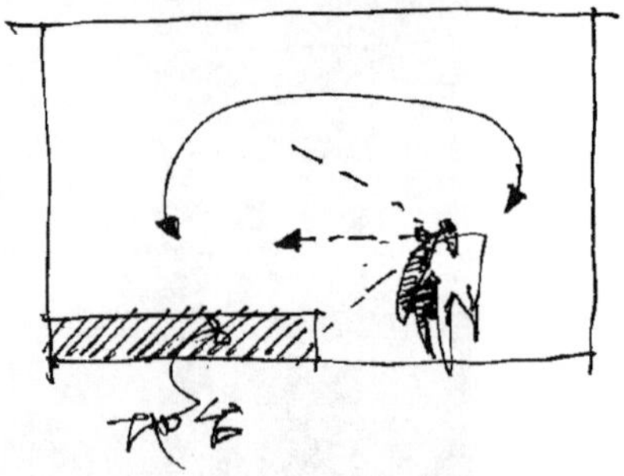

图2-49　全流通，有分隔感

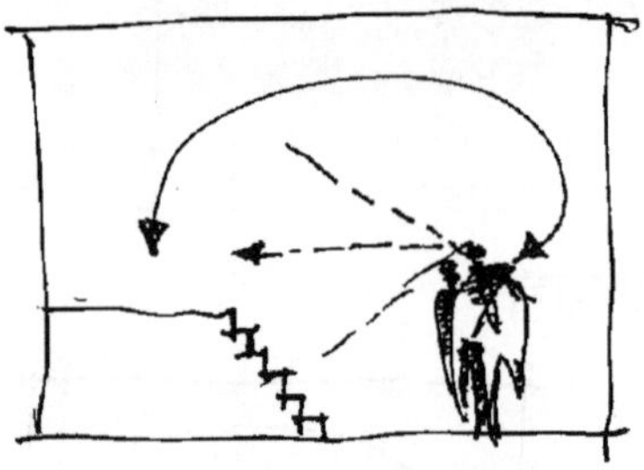

图2-50　以流通为主，分隔为辅

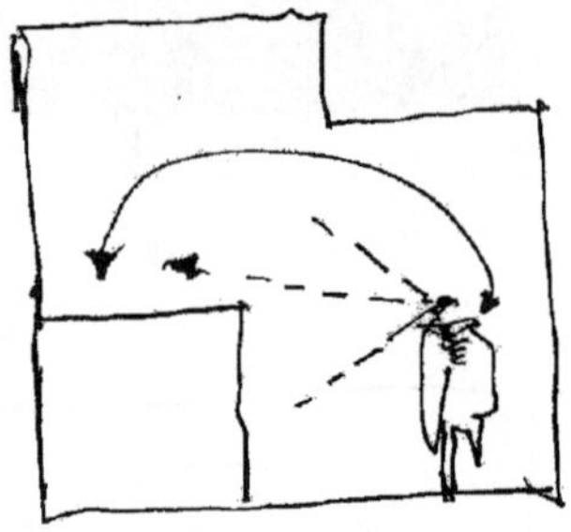

图2-51　以分隔为主，流通为辅

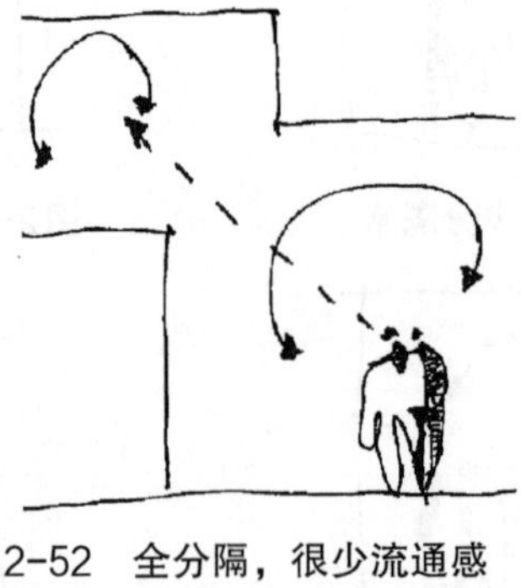

图2-52　全分隔，很少流通感

3）顶棚分隔

分别如图2-53 ~ 图2-55所示。

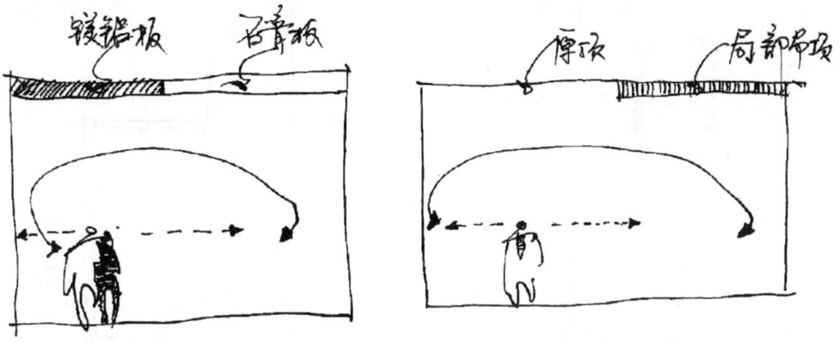

图2-53　全流通，略有心理暗示的分隔感

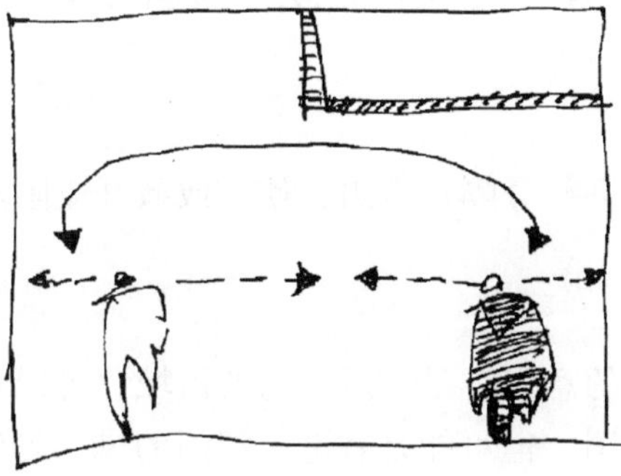

图2-54　全流通，有分隔感

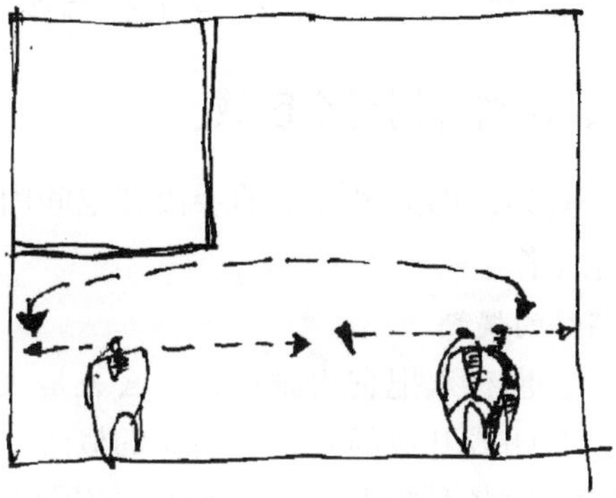

图2-55　流通，在不同位置有不同的分隔感

4）墙立面分隔

分别见图2-56～图2-59。

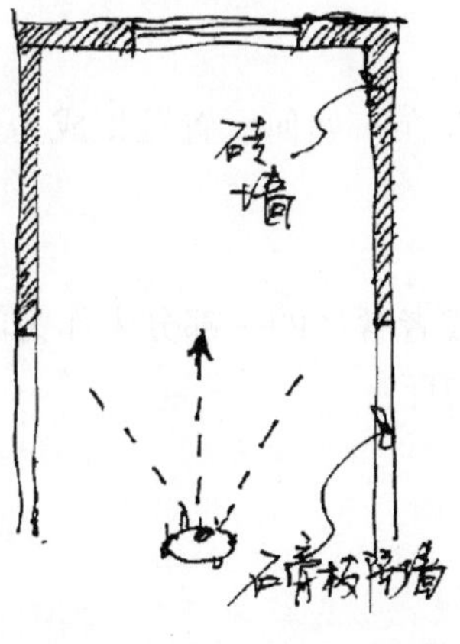

图2-56　全流通，无分隔感

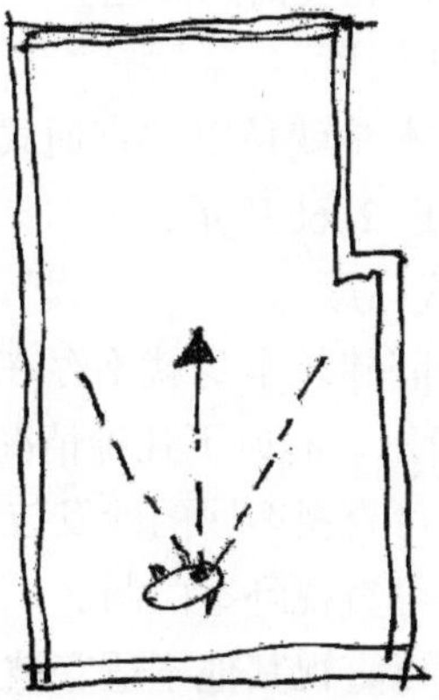

图2-57　全流通，极少分隔感

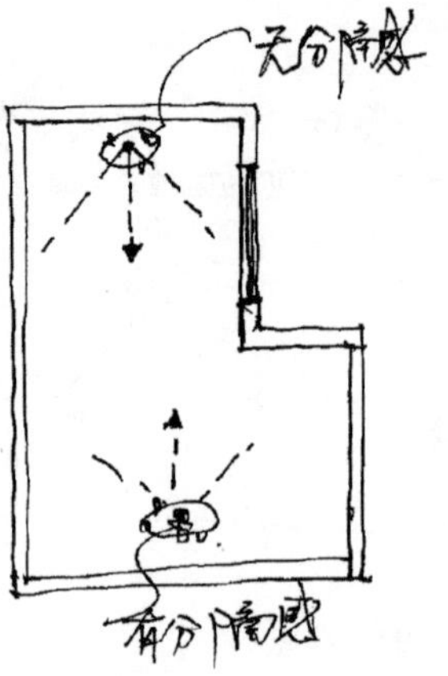

图2-58　一边有分隔感，一边无分隔感

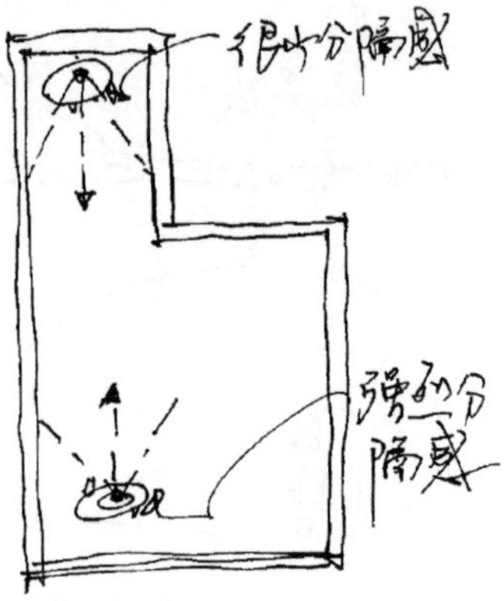

图2-59　一边很少分隔感，一边强烈分隔感

二、详细规划每个区域

平面规划，即通过一定的手段在空间内对空间进行分隔、重组，使其或敞开或阻隔等的一项复杂工作。

1.门厅的规划

门厅，也有人把它叫做玄关，玄关是玄妙关键的意思，是靠近大门的区域，可以是一个封闭、半封闭或开放的空间。玄关的概念，产于中国，但可能是香港、澳门的风水先生们最早使用的。很多人都认为玄关就是一道屏风，其实，屏风只是我们以前建筑中所称的照壁。

门厅有以下几种常见的类型。

1）独立式门厅

这种门厅本来就以独立的建筑空间存在或是转弯式过道。所以对于室内设计者而言，最主要是功能利用和装饰的问题。

2）通道式门厅

这种门厅本身就是以“直通式过道”的建筑形式存在。如何设置鞋柜成为该门厅最大的设计问题，如图2-60所示。

3）虚拟式门厅

是家居空间建筑本身就不存在的，人为区划客厅或者餐厅的一部分来作为门厅，如图2-61～图2-63所示。有以下几种情况的，可考虑区划出门厅：

（1）大门可直视客厅的沙发位置。

（2）大门可直视卧室门洞。

（3）大门可直视其他不适宜被外人直接观看的区域。

4）硬质门厅（硬玄关）

硬质门厅（硬玄关）又分为全隔断玄关、半隔断玄关。

（1）全隔断门厅。指自地面至顶面的隔断，这种隔断是为了阻拦视线而设的。通常在家居中不予采用。如果必须采用，一定要注意以下几点：

①这种设计绝对不能影响门口部分的自然采光和通风，如果此设计造成门口部分的光线

偏暗的话，就要试图改变此设计。

②这种设计绝对不能造成门厅空间的狭窄感或拥堵，如果有这样的弊端，一定要试图改变设计。

（2）半隔断门厅。是指相对与全隔断而采取的一半或近一半的隔断设计。在家居门厅设计中采用较多，一般都是和鞋柜相结合，如图2-62所示。如果全隔断玄关上半部分采用玻璃或镂空以及全镂空，在视觉上是隔而不断，所以仍划入半隔断的范畴，如图2-62、图2-63所示。

图2-60 通道式门厅

图2-61 虚拟式门厅

图2-62 半隔断门厅（常规）

图2-63 半隔断门厅（全镂空）

5）软质门厅（软玄关）

软玄关是指在材质等平面基础上进行区域处理的设计方法，具体如下。

（1）天花划分。可以通过天花的不同造型来界定门厅的位置。

（2）墙面划分。可以通过墙面处理形成与其他相邻墙面差异的方法来界定门厅的位置。

（3）地面划分。可以通过地面材质、色泽或者高低的差异等来界定门厅的位置。

在进行上述门厅设计时，一定要根据拟定风格要求，并遵循以下原则：

（1）在整体风格的统领下，玄关中的家具等造型设计尽量保持其与客厅、餐厅等空间的一致性。

（2）玄关的设计，不能影响该区域的正常使用，一定要确保合理的交通。

（3）玄关设计首先要满足其使用要求，然后，再对其美化，以满足其精神功能需求。

（4）不需要玄关的地方，不要强行设置。

2.客厅的规划

在我国的家居住宅中，客厅与起居室是不分的，其功能是综合的。从专业层面来说，客厅是指专门接待客人的地方，也就是说，我国大部分人家的客厅，是兼有会客交谈和生活日常起居用的，而且往往还是家居套内的交通枢纽。因此，客厅是整体家居空间的设计重点，设计客厅时，应该充分利用自然资源、现有住宅因素及环境设备等人为因素并将其加以综合考虑，保障家庭成员各种活动的需要。同时，在视觉上，客厅要展现家庭个性，充分发挥其“窗口”的作用。这里的人为因素包括合理的照明方式，良好的隔声处理，适宜的温度、湿度，充分的储藏空间等多个方面。

1）客厅规划设计要考虑的因素

（1）主次分明，相对独立。家居客厅中通常以聚谈、会客空间为主体，辅助以其他区域而形成主次分明的空间布局。客厅这一聚谈、会客空间在平面规划设计时，通常是通过沙发、座椅、茶几、电视柜等围合形成。沙发的布置多为“L”形、“U”形等多种围合方式，尤其以“U”形围合方式居多：“L”形布局如图2-191左图所示，“U”形布局如图2-18、图2-19、图2-24等所示；而西方传统客厅则是以壁炉为中心展开布置的，温暖而精美的壁炉构筑起居室的视觉中心，如图2-24所示，而现代壁炉则是成为一种纯粹的装饰；我国传统住宅中会客区域是方向感较强的矩形空间，视觉中心是中堂画和八仙桌，主客双方分列在八仙桌两侧；还可以运用装饰风格一致的地毯、灯具以及顶棚造型进行呼应来强化空间的中心地位，如图2-64所示；也可以进行自由随意的空间布局（布艺主沙发加两侧的藤椅），更适合人们轻松交谈，如图2-32第一张图所示。

另外，客厅在布局上要注意符合会客交谈的主客位置和距离的要求，形式上要创造适宜的气氛，表达出家庭的性质及主人的品味，达到对外展示的效果。

图2-64　传统中式的“U”形布局客厅

（2）交通顺畅。作为居住空间的中心，客厅是交通体系的枢纽，它通常与门厅、过道以及各房间相联系，一般采用“穿堂”形式，因此，在空间布局上一定要注意对动线的研究，要结合风格和业主的要求安排交通。正常情况下，要尽量避免人流的斜穿，避免造成长而复杂的室内交通路线，应因地制宜，如调整户门的位置，或利用家具或软质隔断等进行巧妙的围合和分隔空间，以保证区域空间的完整性。总之，客厅的布局，无论是侧边通过式的客厅（图2-65）还是中间横穿式的客厅（图2-66），在条件允许的情况下，其交通线布局都应确保进入客厅或通过客厅的顺畅。

（3）良好的通风、充足的采光。良好的通风、充足的采光是确保有良好室内环境质量的必需要素。所以，在空间规划时，一定要考虑这一设计要点，减少不必要的封堵，如设置的较多隔断、屏风等。

可见，规划设计好客厅是一个家居设计品味优劣的重要因素，客厅的设计应是整个家居空间中最漂亮或最有个性的空间。

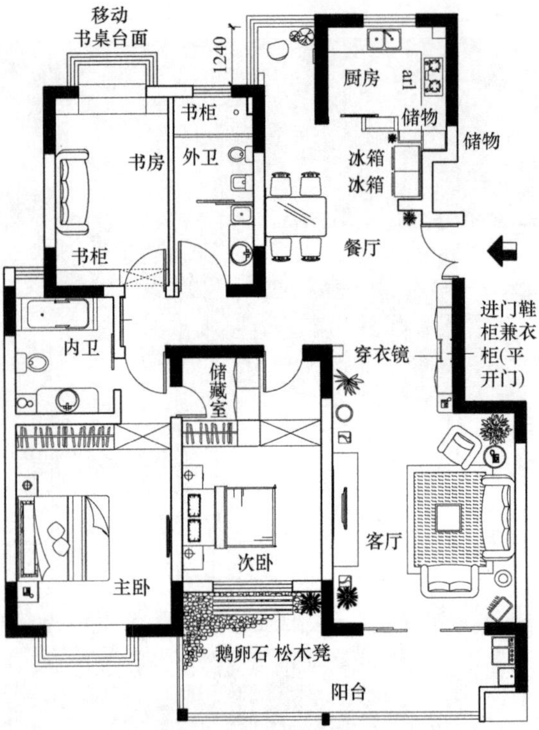

图2-65　套内侧边通过式的客厅

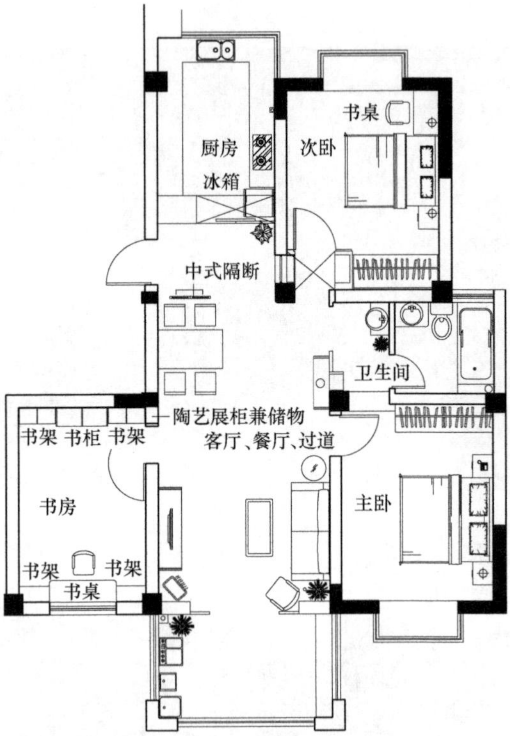

图2-66　套内中间横穿式的客厅

2）客厅设计的基本要求

（1）空间的宽敞化。宽敞的空间感觉可以带来轻松的心境和欢愉的心情。所以，在规划设计客厅时，无论客厅的空间大或小，都要尽量将原有的空间规划设计的更为宽敞。这需要设计人员将原始空间的大小与家具的尺度结合考虑，既要满足空间的宽敞，又必须确保家具符合人体工程学。如小空间选用大尺度沙发，则会影响家居空间的使用从而降低生活质量；而大的空间则可选用大尺度的沙发等家具，这样会使空间显得气派大方。如果大空间选择小尺度沙发等家具，则会使空间缺乏美感。

（2）净高的适度化。客厅的高、低给人内心感受有很大区别，在目前，商品毛坯房普遍净高在2.75m左右，所以，在顶面规划设计时，设计人员就必须考虑是否要做人工吊顶，如果要做人工吊顶，要确保家居装修完工后其净高不低于2.6m，否则，会造成空间压抑的感觉。因为，目前，商品房中地砖、地板的铺贴最低厚度为50mm，铺贴后，房屋净高只剩2.68m左右，如果再进行人工吊顶，一旦处理不好就会使空间压抑。如果非要做人工吊顶，一定要在后续的立面处理上采用各种视错觉处理手法来抬升空间高度感，必要时，可以考虑局部吊顶。当然，如果净高允许做人工吊顶，其合理的吊顶处理形式会提高家居审美情趣。人工吊顶有几下几种形式：

①吊平顶。这样的顶棚可以非常方便地安装隐蔽的照明设备，已提供柔和的灯光效果，但对空间净高有严格要求，如图2-22所示。

②穹隆顶。可以使屋顶显得更生动，是墙面与顶棚用曲面或斜面相连的顶棚形式，典型的有圆顶和拱形顶，可以提升空间的环绕感，这样的顶棚常见于别墅空间，如图2-67所示。

③格子吊顶。大多由矩形框架和镶在其中的木板组成，缺点是若净高不足会使整个空间很压抑，如图2-68所示。

④坡屋顶。分单坡屋顶、双坡屋顶和尖顶，这种类型的屋顶一般用于空间较高的别墅空间或公寓家居的阁楼上，如图2-69所示。

图2-67　穹隆顶的客厅

图2-68　格子吊顶的客厅

⑤个性局部吊顶。其表现形式很多，如西班牙建筑师安东尼·高迪设计的巴塞罗那米拉公寓就是采用浅浮雕的形式处理客厅顶面，含蓄又富有装饰感；另外，还可参见图2-226，用模拟“鸽子巢”的小木屋在客厅与门厅之间做的局部吊顶，符合“春”的设计主题且独具个性；图2-234是采用石膏板雕刻成的蝴蝶纹而制做成的局部吊顶。

图2-69　坡屋顶的客厅

（3）景观的最佳化。在室内设计中，必须确保从哪个角度所看到的客厅最具美感，这也包括了沙发处这一主要视点向外所看到的室外风景的最佳化。

①沙发的放置应考虑两方面的因素：坐在沙发处向外所看的景观是否美观；门口能否看到沙发的正面。

②电视机的放置需要考虑到反光的问题。

③电视机柜的高度，应以人坐在沙发上平视电视机屏幕中心或低点为宜。目前市场上有350mm，550mm高的电视柜，还可以根据具体设计进行现场打制。

（4）照明的层次化。这种层次化，就是在顶面规划设计时，要考虑泛光与点光相结合，主光采用泛光设计照度要强些，这样既满足使用要求又能令人精神振奋；其他部位要采用柔和细致的点光照明，有助于营造亲切的温馨的气氛。如此的点、泛光相结合就有可能创造出有层次感的家居照明，因为客厅在整个家居空间中，不管是自然采光或人工采光，都应该是最亮的一个区域。但是，并不是所有日常活动都需要很强的照度，如看电视什么的就可能不太需要很亮的光照。

（5）家具尺度适合化。达到这样的要求，必须熟知客厅中符合人体工程学的家具尺度，然后在规划时，必须结合空间的大小选择出适度的家具，并将其在平面图中手绘表现出来。客厅中符合人体工程学的家具的尺度如下：

①沙发。

单人沙发：W=800～900mm，$H_{坐位}$=350～420mm，$H_{背}$=700～900mm，L=800～900mm。

双人沙发：W=800～900mm，$H_{坐位}$=350～420mm，$H_{背}$=700～900mm，L=1260～1500mm。

三人沙发：W=800～900mm，$H_{坐位}$=350～420mm，$H_{背}$=700～900mm，L=1750～1960mm。

四人沙发（布艺转角沙发）：W=800～900mm，$H_{坐位}$=350～420mm，$H_{背}$=700～900mm，L=2320～2520mm。

另外，基于目前业主的个性要求，还可以根据客厅的具体尺寸向家具厂订制沙发。

②茶几。

小型长方：L=600～750mm，W=450～600mm，H=330～420mm。

大型长方：L=1500～1800mm，W=600～800mm，H=330～420mm。

圆型：R=750mm、900mm、1050mm、1200mm，H=330～420mm。

正方型：W=750mm、900mm、1050mm、1200mm、1350mm、1500mm，H=330～420mm，但边角茶几有时稍高一些，为430～500mm。

3.餐厅的规划

餐厅是家人日常进餐的主要场所，也是宴请亲友的活动空间，所以，在规划该空间时要考虑业主的生活习惯及其家庭人数。目前，餐厅设置有三种类型：独立餐厅、客厅餐厅相连、厨房餐厅相连。

当餐厅处以一个闭合空间内，为创造出特殊的就餐气氛，其表现形式便可自由发挥，其风格也可以与其他空间不同，然而完全隔离的餐厅在空间灵活上较差；如果是开放型布局，应和其他共处的那个区域保持设计风格上的统一，如图2-70所示。

餐厅的位置在厨房与客厅之间最为合理，这样可以使交通路线变得便捷，便于上菜和收拾整理餐具；餐厅和厨房设在同一房间时，只需要在空间布置上具有一定独立性就可以，不必做硬性分隔。

餐厅顶棚设计形式多样，顶棚的形态及照明形式，决定了整个就餐环境的氛围。在净高允许的情况下，可以在餐桌的正上方设计一个造型顶，辅以精美的灯具和柔美的灯光，可以创造出舒适的就餐环境，如图2-70、图2-71所示；也可以直接在餐桌上方悬吊或吸顶一个精美的灯具，如图2-72所示。

图2-70 开敞式餐厅，风格与共处区域相一致

图2-71 顶棚造型设计的餐厅

图2-72 平顶直接悬挂艺术灯具的餐厅

规划餐厅时，一定要根据餐厅区域空间的大小及其形式，结合家庭人数及其用餐习惯，选择既符合人体工程学又能满足家庭使用的餐桌椅，并确定是摆放餐厅中间还是沿墙摆放，但无论如何摆放都要确保布局后的空间能很好地满足居者的使用为最佳。要达到这样的要求，必须熟知餐厅中符合人体工程学的家具尺度，然后在规划时，再结合空间的大小选择出适度的家具，不能在小空间内选用大餐桌，这样会影响居者的使用；在面积不足的情况下，可以采用折叠式桌椅，以增强使用上的机动性；在空间有限的地方，圆形或椭圆形桌子比相同外径的方桌或长桌更便于就坐，空间会显更大些。餐厅中符合人体工程学的家具的尺度如下。

餐桌：$H_{中式餐桌}$=750～780mm，$H_{西式餐桌}$=680～720mm。

方桌：W=1200mm、900mm、750mm。

长方桌：W=800mm、900mm、1050mm、1200mm，L=1500mm、1650mm、1800mm、2100mm、2400mm。

圆桌：R=900mm、1200mm、1350mm、1500mm、1800mm。

椅凳：$H_{座面}$=420～440mm，$W_{扶手椅内}$=460mm。

最后，将规划图及所选餐桌椅平面造型与尺寸按比例手绘表现出来。

4.卧室的规划

卧室是我们居住环境中最主要的场所之一，也是家居的最主要功能场所。分主卧、次卧和儿童房等。无论房子是大或是小，卧室都是规划设计不可缺少的内容。卧室布局时，要以床为中心来规划其他诸如大衣柜、梳妆台等家具的布局。另外，基于卧室的特殊性，规划设计卧室时应注意以下几点通用要求。

1）注意私隐

（1）不可见私隐。这就要求它要具有较为严密的保护措施，这包括了门扇的严密度和窗帘的密实度。

①门扇所采用的材料应尽量厚点，尽量选用实木门，如果选用夹板门，一定要在选材和用料上符合质量标准要求。

②门扇的下部离地保持在3～5mm。

（2）不可听私隐。这要求卧室具有一定的隔音能力。一般来说，现在240 mm厚的隔墙（实际厚度为270mm）的隔音是足够的，但是有一些业主总是喜欢把两个房子中间的隔墙打掉，然后做上一个双向或者单向的衣柜来扩大使用空间，这种做法在隔音效果上明显差于实体隔墙，所以，应尽量避免使用。如果必须采用，一定要想办法进行隔音处理。

2）顶面规划

顶面规划设计时，要结合卧室的净高考虑是否做人工艺术顶棚，按目前公寓的净高来看则不宜制作艺术吊顶，除非阁楼上的高耸空间或别墅空间。

3）卧室的照明设计

卧室的照明设计时，尽量避免采用顶灯而多采用壁灯或落地灯，如图2-73所示。如果选用顶灯则宜选用照顶的灯光或光照较柔和的吸顶艺术灯，如图2-74所示，而不宜选用向下照射且照度高的吊灯，还要注意避免采用白炽灯作为照顶的光源，因为这可能造成灯上部顶面有发黄的现象。

图2-73　尽量不选用顶灯的卧室

图2-74　选用吸顶灯的卧室

4）选择适度家具

规划时，必须结合空间的大小选择出适度的家具，并将其在平面图中手绘表现出来。这需要设计人员熟知卧室中符合人体工程学的家具尺度，卧厅中符合人体工程学的家具的尺度如下。

单人床：W=900mm、1050mm、1200mm，L=1800mm、1860mm、2000mm、2100mm，H=

350～450mm。

双人床：W=1350mm、1500mm、1800mm，L、H同上。

圆床：R=1860mm、2125mm、2424mm。

矮柜：W=350～450mm，$W_{柜门}$=300～600mm，H=600mm。

衣柜：分现场打制和购买成品。现场打制衣柜。$W_{柜体}$=550～600mm，目前，正常情况下，选用现场打制的平开门衣柜，其柜体宽度为550mm，选用现场打制的钛合金玻璃移门衣柜，其柜体宽度为600mm。现场打制的平开门衣柜的柜门应根据设计而定，但$W_{单扇柜门}$≤650 mm，$H_{单扇柜门}$≤1200 mm，大量实践证明，超过该尺寸的柜门很容易变形；购买的成品衣柜，$W_{柜体}$=550～650mm，$W_{柜门}$=400～650mm，H=2000～2200mm。

5. 书房的规划

（1）应以书桌为中心，生活规划满足学习、工作、贮藏、会客等生活功能。如图2-75所示。

（2）书房规划应相对安静。

（3）规划时，必须结合书房空间的大小选择出适度的家具，并将其在平面图中手绘表现出来。这需要设计人员熟知书房中符合人体工程学的家具尺度，书房中符合人体工程学的家具的尺度如下。

书桌：W=450～700mm，600mm最佳，H=750mm。

书架：分现场打制和购置成品书架，现场打制的书架W=250～400mm，其L、H依据设计而定，可能是占据一面墙也可能是一小部分，如图2-76所示；购置的成品书架，一般尺寸为W=250～400mm，L=600～1200mm，H=1800～2000mm，$H_{下柜}$=800～900mm。

图2-75　以书桌为中心的书房规划

图2-76　现场打制的书架

6. 卫生间的规划

目前，越来越多的人想把以前纯粹是一个方便和洗漱的卫生间，规划得舒适而方便使用，通过选购高级美观的卫浴设备将其空间打扮得更加漂亮，使原本脏感的空间提升为一种高档享受的空间，在规划时要注意以下几点：

（1）如空间允许，应规划成干湿分区、洗脸、梳妆应放在外间，如图2-77所示。

（2）尽量将卫生间中洗涤部分与厕所部分分开，如不能分开，应在布置上有明显划分，尽可能设置淋浴房、隔门等，如图2-78所示。

（3）浴缸及马桶附近应规划方便用手纸卷，尺度适宜的扶手等，最好还要规划在马桶边适宜高度设置一部电话。

图2-77　干湿分开的卫生间

图2-78　设置淋浴房等的卫生间

规划时，必须考虑卫生间家具的基本尺度，然后，结合空间的大小选择出适度的卫浴设备，并将其平面尺寸按比例手绘表现在图纸上。以下是一些卫浴设备的基本尺寸。

浴缸：L=1400mm、1500mm、1600mm、1700mm。

盥洗台：W=550～650mm，H=850mm左右，盥洗台与浴缸之间应留约760mm宽的通道。

淋浴房：一般为W×L=900mm×900mm，H=2000～2000mm。

抽水马桶：抽水马桶造型很多，但一般为H=680mm，W=380～480mm，L=680～720mm。

7.厨房的规划

随着人们生活水平的快速提高，家居中厨房面积也越来越大，越来越多的人想把以前纯粹是一个局促的、烧饭的甚至是脏乱的厨房，规划成有序、方便使用的空间，通过选购高级美观的厨房设备将其空间打扮得更加漂亮，使得人们在该空间中下厨则变成了一种享受。厨房的规划设计应注意以下几点。

（1）确定厨房是完全封闭还是开敞或半开敞。

首先，要看业主及其家人的生活习惯，如业主绝大部分时间是在家用餐而且是喜欢中餐，该厨房必须进行封闭，因为中餐很多时候是煎炒的，油烟很大。如果业主喜欢开敞或半开敞，当然可以用玻璃（最好是透明的清玻）来做隔断，至少可以满足一下业主的心理需求；如果业主及其家人喜欢吃西餐，则可以考虑将厨房规划成开敞或半开敞。

另外，设计人员需要提醒业主不要被橱柜公司或宣传图片左右，因为很多厨柜公司的样板间或者设计图片上的厨房多是开放式，而这些都是在10～20m²的空间里做的样板，而目前国内公寓的厨房面积也多为6～8m²，所以，其实，大家在看那些图片时极容易被欺骗。

（2）由于天然气等燃气管道通风烟道不允许更改位置。所以，要以天然气等燃气管道通风烟道为中心，按照洗菜、备菜、烹调这样操作顺序等依次来布置厨房设备及家具，这样布局既方便操作，又可以避免过多的走动。

（3）平面布置除考虑家具尺寸外，还应考虑家具的活动。操作台常采用“U”形，如图2-79（a）所示或“L”形布置，如图2-79（b）所示。

（a）“U”形布置

（b）“L”形布置

图2-79　厨房规划

（4）规划时，还应考虑防儿童随意进入厨房，以防弄伤儿童。

（5）规划时，必须考虑厨房家具的基本尺度，然后，结合空间的大小选择出适度的厨房家具及设备，并将其平面尺寸按比例手绘表现在图纸上。符合常用人体尺度厨房家具：

橱柜操作台：H=780～830mm左右，W=400～600mm，但一般选用530mm左右宽。

抽油烟机与灶的距离：600～800mm。

操作台上方的吊柜：$H_{距地面}$＞1450mm，吊柜与操作台之间的距离＞550mm，W=250～350mm。

总之，平面规划实际上是业主的生活规划，是“实用功能、方便第一”为主导的一种生活打算，设计人员要运用专业知识，以业主的生活需求为中心，为业主的家庭成员及其未来5～10年的成员变化进行一种超前打算，同时，结合业主的家居空间尺寸，选用适合于该空间的适度家具并将其正投影图在原始平、顶面图上按比例按制图标准手绘表现出来。

工作过程4　软件绘制初步平面规划设计并三维建模户型空间

一、运用CAD软件进行平面规划设计

上述各种空间规划的设计原则、方法及具体尺寸等掌握以后，就可以将自己的平面规划设计构思，运用CAD软件绘制表现出来，图中的家具、洁具和厨具等平面图形可以直接输入尺寸绘制，也可从CAD常用素材库中调用。调用的方法如下：选中所需家具等造型，按下CTRL+C的命令，打开正在绘制的CAD图，按下CTRL+V的命令，即可将CAD常用素材库中的图形粘贴在正在绘制的平面图图上。然后，通过[移动]、[旋转]、[比例缩放]等工具将其调整到适合的位置与尺寸。同时，还必须对调用的素材运用[分解]的命令进行分解，分解后设置其线宽和线型，直至符合行业规范的要求。其他的绘制方法参照第二篇工作过程1中运用软件放样测绘后图纸的方法。反复操作以上步骤，直至完成了如图2-80所示的平面规划设计。

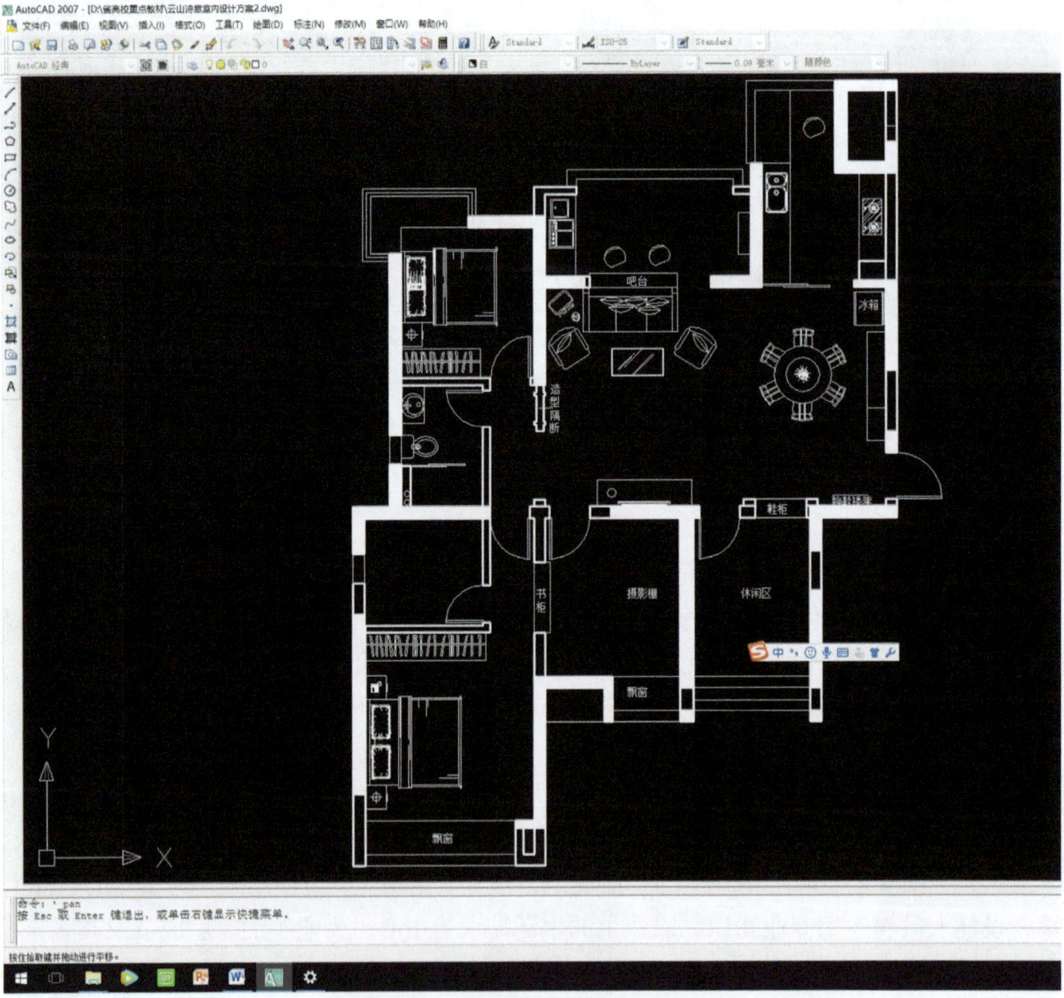

图2-80　完成的总平面规划设计图

但在学习过程中，初学者（学生）在平面规划设计中容易出现几个错误具体表现，如图2-81～图2-83所示。

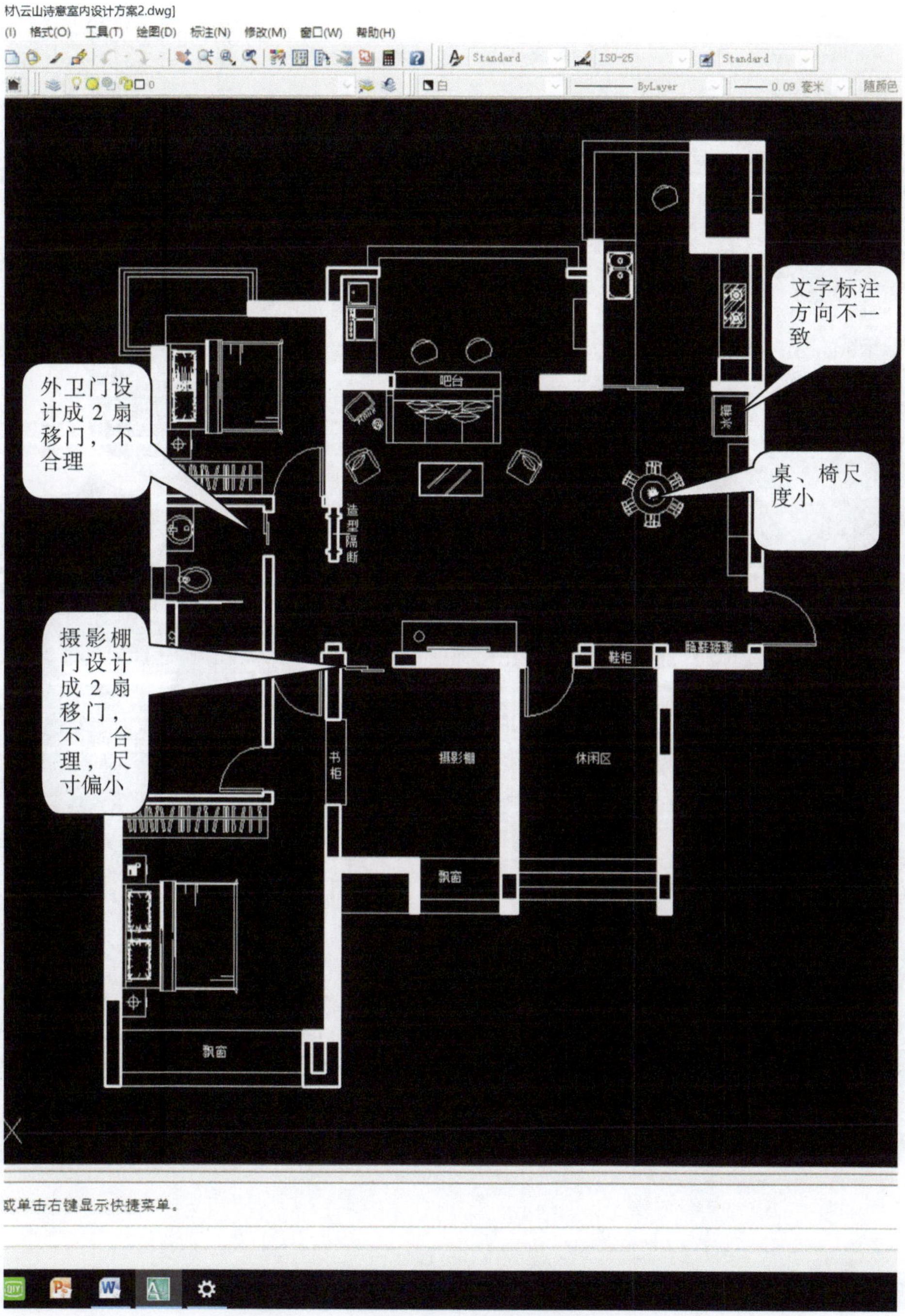

图2-81　平面规划设计易出现的错误（一）

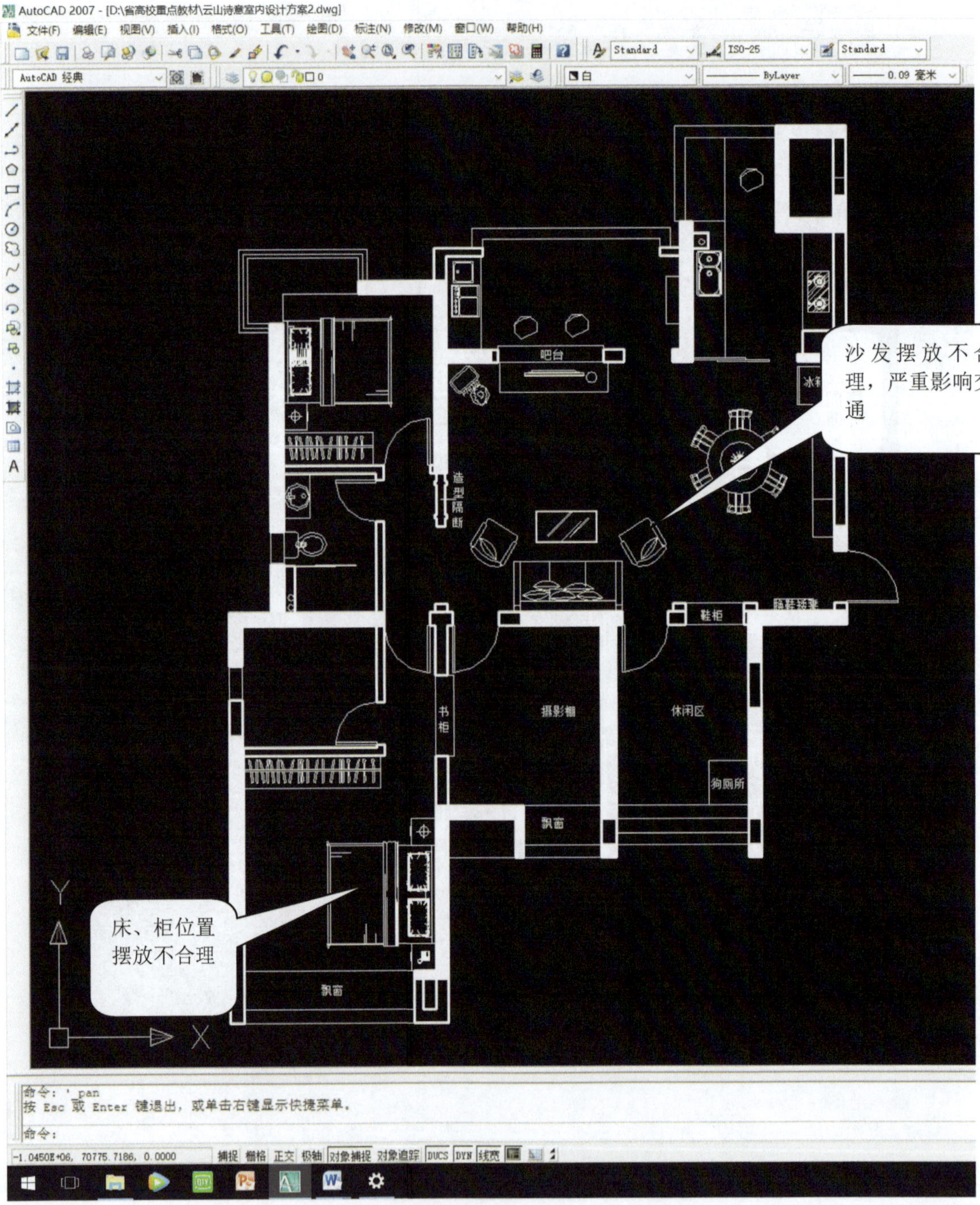

图2-82　平面规划设计易出现的错误（二）

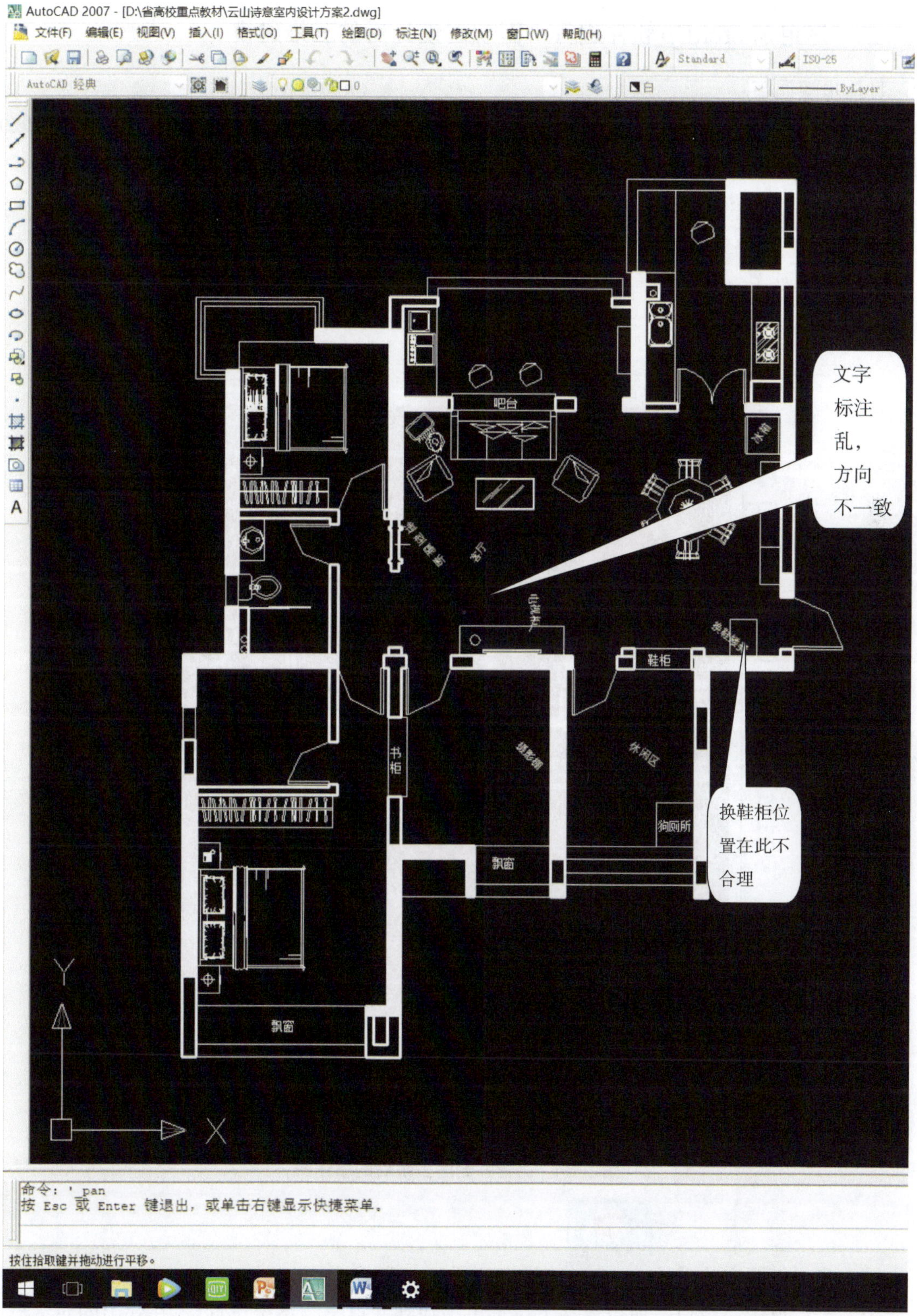

图2-83　平面规划设计易出现的错误（三）

二、运用SketchUp软件进行平面规划设计后的三维建模

具体步骤如下：

第一步，打开已完成的CAD总平面规划设计图，将其另存为一个文件（文件名按需取），删除图中所有家具、门窗的图形及尺寸标注等内容，只保留如图2-84所示的墙体结构图。

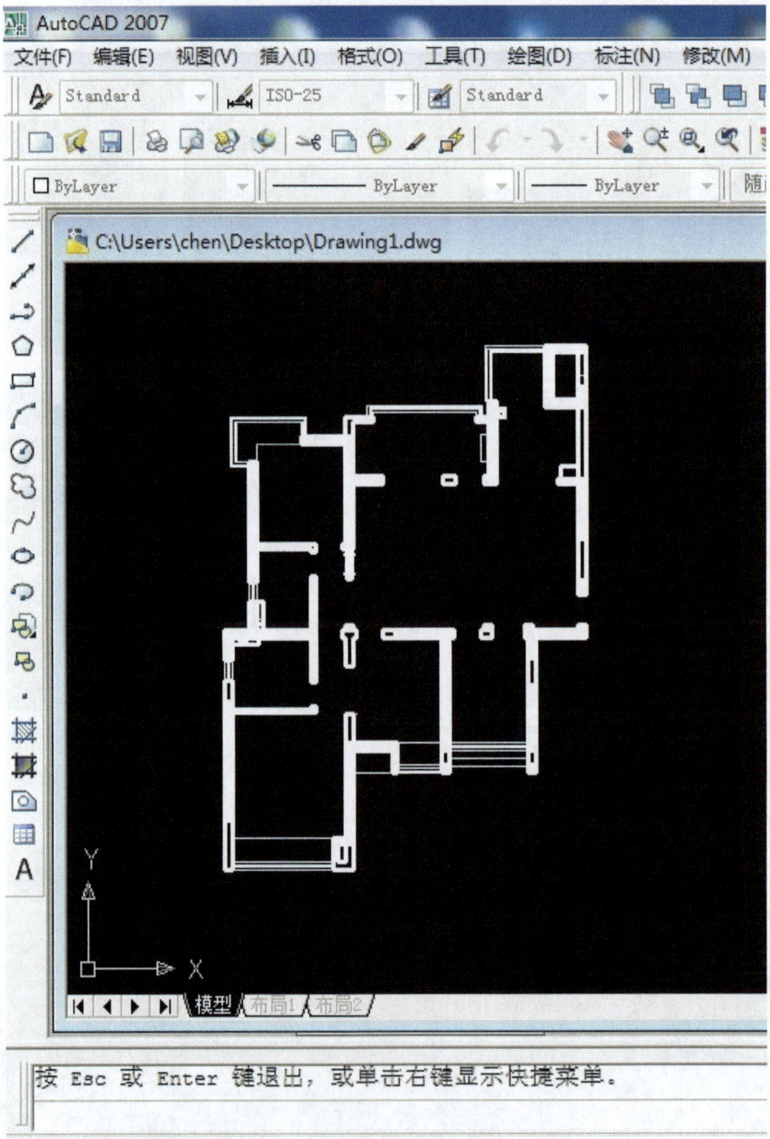

图2-84　另存并删除多余后的墙体图

第二步，打开安装后的

，弹出如图2-85所示界面。

第三步，点击“窗口”命令，在下拉菜单中找到并点击“系统设置”，在弹出的对话框中找到并点击“模板”，选中其右侧的“建筑设计—毫米”，最后点击“确定”，如图2-86所示。

第四步，点击“文件”，在其下拉菜单中选中“导入”命令，如图2-87（a）所示；在弹出的对话框中，选中“AutoCAD文件”，如图2-87（b）所示；找到并选中第一步中所另存的文件名，并点击“导入”命令，如图2-87（c）所示；当SketchUp软件界面出现如图2-87（d）所示时，点击“关闭”命令。即可得到如图2-88所示的图。

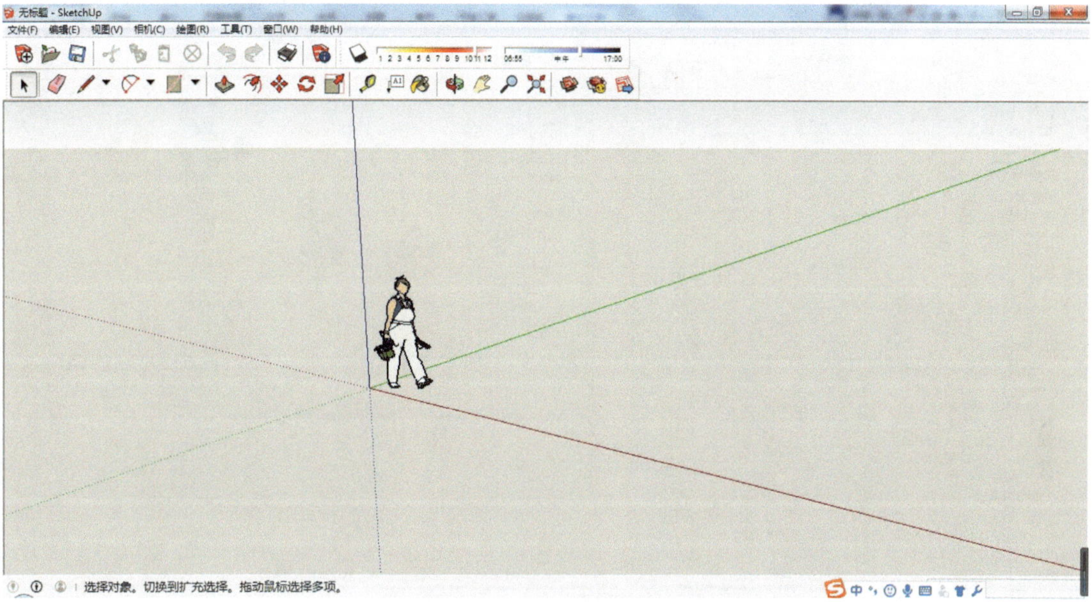

图2-85 点开SketchUp后的初始界面

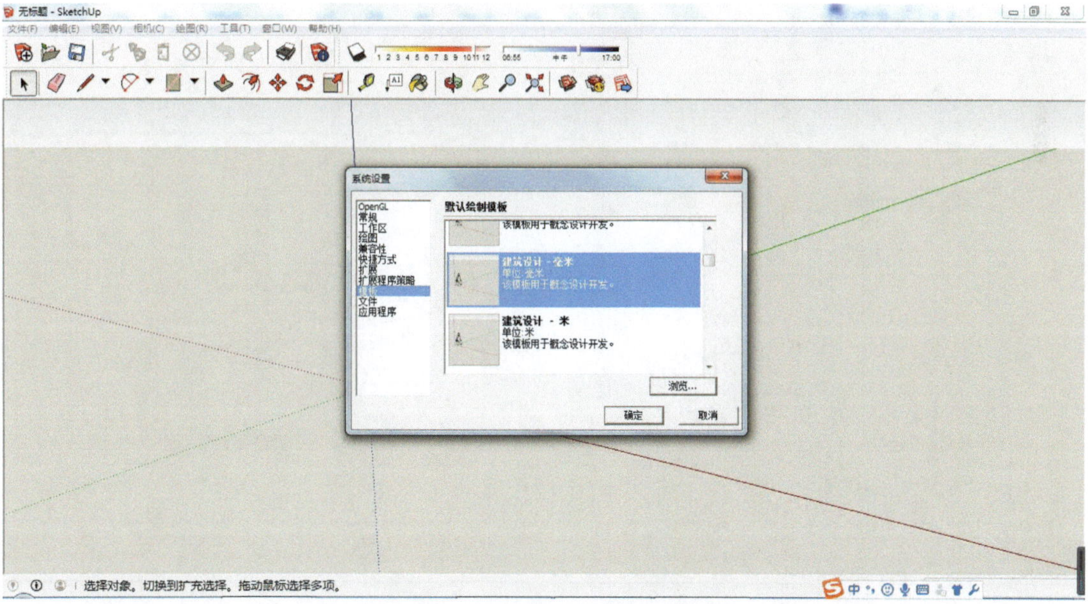

图2-86 系统设置，选择毫米单位

第五步，点击“选择”命令，然后，在界面上点击任意一根墙线且颜色改变，即可选中整个墙体结构，接着在界面的空白处右击鼠标，弹出对话框，选中“分解”命令，如

图2-89所示。

第六步，点击“擦除”命令，然后，在界面上点击需要擦除的窗线及多余的线条，如图2-90（a）所示，反复操作，直至擦除完成所有窗线及多余线条，如图2-90（b）所示。

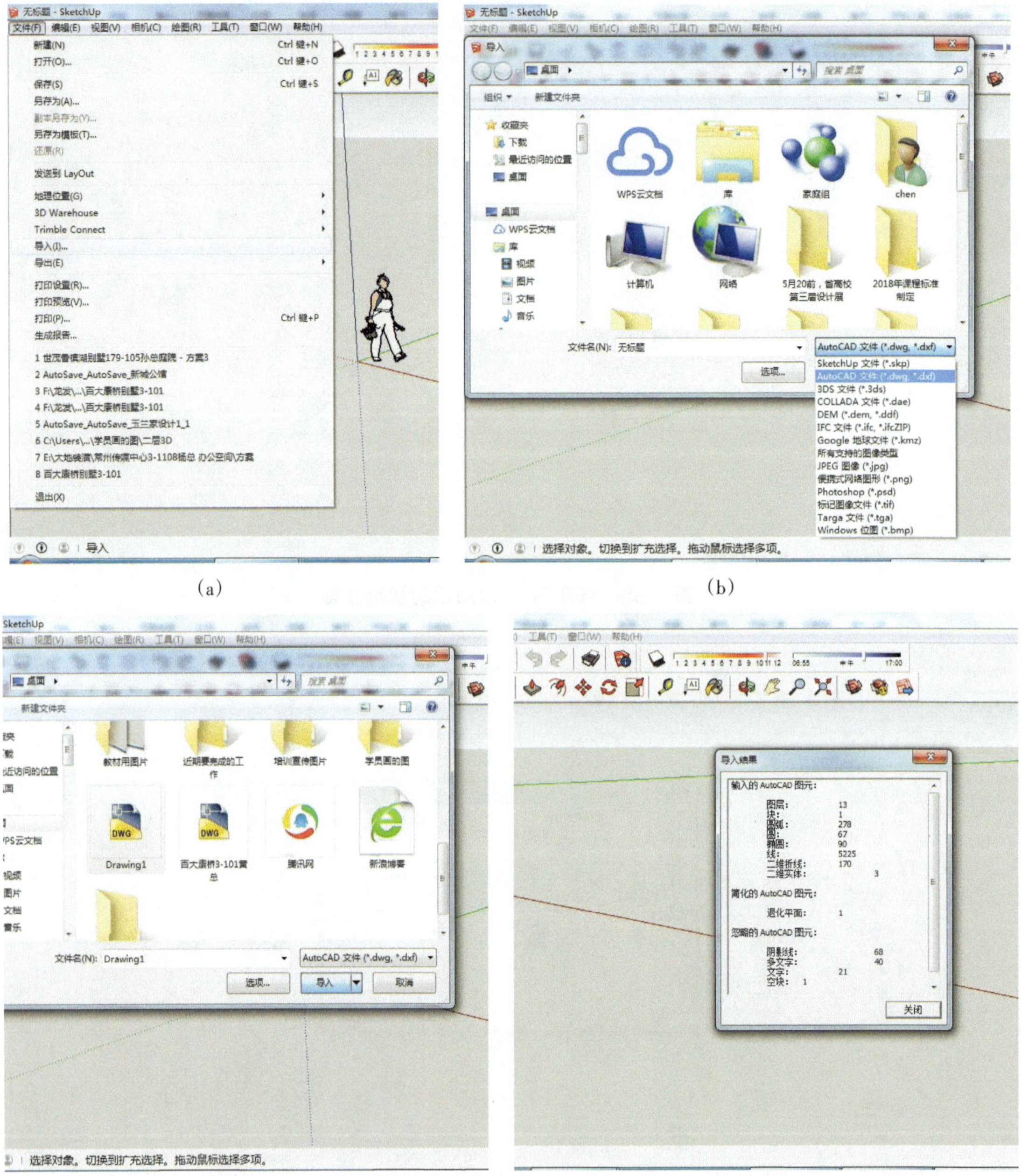

图2-87　墙体结构的CAD文件导入设置

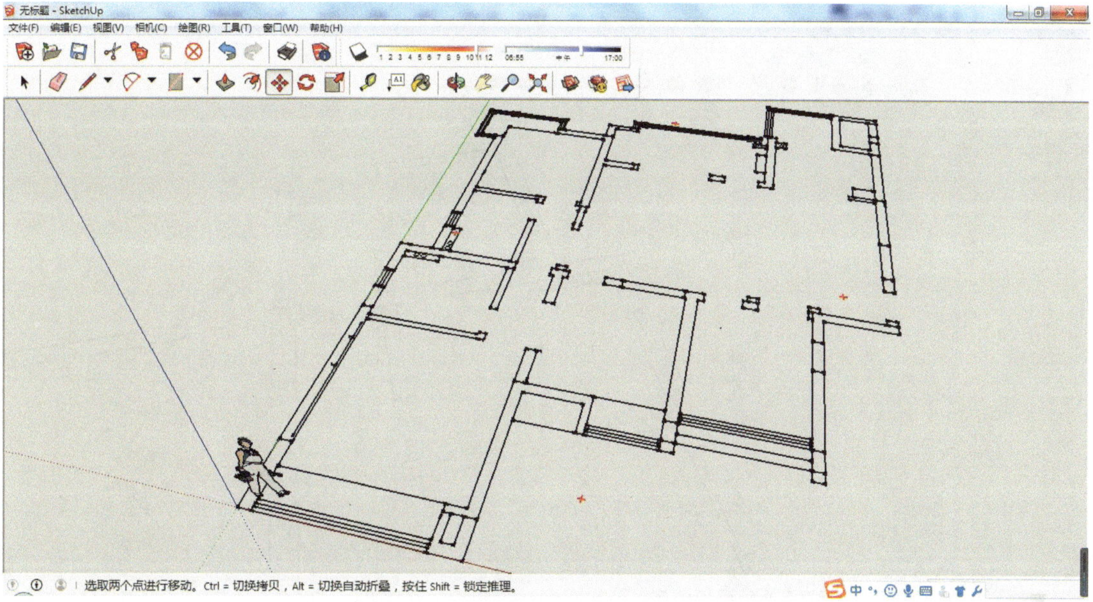

图2-88　墙体结构的CAD文件导入设置

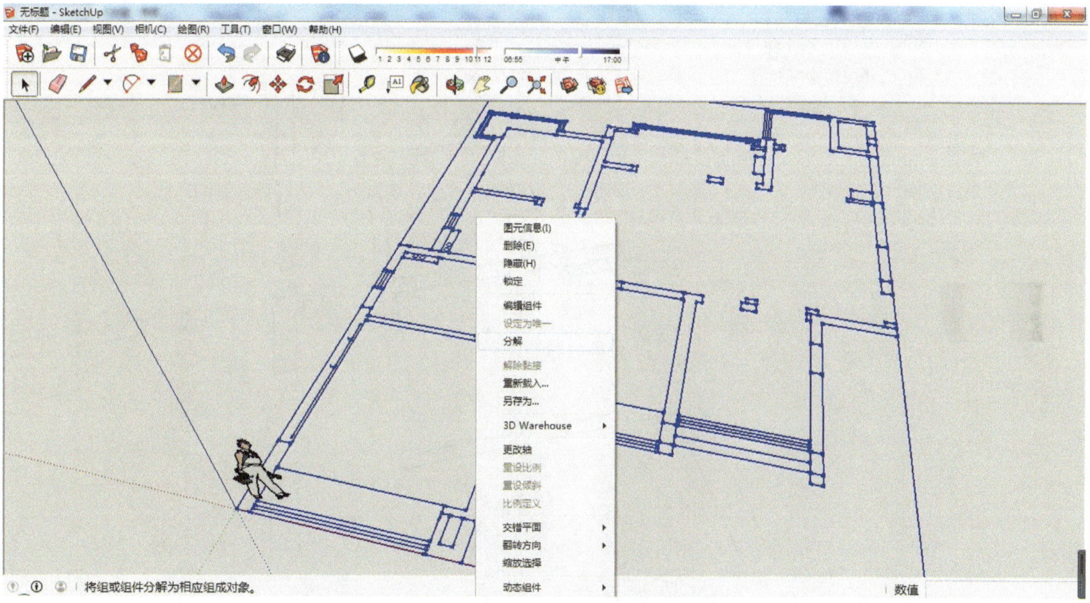

图2-89　分解墙体结构的设置

第七步，点击 “直线”命令，然后，在界面上选中墙体的一个角点，接着，同样的方法选中该墙体相邻的另一个角点，此时，原墙线中间的面被填充上了颜色，反复操作，直至完成如图2-91所示的墙体和地面的填充图。

第八步，点击 “推/拉”命令，然后，将鼠标移至一段墙体的面上（不能在墙体线上）并点击鼠标左键选中，然后，松开鼠标左键同时移动鼠标，使墙体向上延伸，接着，直接输入该房子空间的净高，如2850，最后，点击键盘上“回车”键，即可完成如图2-92所示的墙体拉伸图。

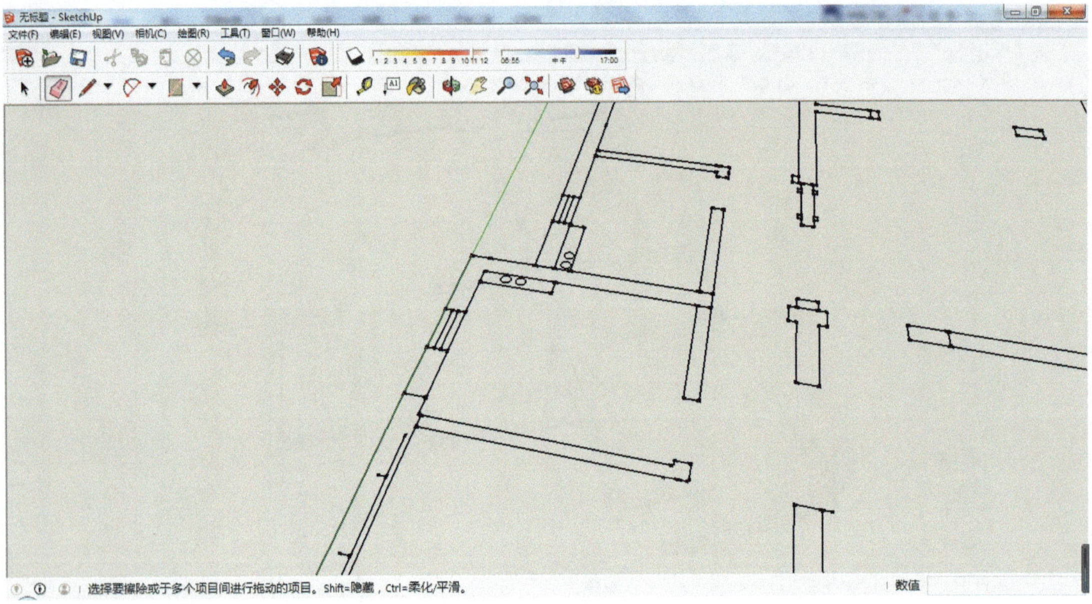

（a）

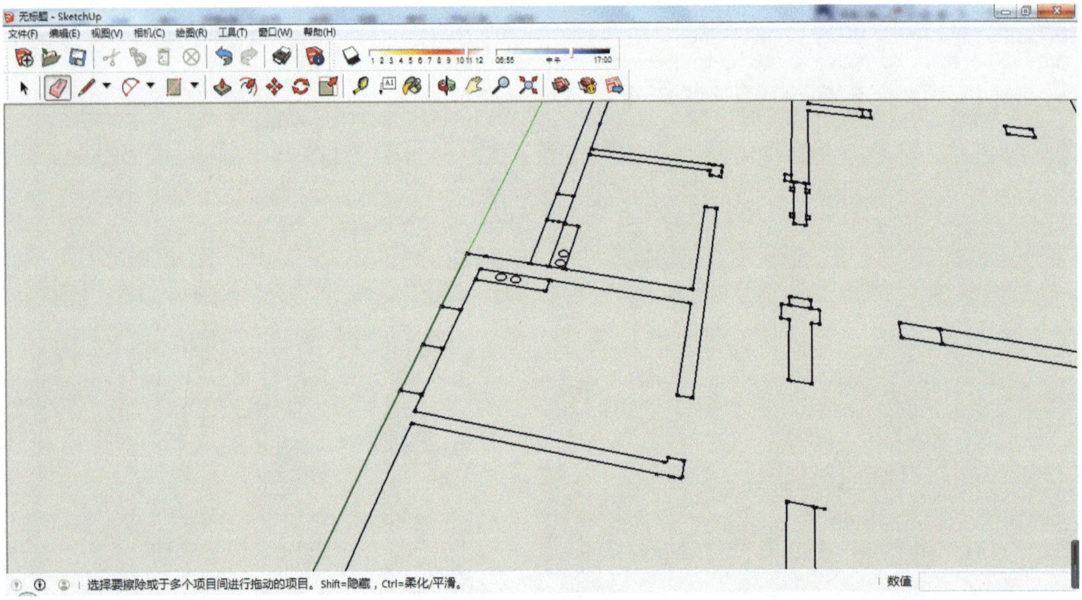

（b）

图2-90　擦除窗线等多余线条

第九步，用同样的方法，结合“环绕观察”和“平移”命令，推拉完成所有墙体，得到如图2-93所示的墙体拉伸图。也可以用另一种方法完成墙体的拉伸：在第一端墙体完成拉伸后，用“推/拉”命令选中临近墙体，按住鼠标左键同时移动鼠标，使墙体向上延伸并逐渐靠拢已拉伸的墙体顶边线，当鼠标移至的墙顶边线时有“在边线上”文字跳出，即可点击鼠标左键完成该段墙体的等高拉伸，如图2-94所示。用同样的方法即可完成如图2-93所示墙体拉伸图。

第十步，用“环绕观察”和“平移”命令，将图纸调整角度并放大到如图2-95所示的门洞位置。用同样的方法即可完成如图2-93所示墙体拉伸图。接着，使用“卷尺工具”，先选中门洞一边墙角线的底部端点，然后，沿着该墙角线上移同时输入门洞高度，如2100，得到如图2-96所示的示意图，找寻到门洞的一个高度点，同样的方法可以得到另一个高度点。

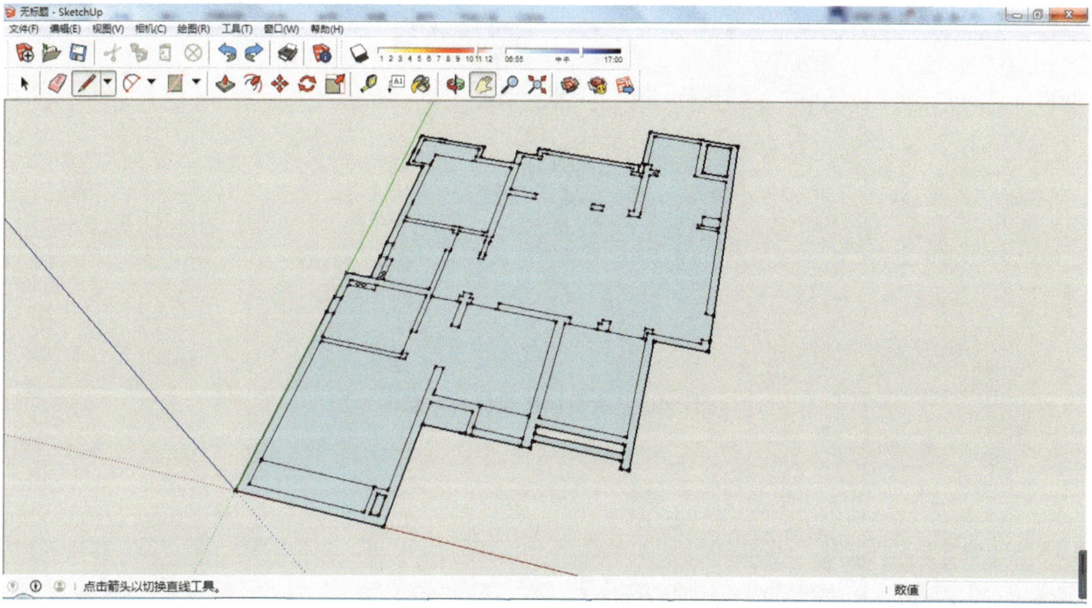

图2-91　填充墙体和地面

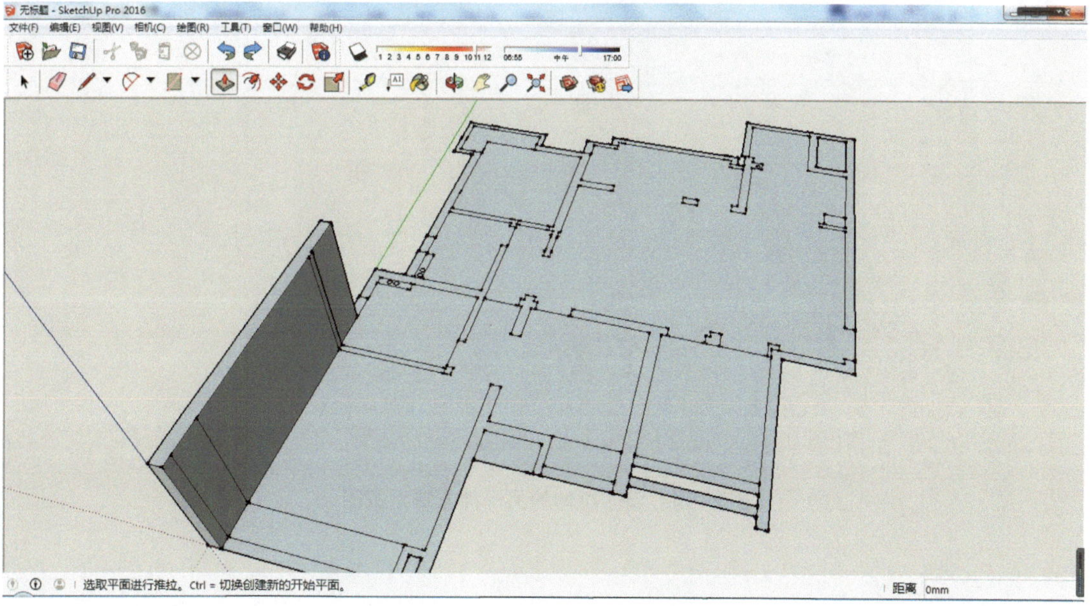

图2-92　一段墙体拉伸后示意图

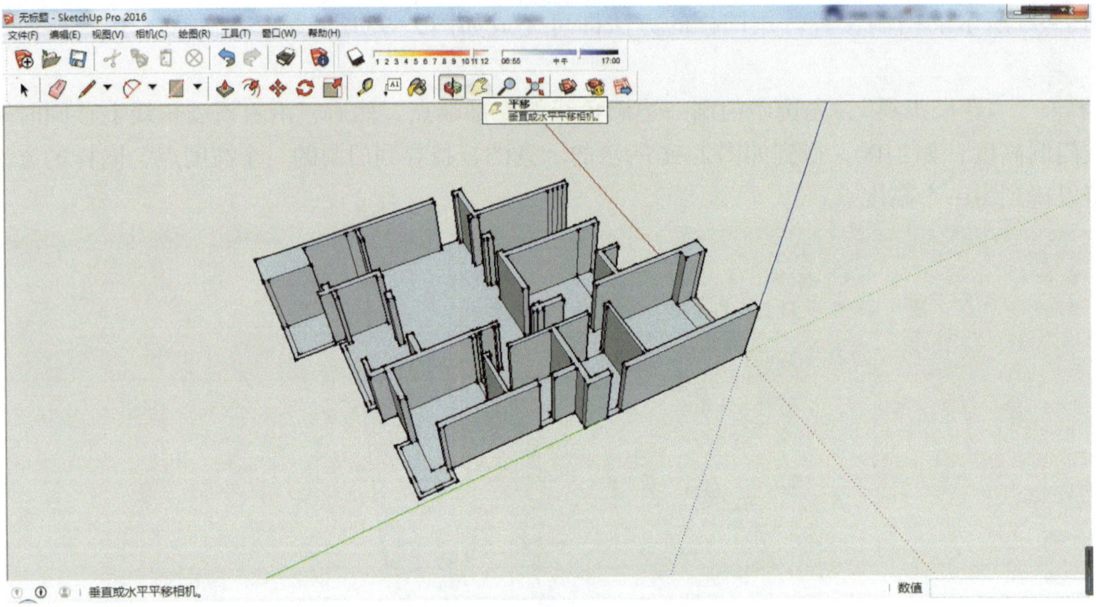

图2-93　所有墙体拉伸后示意图

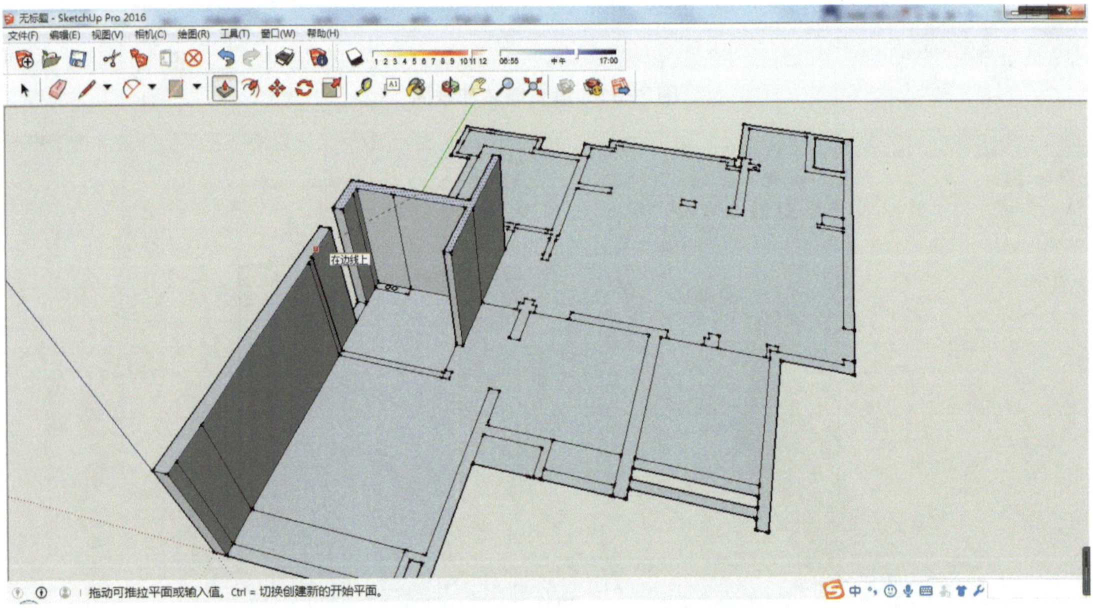

图2-94　墙体拉伸的另一种方法示意图

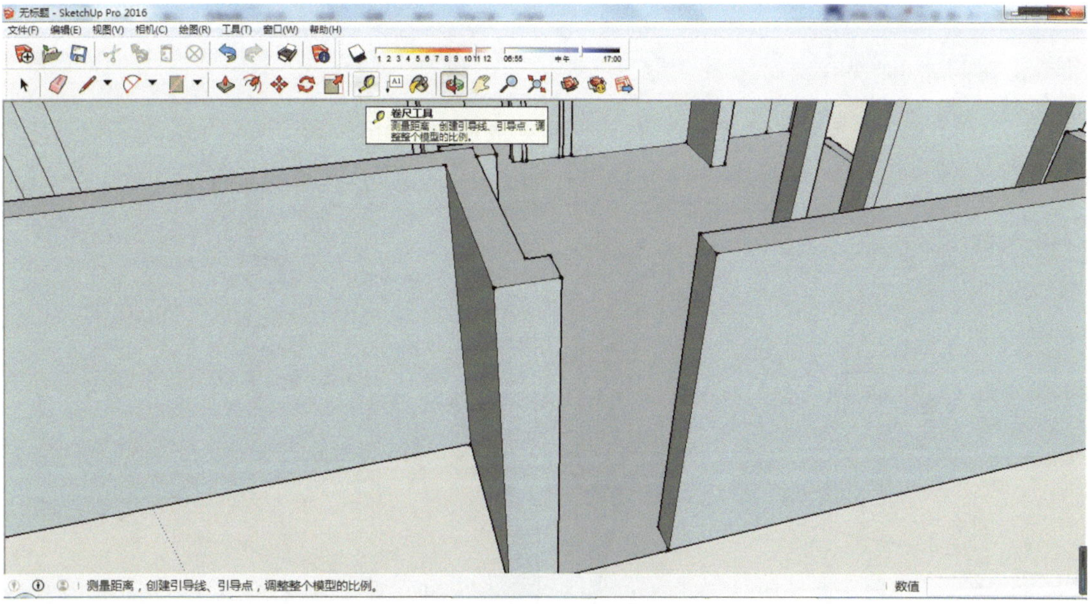

图2-95 调整并放大出门洞的位置

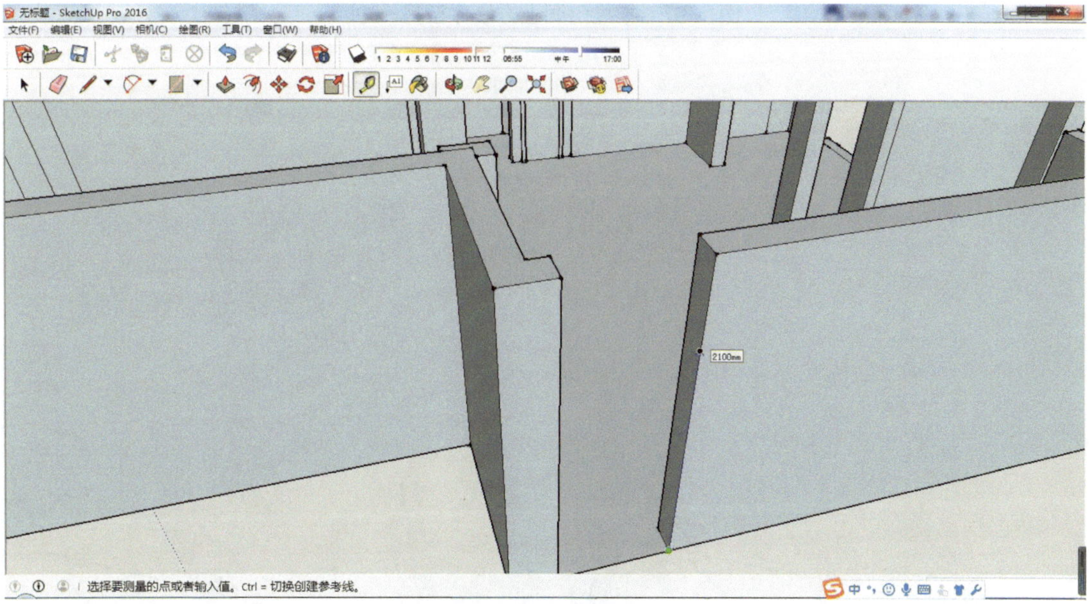

图2-96 找寻门洞高度点

第十一步，用“直线”命令，连接已找寻的门洞高度点，使用“推/拉”命令，拉伸门洞上方墙体移至门洞另一墙角线，当出现如图2-97所示“在边线上”时，点击鼠标左键完成门洞上方墙体的封堵拉伸。最后，点击使用“擦除”命令，擦除交线，得到

如图2–98所示的图。重复上述步骤，完成如图2–99所示所有门洞上方墙体、窗洞的上方及其下方墙体的封堵拉伸。

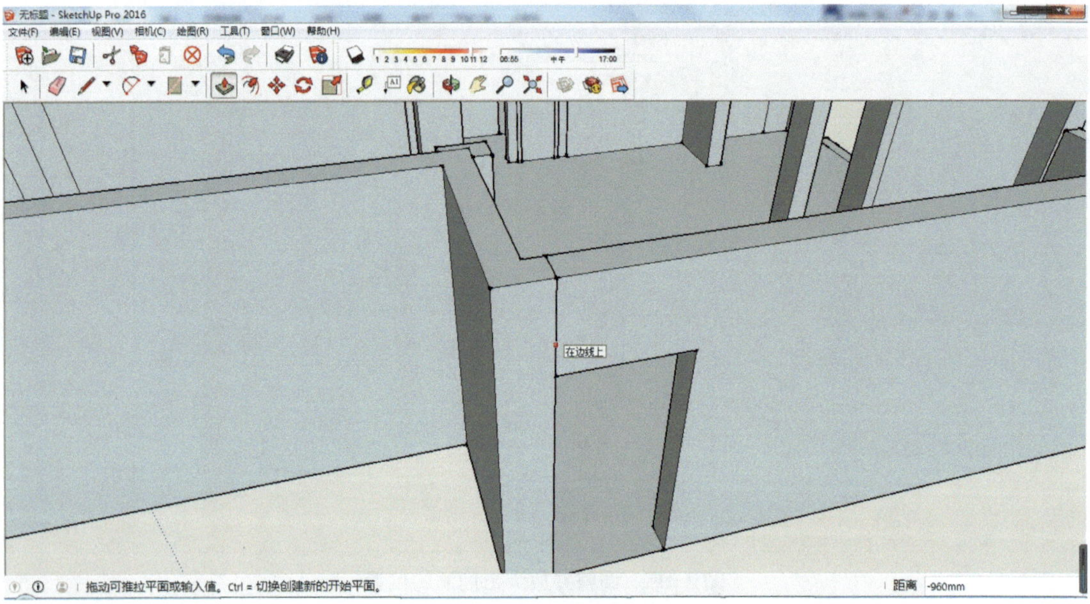

图2–97　推拉门洞上方墙体至另一边

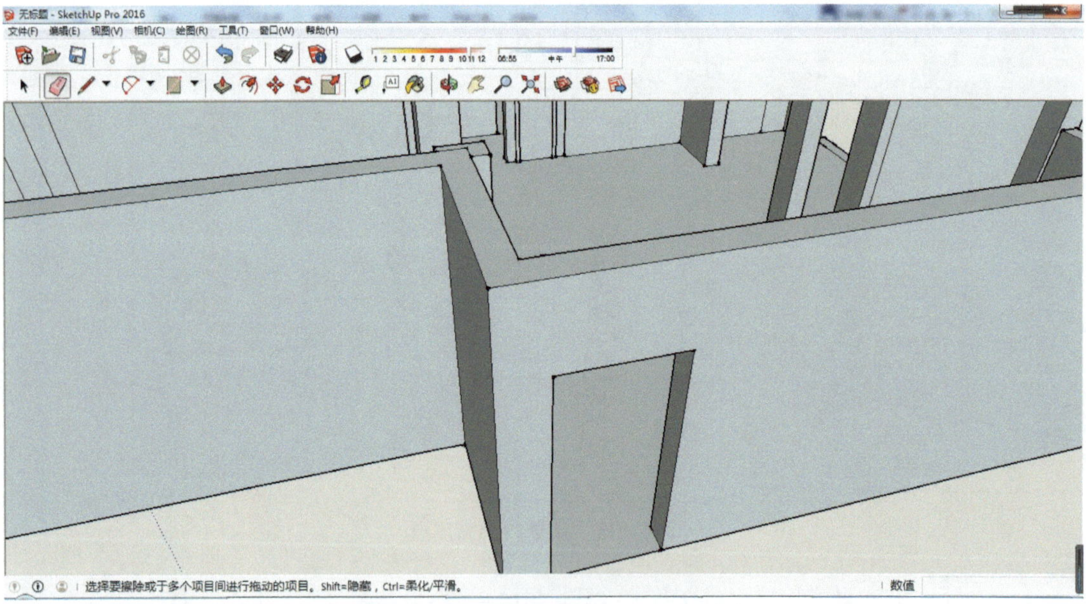

图2–98　擦除门洞上方墙体的拉伸交线

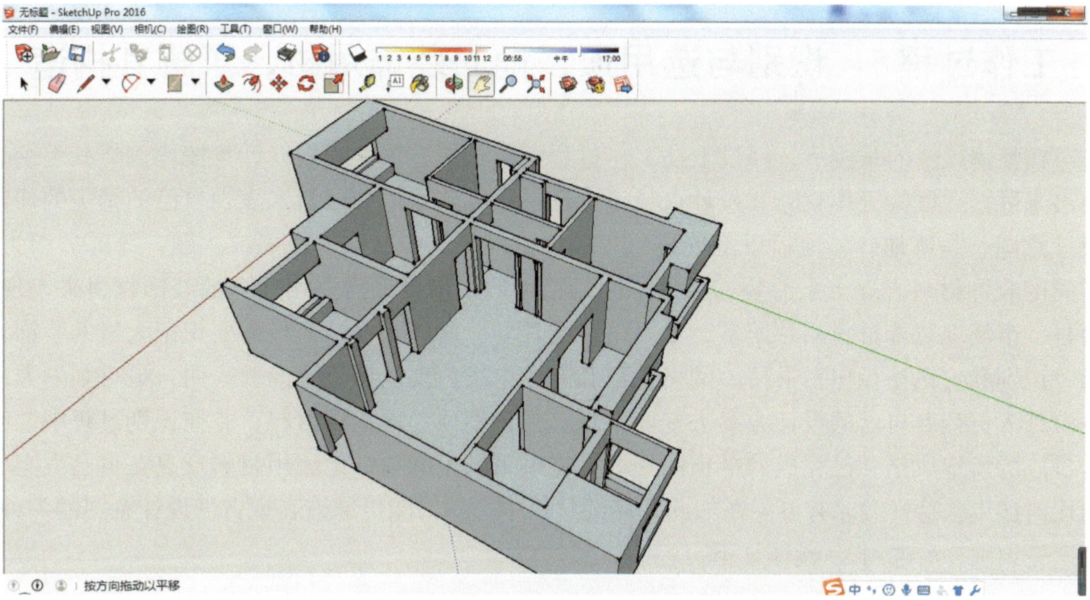

图 2-99　门洞上方墙体和窗洞上下方墙体的封堵拉伸后示意图

工作过程5　识别与选用顶、地面装饰用材，了解其构造

在整体风格的掌控下，经过上述工作过程完成了平、顶面规划设计且按比例将其手绘表现出来后。后序的工作就需要设计人员考虑选择什么顶、地面材料来表现自己的精美的装饰设计意图，是选地砖、地板还是选地毯，哪种材料更能丰富整体风格或主题，等等。因为，不同的装饰材料表现出来的装饰效果不同，精美的装饰设计需要用适合的装饰材料来表现，而且，市场上装饰材料品种繁多，更可谓日新月异，所以，设计人员需要识记大量的装饰材料，识别和记忆途径包括书籍、网络识记和专业市场内现场识记。经验表明，最直观的方法是设计人员带着自己的设计方案去专业市场上先识别顶、地面用材料，并在识别过程中，结合自己的所定风格和已完成的平顶面规划，将琳琅满目的顶、地面用材料反复在自己方案中的比对试用，这样做才有可能在如此众多的材料中选择出能更准确表现自己设计意图的一种。即“先识别，后选用”，具体如下。

一、常用地、顶面材料的具体识别

（一）地砖

地砖作为一种大面积铺设的地面材料，往往是利用其自身的颜色、质地等来营造出风格迥异的家居室内环境。例如，不同材质的马赛克运用不同的拼接形式也为家居室内增色不少；而创意新颖、个性十足的花砖也起到画龙点睛的作用。

1.釉面砖

釉面砖是装修中最常见的砖种，由于色彩图案丰富，而且防污能力强，被广泛使用于家居装修的墙面和地面上，釉面砖是由砖底坯和表面一层釉面构成，即在陶瓷土坯上施釉经过高温、高压烧制而成的。由于釉面墙砖釉层较薄，其抗拉力较差，为防止釉面出现细裂纹，其底坯的抗拉力都增强了。事实证明，釉面墙、地砖的硬度越好，其抗拉力就越强，所以，釉面墙、地砖底坯质量的优劣决定了其整块釉面砖质量的优劣。

1）釉面砖的分类

（1）根据釉面砖的底坯不同，一般分为：瓷质底坯釉面砖和陶质底坯釉面砖两种，其主要特征为其背面颜色分别是陶土或瓷土的烧制颜色，一般为灰白色，陶土底坯釉面砖的背面颜色有时为土红色。两者吸水率、硬度等都有不同：瓷质底坯砖硬度高于陶质底坯砖，其抗拉力也高于陶质底坯砖，吸水率也相对较低。但瓷质底坯砖价格却远远高于陶质底坯砖。实践表明，目前市场上也有一些陶质底坯釉面砖的吸水率和强度比瓷质底坯砖好。所以，为确保装修的质量，在经济能力范围内应尽量选择瓷质底坯釉面砖。

（2）根据釉面砖的釉面光泽，还可以分为：亮光釉面砖，哑光釉面砖。

2）釉面砖的规格

小规格：100mm×100mm、150mm×150mm、200mm×200mm、300mm×300mm；大规格：500mm×500mm、600mm×600mm等。一般情况下，小规格釉面砖主要用于小空间卫生间、阳

台、厨房等的地面铺贴，随着厨卫空间的加大，由于老百姓的审美意识的提高和对很小的马赛克的厌旧情绪，导致该类釉面地砖备受青睐，但多用于8m²以下厨、卫地面，装饰效果，300mm×300mm釉面砖用的最多。大规格用于大空间的地面铺贴。

3）釉面砖的选用

选用釉面砖尤其是选用陶质釉面砖时，应选择陶质底坯质量好的釉面砖，可采用“看、擦、掂、听、试”等的方法：

（1）看。看釉面砖是否为正规厂家生产，看底坯是否密实无小孔，正规厂家生产底坯越密实则表明质量越好。

（2）擦。手指用力擦底坯上没有滑石粉的部位，擦后看手指上是否有底坯色粉，密实、硬度大的底坯不会掉粉，反之，则容易擦掉。

（3）掂。同一规格、底坯密度高的釉面釉面砖，手感都比较沉，反之，手感较轻。

（4）听。敲击釉面砖后，声音浑厚且回音绵长如敲击铜钟，手上能感觉到强共振，则底坯硬度大、密实、强度高，其抗拉力就强；反之，声音沉闷甚至能敲掉小块陶土，则为质量差的釉面砖。

（5）试。就是试釉面砖底坯的强度，底坯强度很高的釉面墙砖，可以将其一头架空放置，成年男人单脚上踩而不断裂（编者在经营装饰公司选购釉面砖时也亲自尝试过多次）。反之，则做不到。

4）釉面砖的常见问题

（1）龟裂：也称细小裂纹，是釉面砖的底坯与釉面层间的应力超出了坯釉间的热膨胀等系数之差，釉面层会受到底坯或铺贴基层的拉伸应力而在釉面上出现较多的细小裂纹。龟裂的产生多发生在釉面砖铺贴完工的5~7天后，15天左右后细裂纹会增多。产生的原因很复杂：既有房产施工单位在建房屋时，抹灰基层选料、配比、施工方法等不当的原因；也有业主过于着急装修且选购了质量不好的釉面砖的原因；还有装饰施工企业的以下原因：

①水泥砂浆抹灰基层完好未开裂，而施工者却不考虑季节和南北方气候的差异，选用了不适合的粘结材料。

②施工方法不当，粘结层的厚薄不均。

③少雨干燥气温高或阳光直接照射。

（2）背渗：无论陶土釉面砖还是瓷土釉面砖，吸水都是自然的，但当坯体密度过于疏松且釉面层厚薄不均甚至有釉面气孔时，就会造成釉面上有渗水现象，即水泥的污水会渗透到表面。

（3）腥气：如遇连续阴雨天，使用自来水尤其是拖把上有余量洗衣粉在铺贴釉面砖的地面上拖洗后，经常会出现令人作呕的鱼腥气味，而且挥发时间较长。

2.通体砖

表面不上釉，而且正面和反面的材质和色泽一致的烧制砖，面层较为粗糙，称为通体砖，它是一种耐磨砖。多数的防滑砖都属于通体砖。相对来说，其花色比釉面砖少。但由于目前消费者越来越倾向于素色设计，通体砖作为一种时尚而被广泛使用于厅堂、过道和室外走道等装修项目的地面。常用规格有300mm×300mm、400mm×400mm、600mm×600mm、800mm×

800mm等。

3.抛光砖

抛光砖就是在通体坯体的表面经过打磨而成的一种表面光洁的砖种，属于通体砖的一种。坚硬耐磨、花色繁多，但吸油、吸色、易脏，这是由于抛光砖在抛光时留下的凹凸气孔造成的，这些气孔会藏污和吸纳油污和有色液体，所以，不适宜在卫生间、厨房使用，即使在客厅使用，也需使用者多加小心，一旦有色液体洒落抛光砖面上，应立即清理干净，否则就会被砖体吸入而留下色斑。目前，发达地区家居市场上已很少使用。如果选用的话，一定要拆箱观察其表面上是否有一层防污腊层，千万不能选用没有防污腊层的抛光砖，而且施工时也要注意对防污腊层的保护，否则，会影响今后的家居生活质量。常用规格有300mm×300mm、400mm×400mm、600mm×600mm、800mm×800mm、1000mm×1000mm等。

4.玻化砖

玻化砖是采用高温烧制而完全玻化的一种通体砖，其实就是全瓷砖。其表面光洁又不需要抛光，密缝，质地比抛光砖更硬更耐磨，吸水率≤0.5%，另外，玻化砖也没有釉面砖在阴雨天清洗后的腥味，由于人们厌看了釉面砖质厚圆、铺贴后地砖缝隙大的表面效果，所以，人们开始追求玻化砖铺贴出来后的表面更加清润、密缝的整体表面效果，目前，广泛用于客厅、门庭等地方，如图2-100所示。但其不够防滑，价格也同样高于抛光砖和釉面砖。

小规格玻化砖有300mm×300mm、400mm×400mm等，多用于阳台地面铺贴。

大规格玻化砖有600mm×600mm、800mm×800mm、1000mm×1000mm、1200×1200mm等不同规格，这主要是由于现在的客厅空间越来越大，人们的审美也趋于简洁，需要地面看上去如一整块，缝隙小且少。原有的釉面砖一旦尺寸过大就会出现变形、表面不平整，而玻化砖则不会。

5.仿古砖

由于人们的欣赏水平在不断提高，对欧洲国家的艺术美感开始有所追求，再加上人们的恋旧复古情绪，所以，就有了色彩古旧表面肌理效果特别的仿古砖，仿古砖不是我国建陶业的产品，是从国外引进的。仿古砖通常指的是有釉装饰砖，与普通的釉面砖相比，其差别主要表现在釉料的色彩上面，仿古砖属于普通釉面砖，所谓仿古，指的是砖的表面效果，应该叫仿古效果的釉面砖，其坯体可以是瓷质的，这是主流，也有炻瓷、细炻和炻质的。釉以亚光的为主。色调则以黄色、咖啡色、暗红色、土色、灰色、灰黑色等居多。仿古砖蕴藏的文化、历史内涵和丰富的装饰手法使其成为欧美市场的釉面砖主流产品，在国内也得到了迅速的发展。仿古砖的应用范围广并有墙地一体化的发展趋势，其创新设计和创新技术赋予了仿古砖更高的市场价值和生命力。经过精心研制的仿古砖具有强度高，耐磨性极强，还兼具了防水、防滑、耐腐蚀的特性。所以，目前被广泛用于个性、田园风格、气派等高要求的家居空间中。

仿古砖的规格通常有300mm×300mm 、400mm×400mm 、500mm×500mm 、600mm×600mm 、800mm×800mm、1000mm×1000mm等不同规格。另外，还有诸如300mm×600mm、600mm×900mm等长方形的仿古砖，欧洲多以300mm×300mm、400mm×400mm和500mm×500mm的为主；国内则以600mm×600mm 、800mm×800mm、300mm×600mm、600mm×900mm

的为主；从目前市场来看，如300mm×600mm等甚至是一些创意的尺寸，则是目前国内外流行的规格。不同肌理、颜色的铺贴效果如图2-101～图2-105所示。

图2-100　不同的玻化砖在客厅中运用的效果

图2-101　仿古砖“天籁石”及其在客厅中运用的效果（嘉俊陶瓷提供图片）

图2-102　仿古砖“砂岩石”及其在客厅中运用的效果（嘉俊陶瓷提供图片）

图2-103　仿古砖“经典古风”及其在客厅中运用的效果（嘉俊陶瓷提供图片）

图2-104　仿古砖“流金岁月”及其在客厅中运用的效果（嘉俊陶瓷提供图片）

图2-105　仿古砖“古韵传说”及其在客厅中运用的效果（嘉俊陶瓷提供图片）

（二）地板

1. 实木地板

实木地板是天然木材经烘干、加工后形成的地面装饰材料。它呈现出的天然原木纹理和色彩图案，给人以自然、柔和、富有亲和力的质感。同时，它冬暖夏凉、触感好的特性使其成为卧室、客厅、书房等地面装修的理想材料。目前，市场上实木地板有实木素板、实木免漆地板、实木复合地板、软木地板等。在较发达地区，实木素板在20世纪90年代中期前选用较多，之后至今，绝大部分选用实木免漆地板。实木复合地板作为较新型产品而且其复合所需大量胶水，相对不环保的原因使其没有被广泛选用。实木免漆地板是指在出厂前已经进行面漆处理，而实木素板则是指尚未上漆的，在其铺装后必须经过打磨和涂刷地板漆后才能使用。

实木免漆地板施工工期短，但表面平整度不如实木素板，会有稍微的不平和板间缝隙大等质量问题，如果施工者的水平不好，往往还会再造成例如起拱、变形等一系列的质量问题；实木素板施工工期慢，一般要比实木免漆地板长出1～2倍的时间，但表面较平整板间缝隙较小，再加上实木素板在施涂油漆前，必须要用专用地板打磨机打磨地板使其更加平整光洁，板间缝隙也会用同于地板的有色腻子填嵌。所以，地板漆刷涂处理后的表面平整，漆膜是一个整体，因此，无论是装修效果还是质量都优于实木免漆地板，只是安装比较费时。

常用实木地板规格有标准板和非标准板，标准板是指900mm×92mm×18mm和910mm×92mm×18mm两种实木地板，910mm长实木地板一般为进口机器加工，900mm长实木地板一般为国产机器加工；而非标准实木地板多指宽板、短板和长板等，如宽板规格有910mm×122mm×18mm、900mm×135mm×22mm、910mm×123mm×15mm；长板规格为1200mm×191mm×8mm；短板规格为455mm×95mm×18mm等。

实木地板的名称由木材名称与接边处理名称组成。木材有柚木、水曲柳等；接边处理主要分为平口（无企口）、企口、双企口三种，平口地板属于淘汰产品，而双企口地板由于技术不成熟尚不能成气候。目前多数铺设的地板属于单企口地板，一般所说的企口地板也是指单企口地板，如图2-106所示。

图2-106　单企口地板

目前，实木地板有浮雕面、拉丝面和平面等面层处理，因此，装饰效果也不同，如图2-107所示。

(a)　(b)　(c)

图2-107　不同面层处理的实木地板装饰效果

(a) 平面；(b) 浮雕面；(c) 拉丝面

一定要选择正规厂家的产品。首先，检查外包装上有无厂址、品名、等级和联系电话等基本信息及外包装是否规范；其次，开箱检查地板，从外观看是否有虫眼、开裂、霉变、腐朽、死节等木板缺陷；最后，从箱内任取5～6块实木地板，检测其加工精度，将其在玻璃或平整的地方隼接拼装好，用手摸检查其平整度，眼睛观察板间缝隙是否适中，正常情况下，板间缝隙宽为0.3～0.5mm，缝隙过大不美观，缝隙过小，当空气湿度增加时容易引起地板的膨胀而翘起。

另外，选购时还要注意以下情况：正常情况下，同等质地的免漆实木地板，质量好的，其变形系数相对比质量差的低些；宽92mm的标准板比其他宽于92mm的宽板变形系数小；浅色软质地板比深色硬质地板变形系数小；本色实木免漆地板擦色的更能看得出实木地板的真品质。

2. 复合地板

复合地板也称强化木地板，国家对于此类地板的标准名称是：浸渍纸层压木地板。复合地板铺设方便快捷，可以直接在找平后的水泥砂浆地面上铺设，也可以在细木工板打底的基层上铺设。耐磨、廉价、脚感差于实木地板，一般用于公共场所和家居中的简单装修。复合地板并不使用“木”，一般都是由四层材料复合组成：底层、基材层、装饰层和耐磨层，厚度约为8mm。其中耐磨层的转数决定了复合地板的寿命。

(1) 底层。由聚脂材料制成，起防潮作用。

(2) 基层。一般由密度板制成，视密度板密度的不同，也分低密度板、中密度板和高密度板。质量好的复合地板基层多为高密度板。

(3) 装饰层。是将印有特定图案（仿真实木材纹理为主）的特殊纸放入三聚氢胺溶液中浸泡后，经过化学处理，利用三聚氢氨加热反应后化学性质稳定、不再发生化学反应的特性，使这种纸成为一种美观耐用的装饰层。

(4) 耐磨层。是在强化地板的表层上均匀压制一层三氧化二铝组成的耐磨剂。三氧化二铝的含量和薄膜的厚度决定了耐磨的转数。每平方米含三氧化二铝为30g左右的耐磨层转数约为4000转，含量为38g的耐磨转数约为5000转，含量为44g的耐磨转数应在9000转左右，含量和膜度越大，转数越高，也就越耐磨。

复合地板的缺点：大面积铺设时，会有整体起拱变形的现象；板间的边角容易折断或磨损；遇水浸泡会膨胀变形等。

3. 竹地板

目前，市场上出售的竹地板以其价格适中、坚硬耐磨也广受消费者青睐。但每块竹地板为多根竹子小条胶粘而成，甲醛含量高、污染大，新地板近距离闻有刺鼻的味道。而且，南向房间的竹子地板容易被阳光暴晒而变黄和开裂。所以，要慎重选择。

（三）纸面石膏板

如果需要在客、餐厅顶面上进行人工吊顶，多选纸面石膏板来做造型，纸面石膏板是以建筑石膏为主要原料，掺入适量添加剂与纤维做板芯，以特制的板纸为护面，经加工制成的板材，如图2-108所示。纸面石膏板具有重量轻、隔声、隔热、加工性能强、施工方法简便的特点。目前市场上出售的整张纸面石膏板尺寸：长度有1800mm、2100mm、2400mm、2700mm、3000mm、3300mm、3600mm几种，宽度有900mm、1200mm，厚度9.5mm、12mm、15mm、18mm、21mm、25mm几种，市场上使用最多的是1200mm×3000mm×9.5mm的石膏板；而目前，厨、卫天花处理多采用集成吊顶，其材料为方形铝扣板或镁铝扣板、条板等多种材质，有效解决了之前的塑料扣板、铝塑板、防水石膏板等厨卫吊顶带来的诸多质量问题。

（四）乳胶漆

乳胶漆主要有聚醋酸乙烯乳胶漆、乙-丙乳胶漆、苯丙-环氧乳胶漆、丙烯酸酯乳胶漆乳胶漆等几个品种。常用塑料或镀锌铁皮桶密封包装，如图2-109所示。家居顶棚多选用质优的白色乳胶漆施涂。

图2-108　纸面石膏板侧面

图2-109　乳胶漆外包装

二、确定地面、顶面选材

选材的原则是在满足使用基础上进行安全选材且丰满已定风格。

（一）满足使用基础上的安全选材

（1）首先，改变以往多选天然石材做为客厅地面主要铺贴材料的做法，考虑选择辐射小且相对安全、环保的地砖或实木地板。如果一定要选择天然石材铺贴地面，经验表明，一定不要选择大理石和色彩艳丽的花岗岩，因为，大理石天生软嫩、不耐磨，不宜铺在家居地面上。而色彩艳丽的花岗岩辐射较强，对人身体有害。

（2）接着，需要结合居者的年龄等因素，考虑是选用地砖还是地板等地面材料以满足居者的使用要求，如家中既有婴幼儿又有老人，建议客厅要选用地砖而不选用地板，但不能选用太光滑的砖材，否则，可能就会对老人或小孩造成伤害或妨碍他们的行动，但地砖有冰冷的感觉，建议铺装地暖。如果在客厅内选用实木地板，随着婴儿的成长，其玩耍时手持硬物的跌落会造成木地板油漆面层的爆裂，更严重者会将实木地板敲出无数小坑，严重影响使用进而影响心情；如家庭成员均为青年及以上且5年内不会有婴儿出生的情况下，可以考虑家居内全铺温馨、脚感好的实木地板，但要选购不会或少出现变形、翘曲或脚踩声响的质量问题地板，铺装使用后需精心养护。所以，一定要结合业主的各种信息并权衡利弊，初步确定地面选材类型，如客厅、餐厅、厨房、卫生间、阳台地面选用地砖，所有房间地面选用免漆实木地板等。

（二）丰满已定风格

初步确定地面选材类型后，面对如此众多规格、颜色、肌理的地面和顶面材料，到底该最终选用哪一种呢？这需要设计人员结合已定的装饰风格来最终确定地面和顶面材料的选用并以此来丰满已定风格。可以说，不同的设计风格限定了地面和顶面的选材。

1.地砖

现在市场上地砖的种类很齐全，可谓琳琅满目，设计人员可以结合业主的预算和喜好先推荐选定几个品牌，然后在这几个品牌范围内再根据家居的风格设计选择出相应风格的地砖。

现代主义风格。地面选材要力求简洁大方、表面光洁，色泽淡雅，甚至单一，规格偏大，能体现大气和连成一片。所以，多选色彩明快或单色的玻化砖、亮光釉面砖来创造“洁净、简约”的家居空间，诠释现代的家居生活，另外，也可以辅选玻璃等光洁材料。

后现代主义流派。要选择表面上有些许花纹（一般要求几何化纹理），表面光洁、颜色较单一的装饰材料，如花纹仿古砖、玻化砖或哑光釉面砖等，力求体现装饰主义，创造“典雅、时尚、个性”的效果。

新古典主义。简单地说是古典主义的现代化，是用现代装饰材料演义古典主义造型和传统纹样的一种方法，选择时，多注意传统样式，一般而言，沉稳古朴的釉面砖或仿古砖放在中式、欧式风格的房间里会显得相得益彰，西式风格也多选花岗石、仿古艺术砖、地毯等。

田园风情或新地方主义。打造此类风格的家居环境，主要是依据当地的民风、民俗来选择顶面和地面用材，如要打造体现傣族、苗族风情的家居环境，其装饰要有竹文化，所以，要注意选材的自然淳朴化，可选青石板、松木、广场砖、青砖、泥土等。

2.地板

实木地板品种繁多，给人总体的感觉舒适、温馨和高雅，但不同颜色的实木地板创造出的风格情调也不同：深色系，给人以高贵、端庄、稳重、沉静心情，有古典气息，适合于丰满古典中式或欧式的风格家居，多用于客厅、卧室、书房等空间内，如柚木，檀木，如图2-107（a）、（b）所示；浅色系，给人以清雅、活泼轻盈的感觉，有现代气息适用于表现现代风格，如图2-107（c）所示，如松木、芸香木、水曲柳、朝鲜腊木、榉木、樱桃木等。

更多装饰材料及其特性和装饰效果详见如下专业网站：美国室内设计中文网www.idchina.net、中国室内设计网www.ciid.com.cn、中国装饰设计网www.mt-news.com等。同时，建议设计人员定期去专业市场进行现场识别与选用，现场感知最能快速丰富自己的设计语言和启发设计灵感。

三、主要地面、顶面材料的常规构造

专业表明，精美的装饰设计构想不仅需要适合的装饰材料来表现，还需要用合理的装饰构造来体现，用精湛的施工工艺来实现。反过来说，要想将图纸的二维平面变成三维立体空间，作为设计人员必须要使自己的设计构想具备施工可行性，即设计人员必须知晓所选材料的构造连接，这样，设计人员才能指导工人施工，精美的设计构思才有可能变成现实。相反，连设计人员自己都不知道自己的设计方案如何施工，何谈技术交底和指导工人进行施工，经常会出现施工人员修改设计人员的方案，最终将导致精美的构思方案如同废纸一张，可见，装饰构造的重要性。另外，当设计人员熟知众多装饰材料的常规构造后，就有可能利用其丰富的联想力和卓越的创造力，触类旁通的开发出新的构造工艺，并指导工人施工出来，该开发和指导施工的过程就是个性创造、个性设计的过程，这种目标也是室内设计从业人员应一直追求的。所以，我们在识别并选定一种材料后，必须花一定时间来熟知该材料的常规构造，因为室内装饰设计是艺术与技术的结合体，艺术设计、材料、构造与施工几者相辅相成、缺一不可。

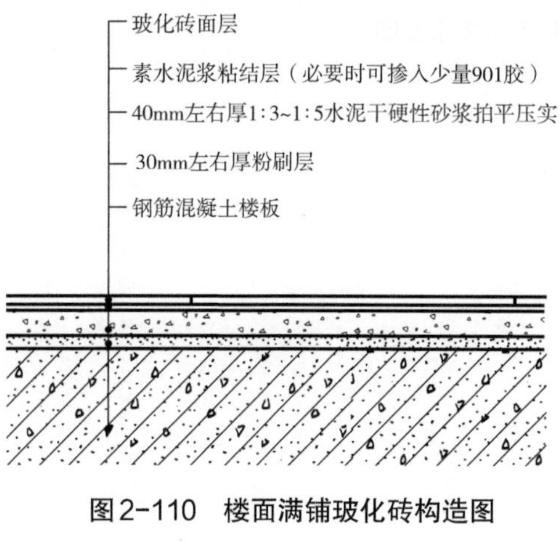

图2-110　楼面满铺玻化砖构造图

（一）玻化砖常规构造

楼面满铺玻化砖构造图，如图2-110所示。读图时，文字自下向上读表示构造图的自下向上。

（二）实木地板楼面铺设常规构造

实木地板楼面铺设常规构造图如图2-111所示。读图时，文字自下向上读表示构造图的自下向上。

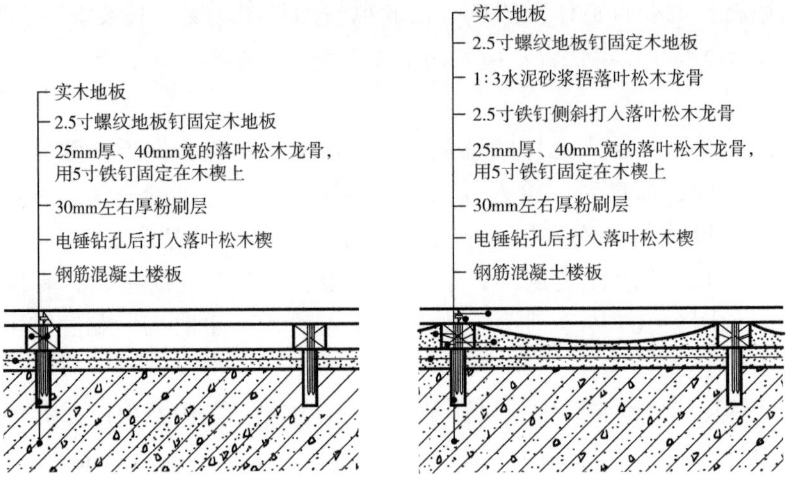

（a）楼面实铺木地板常规构造图　（b）楼面实铺木地板满捂水泥砂浆构造图

图2-111　楼面实铺木地板构造示意图

（三）轻钢龙骨石膏板吊顶常规构造

轻钢龙骨石膏板吊顶常规构造图如图2-112所示。

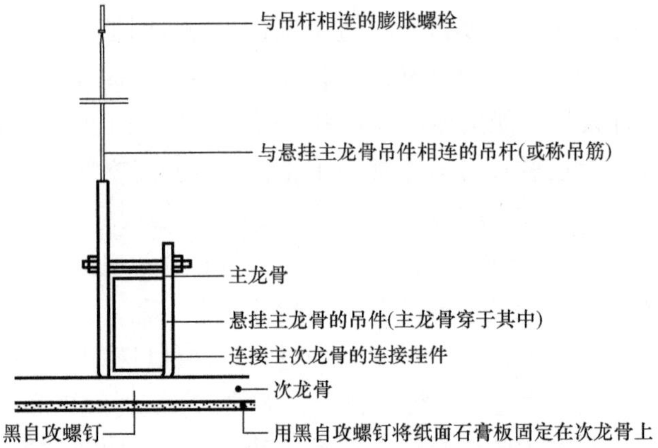

图2-112　轻钢龙骨石膏板吊顶构造示意图

工作过程6 运用“互联网+”家装平台和软件在线绘制表现地面选材

识别并选用地面顶面材料后，需要用计算机软件将其直观表现出来，以展示给业主来提高成交率，目前为止，现在大部分装饰公司都在用3DSmax建模绘制表现。从2015年至今，有一种基于云平台的在线设计，有着非常直观、快捷的表现效果，业主参与度极高。经验表明，笔者使用这种设计表现形式，别墅、公装等成交率很高，具体如下。

第一步，点击 “材质”命令，在界面的右侧弹出对话框，点击下拉菜单并选中“颜色”，如图2-113（a）所示。在弹出的对话框中选择“白色”，然后，将鼠标光标移至墙面上并左键点击该墙面，墙面颜色瞬间变成白色，如图2-113（b）所示。反复操作，直至将客厅、餐厅、卧室、书房等（卫生间、厨房、阳台等墙面需要贴墙砖）墙面全部改变为白色。

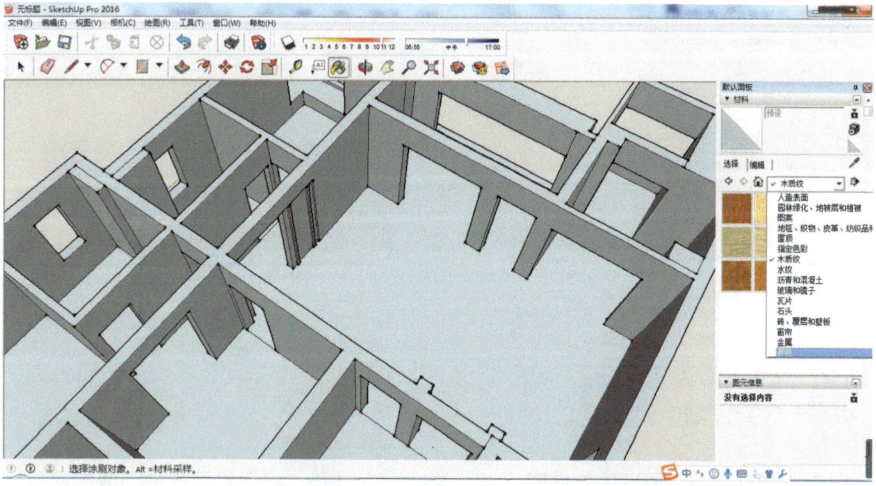

（a）

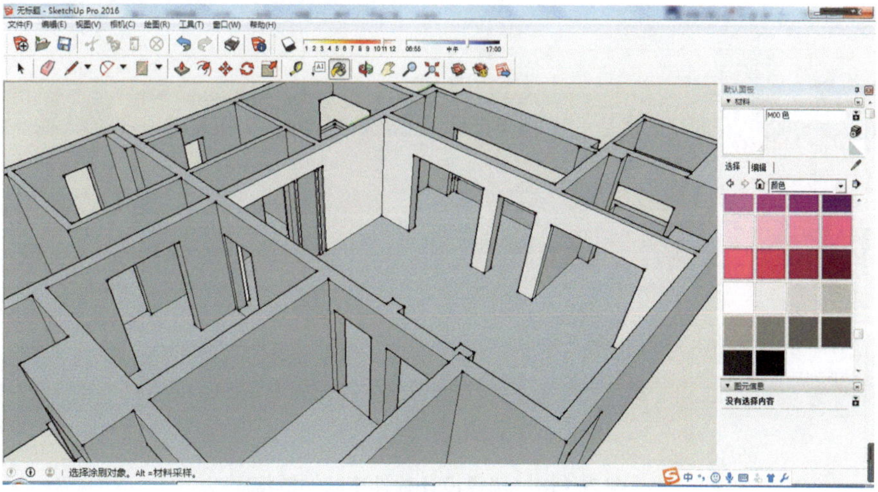

（b）

图2-113 使用材质、颜色等命令改变部分墙体颜色

第二步，搜索并下载场景设计软件。首先按如图2-114所示进行搜索，并点击打开有[官方出版]字样的网页。弹出如图2-115所示页面，然后，按如图2-116所示下载的链接，弹出如图2-117所示下载链接的网页，并按页面指示点击下载软件，弹出如图2-118所示下载完成情况。

第三步，安装场景设计软件。首先，将鼠标光标移至在SketchUp软件，点击“窗口”命令，在弹出的下拉菜单中选中“系统设置”，如图2-119（a）所示；在弹出的对话框的右下角处，鼠标左键点击“安装扩展程序”，如图2-119（b）所示；然后，在弹出的对话框中找到已下载的场景设计软件，点击“打开”，完成安装，在SketchUp软件中就能看到如图2-119（c）所示软件图标。

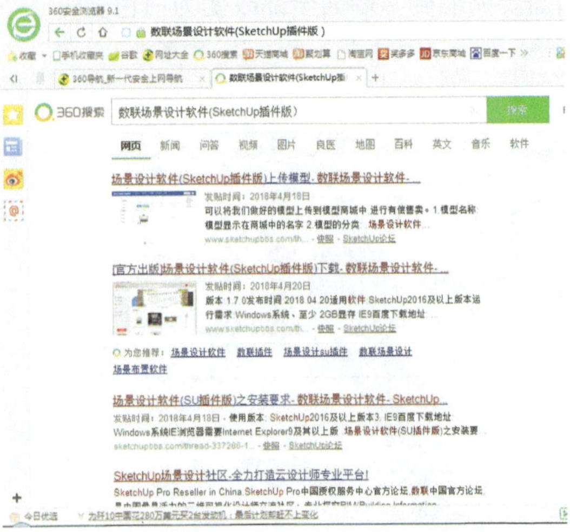

图2-114 搜索场景设计软件图

2-115 场景设计软件下载的网页

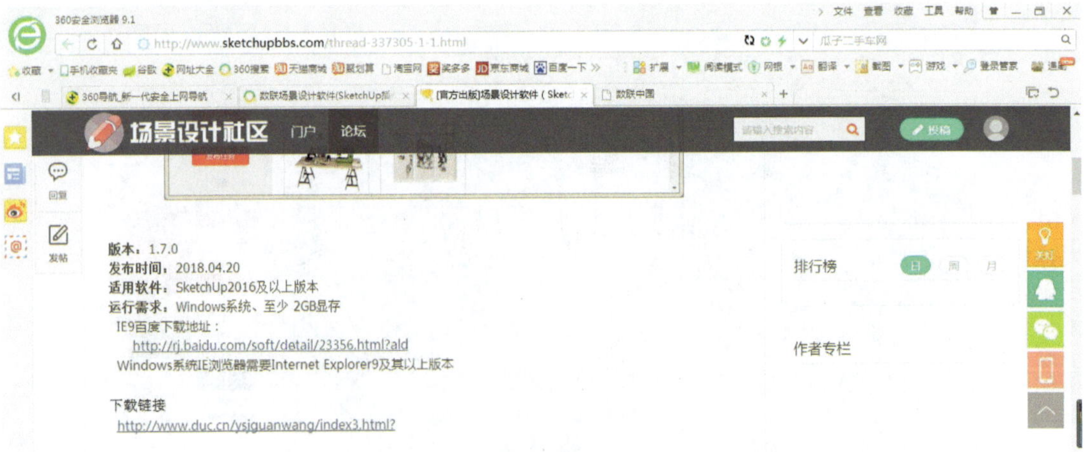

图2-116 场景设计软件下载的链接

图2-117　场景设计软件下载的链接网页

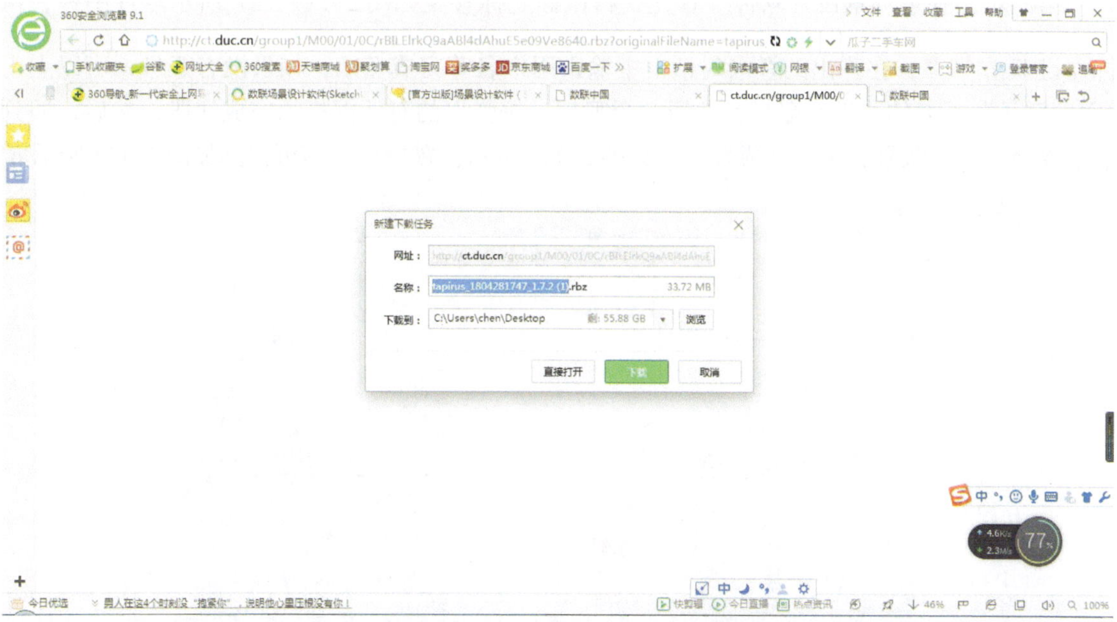

图2-118　场景设计软件的下载

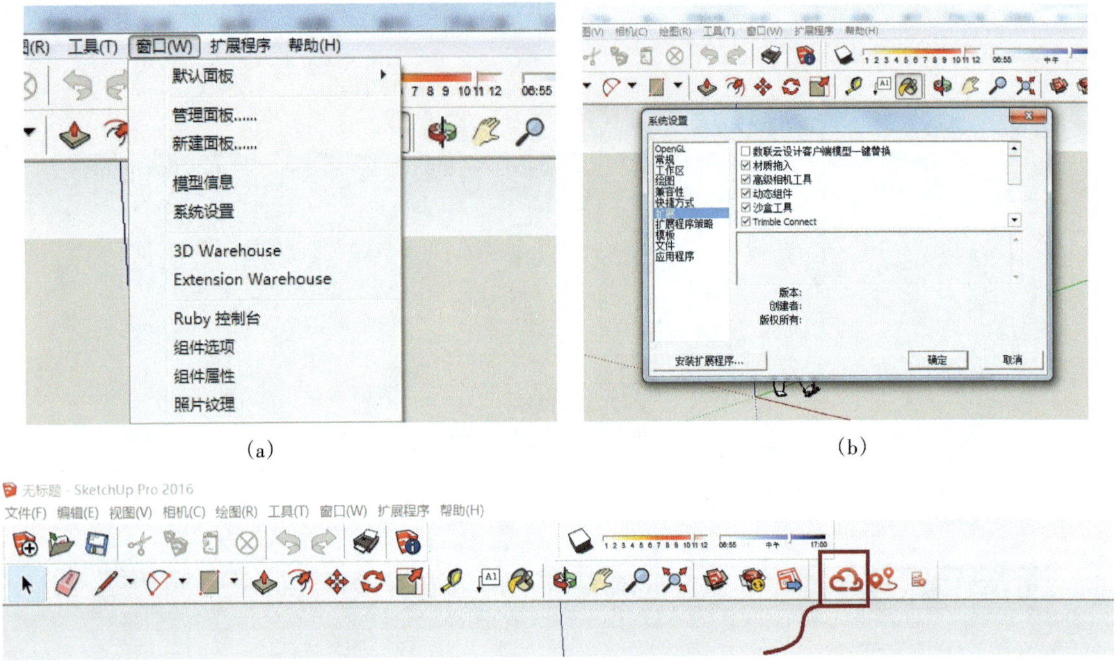

(a)　　(b)

(c)

图2-119　场景设计软件的安装

第四步，登录场景设计软件。首先，将鼠标光标移至如图2-119（c）所示软件图标，鼠标左键双击，在弹出的登录对话框中输入用户名等完成登录，如果没有账号，可以点击“立即登录”下方的“没有账号？注册一个吧！”，按弹出的对话框指示完成注册，然后，回到登录界面，输入账号、密码完成登录，如图2-120所示；登录后，即可得到如图2-121所示界

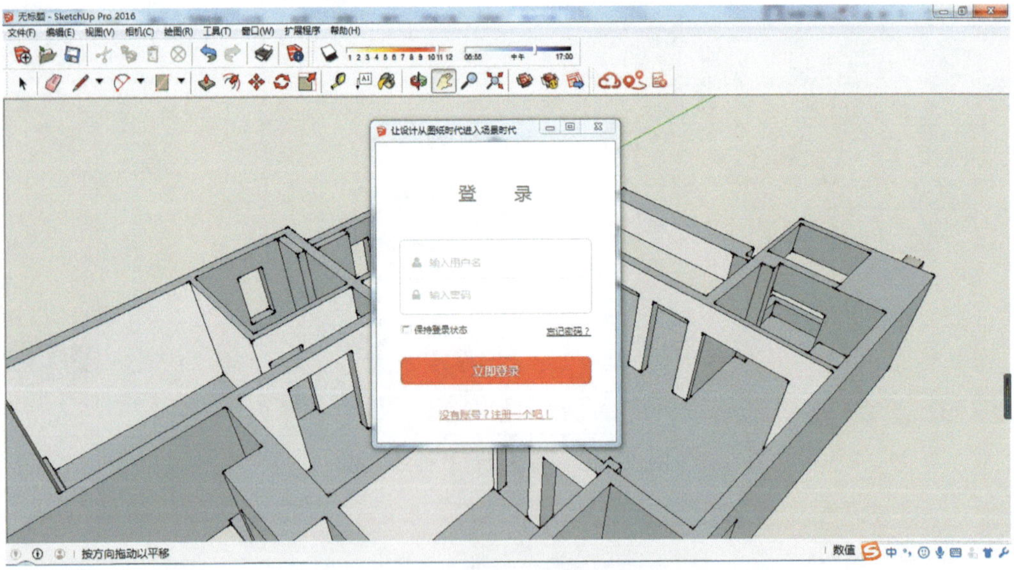

图2-120　场景设计软件的登录

面；然后，按如图2-122所示点击“发现”，接下来，再按如图2-123所示点击“免费模型推荐”，即可弹出如图2-124所示界面，并点击其右上角“全部”命令的下拉菜单中“免费”命令，紧接着，在界面的左上角“模型”栏里，输入“砖”点击搜索，并找到如图2-125所示地砖的模型。

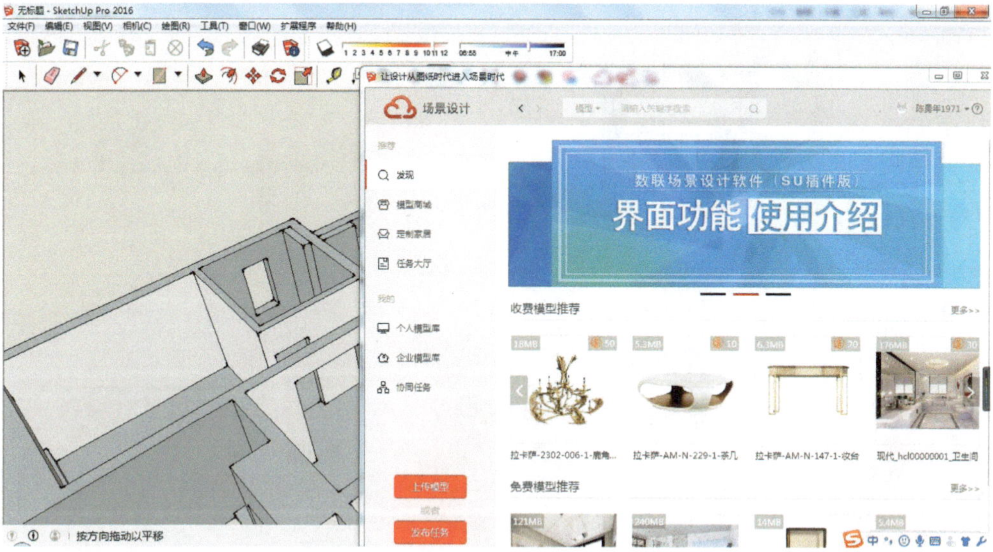

图2-121　场景设计登录后的界面

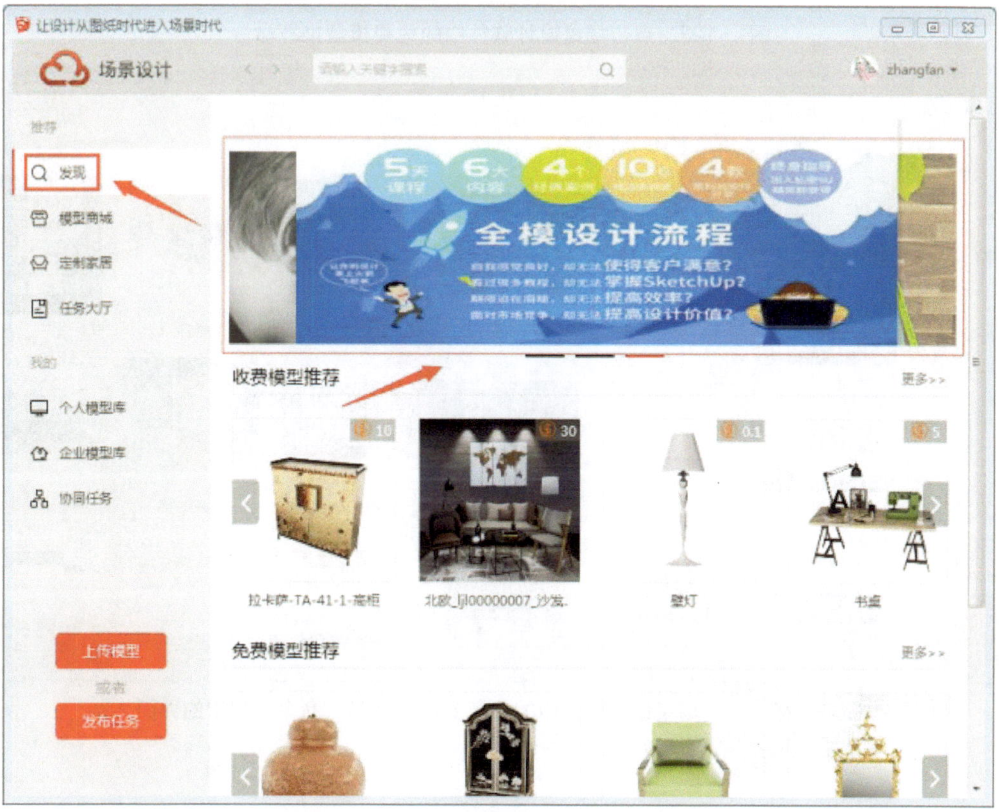

图2-122　点击场景设计软件中的发现命令

图2-123　点击场景设计软件中的免费模型推荐命令

图2-124　点击场景设计软件中的“免费模型推荐”命令后弹出的界面

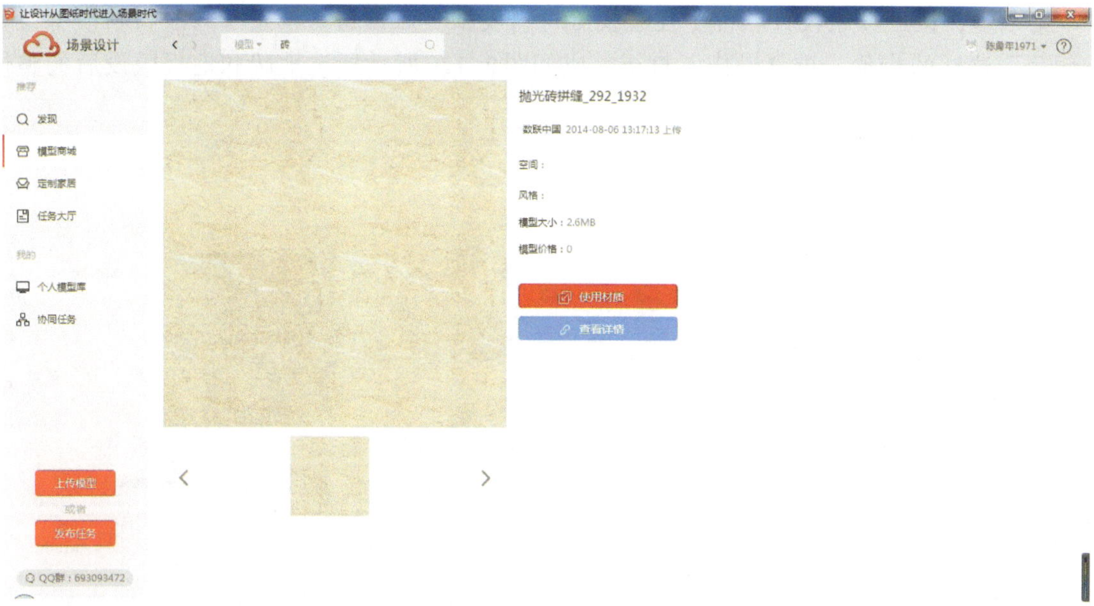

图2-125　选中地面用地砖模型

第五步，点击“材质”命令，如图2-126所示，然后，将鼠标移至需要铺地砖的地面上并同时点击鼠标左键，即可得到如图2-127所示已贴地砖的地面效果。在界面的右侧对话框中，点击“编辑”命令，按如图2-128所示修改地砖原尺寸参数和颜色，并同时在界面上直观地呈现出修改后的效果，如图2-128所示。

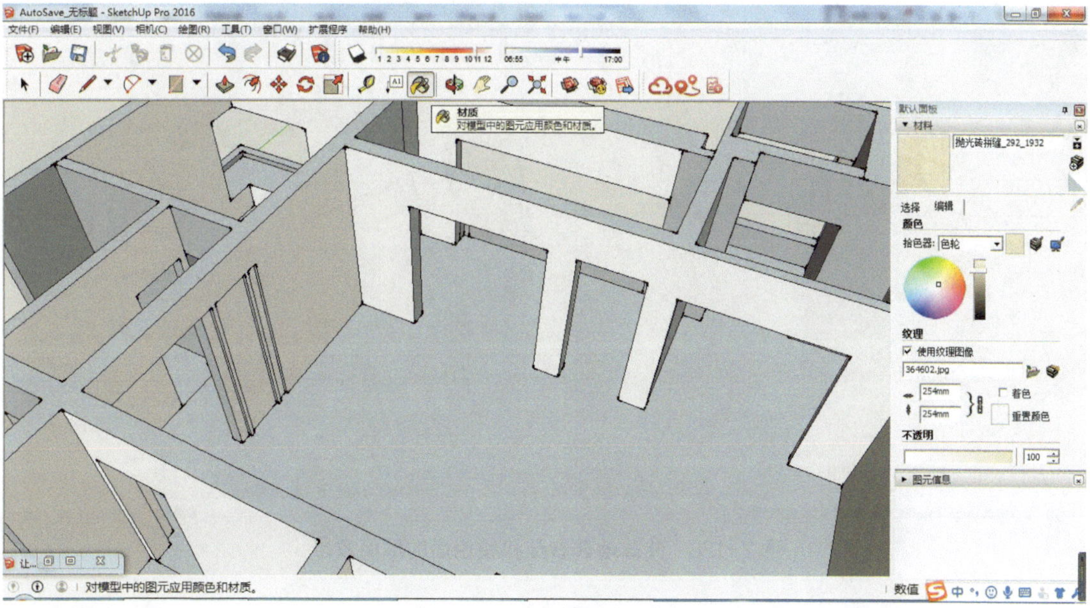

图2-126　选中“材质”命令

第六步，按“场景设计软件中在线找寻材料模型—点覆材料模型—修改材料模型参数和颜色”这样的步骤，重复操作，直至完成如图2-129所示所选地砖和地板敷设后的整体效果。

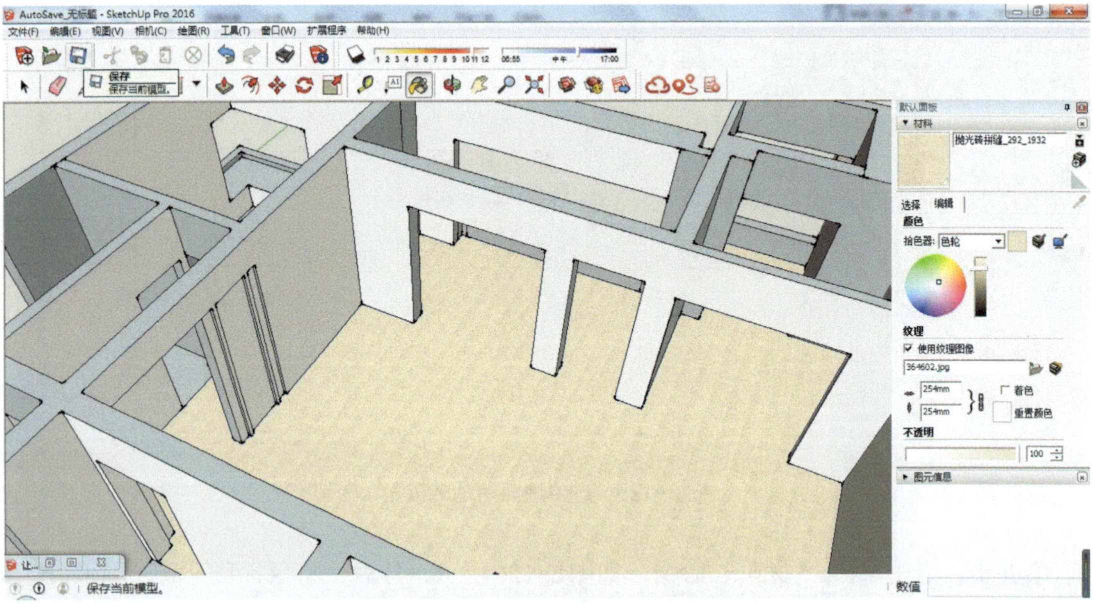

图2-127 填覆地砖后的空间效果

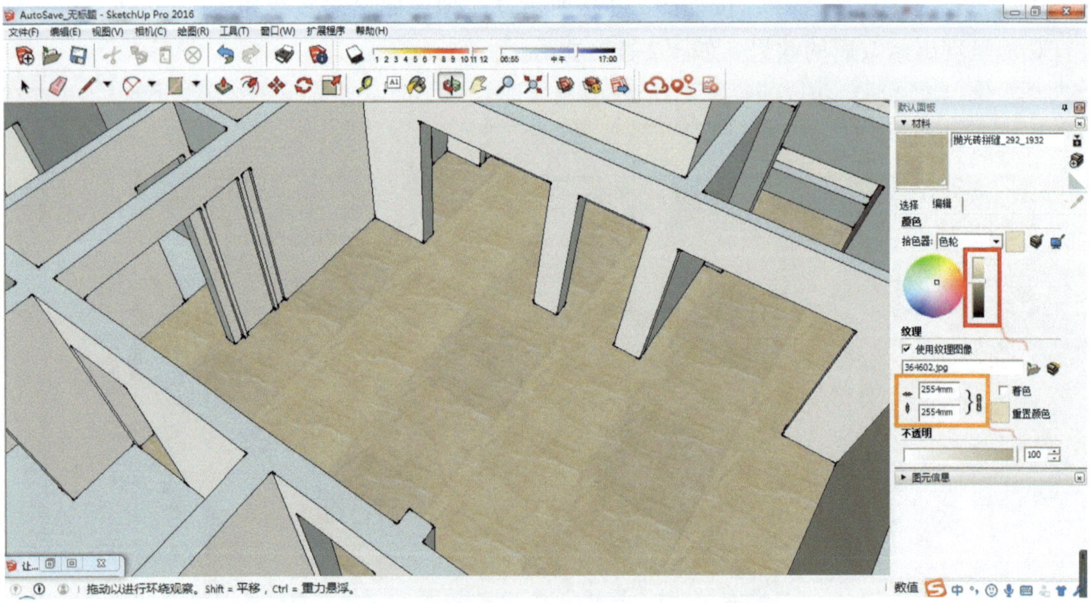

图2-128 修改地砖参数和颜色后的地面效果

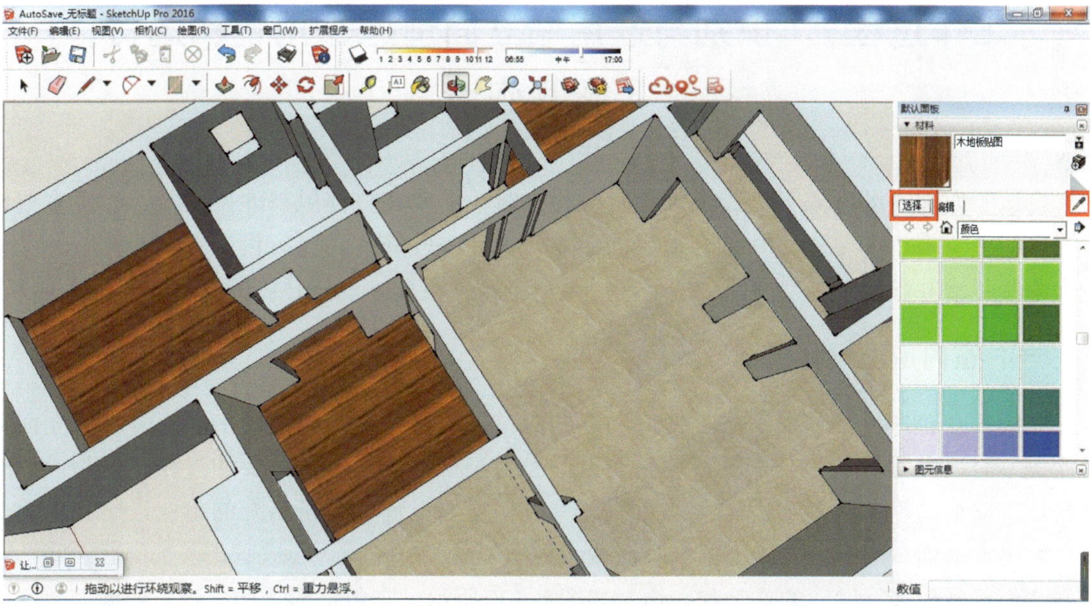

图2-129　所选地砖、地板覆设后的整体地面效果

工作过程7　识别与选用墙立面造型、用色和选材，了解其构造

自该工作起，即进入了立面图设计阶段，这时，需要在整体风格的控制下，参考方案设计交底时业主提出的要求，并结合自身的专业知识和经验修改和完善设计方案，接着，就以此为统领开始进行立面造型设计、选材等一系列工作，在具体设计时要遵循一些设计法则等。

一、室内造型设计原则

原则：在整体风格掌控下满足使用功能的同时，运用艺术与技术的手段充分展现立面的造型美、材质美等。这是一个反复调整痛苦的思考过程，也是非常重要的过程，因为设计的好与坏，立面造型与选材也占很大比重。这一过程需要设计者具备良好的专业素质和生活经验，如美术基础、构成、人体工程学，消费心理学等。

立面造型与选材设计的唯美和表情，如图2-130所示，它包括形、质、景三要素。

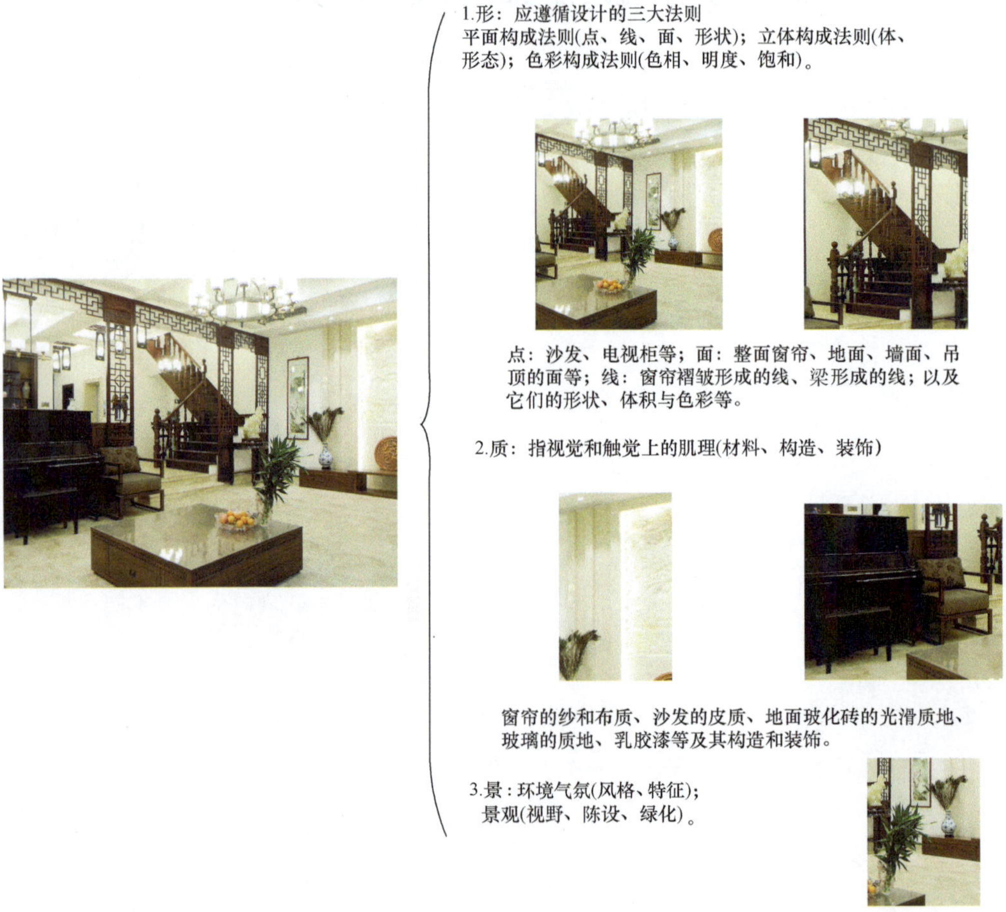

图2-130　界面要素

二、室内造型基础与应用

设计元素可以按一定设计法则进行组织和重构来创造美，如何在室内设计中组织和重构得好来创造美，还必须知晓以下知识。

（一）室内造型的法则

造型是构成室内形式的基本要素，优美的室内造型是室内设计的重要组成部分，是整体形式中以线形和体形为主要符号所表现的视觉语言，包括结构性造型和装饰性造型：结构性造型是以建筑物梁柱或隔墙为对象的自然造型；装饰性造型是指室内各饰面（顶面、墙立面、地面）以及各种物体和面，或者以家具、固定设置和摆设为主要对象的人为造型。这些造型且必须与色彩、光线、材质等其他要素之间存在着相互依存和相互影响的关系，必须以整体的观念把握造型的完美和良好的视觉效果。

室内装饰中无论一件器皿、一盆插花、一组家具，乃至整个空间，皆有不同的造型。这些造型可以按照以下的设计元素即构成的基本元素进行分类：点、线、面、体、空间、形态、光影、色彩、肌理等，如图2-131所示。

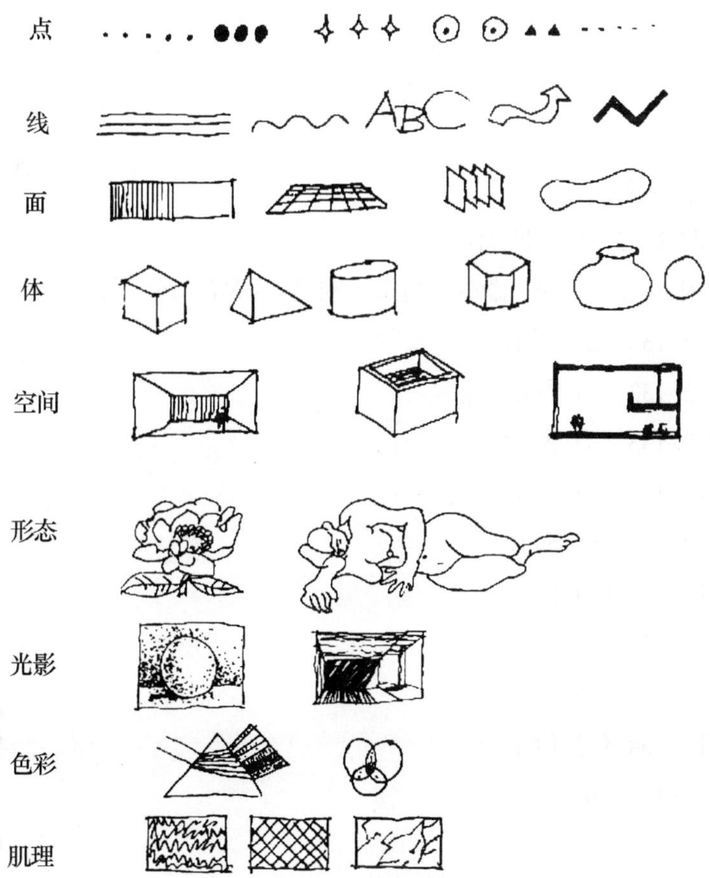

图2-131　构成的基本元素

从室内装饰需要来说，由于空间的大小、性质和使用者性格或要求的风格等因素不同，应善于把握各种不同造型的特性并给以适当的处理，才能发挥造型在空间中的最大效用，如室内空间狭小时以采用线立体处理较为有利，通过线形的伸延感可以产生开敞而轻盈的感觉，相反，大空间运用面立体甚至块立体来处理造型时，则可获得较为厚重充实的效果。也就是说，将分类后的设计元素（点、线、面、体等）按照能体现出不同美感的关系和法则组织起来，才能创造出更美且更和谐的家居空间效果来，这种关系和法则就是构成中的设计法则，具体遵循如下。

1.平衡

平衡包括对称、均衡、约略、辐射等。

（1）对称，如图2-132（a）所示。

（2）均衡（又称不对称平衡），如图2-132（b）所示。

（3）约略（约略平衡），如图2-132（c）所示。

（4）辐射（辐射平衡），如图2-132（d）所示。

(a) (b) (c) (d)

图2-132 平衡

2.节奏

节奏包括重复、变化、大小、定位。

（1）重复，如图2-133（a）所示。

（2）变化。包括疏密、突变、渐变、过渡、对比、特异、统一等。

①疏密，如图2-133（b）所示。

②突变，如图2-133（c）所示。

③渐变，如图2-133（d）所示。

④过渡，如图2-133（e）所示。

⑤对比，如图2-133（f）所示。

⑥特异，如图2-133（g）所示。

⑦统一，如图2-133（h）所示。

（3）大小。包括比例、尺度。

①比例，如图2-134（a）所示。

②尺度，如图2-134（b）所示。

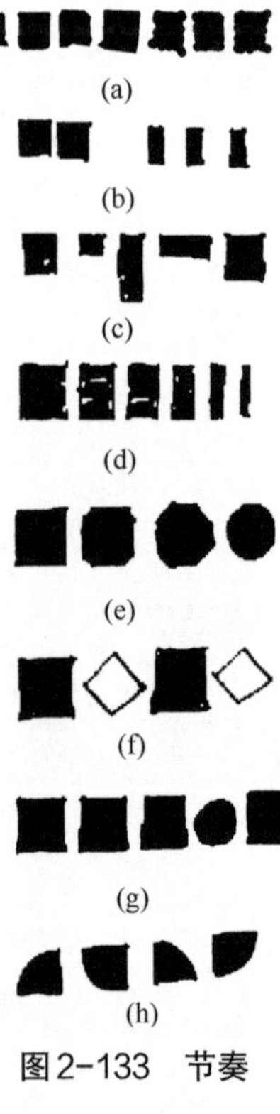

(a) (b) (c) (d) (e) (f) (g) (h)

图2-133 节奏

图2-134　大小

（4）定位。包括移位、重叠、连接、剪切、紧张、多样统一。

①移位，如图2-135（a）所示。

②重叠，如图2-135（b）所示。

③连接，如图2-135（c）所示。

④剪切，如图2-135（d）所示。

⑤紧张，如图2-135（e）所示。

⑥多样统一，如图2-135（f）所示。

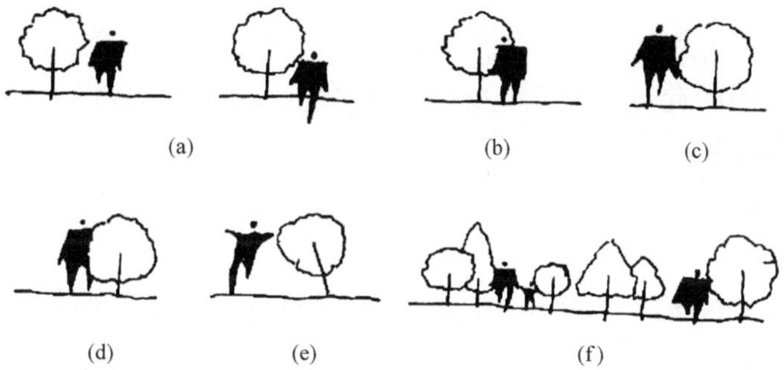

图2-135　定位

3.需要遵循室内造型整体性的法则

同一室内空间，天花造型、墙壁造型、家具造型，要有统一风格，或古典或现代或新古典主义或东方情调派等，否则，则显繁杂。

（二）室内造型与室内空间调节的关系

相同的空间采用不同的造型、会产生完全不同的感觉。

（1）室内造型简洁，空间必显宽敞（如国际式风格、现代主义风格）；室内造型繁杂，空间必显闭塞（如巴洛克风格）。

（2）高度低的房间采用垂直造型体，可以增加室内高度感；宽度小的间内做水平造型体，增加室内宽度。

（3）相同空间，采用线立体造型比采用面、块立体显得宽敞。若空间大且需温馨舒适，室内造型应繁复些，界面上应多设计如线角、花饰等；若空间小则只能运用简洁造型来扩大空间的感觉。

（三）室内造型与室内气氛的关系

（1）凡是规律的造型，向水平方向发展的造型和具有对称平衡关系的造型，会给人以安定和平静的感觉，较为适合于静态活动的心理。

（2）自由造型，向斜方向发展的造型，赋予韵律的造型，给人以活跃而兴奋的感觉，使室内气氛热烈。

（3）古典式造型能创造出端庄、典雅和古朴的家居氛围；简洁的现代造型能创造出明朗、新颖的家居氛围。

（4）居室中，特别是卧室，以简洁造型处理为宜。

（四）室内造型与室内照明的关系

灯光照明设计与灯具的选配和布置对室内造型效果有较大影响，合理的点、泛光照明设计，利于展示室内的造型而创造出不一样的空间感受。泛光源指大中型吊灯或吸顶灯等大面积照射的灯具散发出的光照，其光照强室内造型尽收眼底；点光源指射光台灯、射光壁灯、射光吊顶灯、筒灯、筒吊顶灯、牛眼灯、豆胆灯及暗装光带灯等散发出的光照，光照集中且柔和可使局部造型突出。

三、室内色彩基础与应用

室内色彩处理与应用是室内装饰中重要组成部分，搭配和谐的色彩给人以美的视觉享受，且色彩只有依附于优美的造型才会倍感光彩，不同色彩的应用可以调节室内光线以及改善室内空间的感觉，具体如下。

（一）色彩的感觉

1.色彩的重量感

一般来说，高明度色彩给观者以轻质感觉，低明度色彩则有沉重感，相同重量两只箱子，涂黑色感觉重，涂白色感觉轻。

2.色彩的体量感

一般情况下，明亮、鲜艳色和暖色给观者以扩大、膨胀的感觉；暗、灰、冷色则有缩小的感觉。

3.色彩距离感、温度感

同一视距条件下，明亮、鲜艳、暖色给观者以前进感，反之，则有后退感，如同样面积的红、蓝两色给人感觉就不同。

4.色彩的兴奋与恬静感

暖色系中越倾向红味色相的，给观者的兴奋感越强；寒色系中越倾向蓝味色相的，给人的恬静感越强。

5.色彩的华美与质朴感

（1）色相。不同的色相给观者以不同的感觉，如红、红紫、绿依次有华美感；黄绿、黄、橙、蓝、紫依次有质朴感，但饱和度高的纯色就会给观者以华美感。

（2）明度。明度越高越有华美感，明度越低愈显质朴感。

（3）纯度。纯度越高越有华美感，纯度愈低愈有质朴感。

（二）室内用色的基础法则

从整体设计出发，服从于主色调或主题的制约。室内装饰要注意色调统一，重点用色，但用色不可过多。

1.室内装饰的主色调及其给观者的感觉

常见的有以下几种。

（1）红、黑、金色系：富贵庄重；

（2）红、白、金色系：高贵华丽；

（3）蓝绿、白色系：清馨自然；

（4）咖啡、米黄、牙白色系：高雅、和谐、宁静稳重；

（5）蓝、灰、银色：科技空间；

（6）黑、白、木黄色系：清逸与高尚别致；

（7）粉红、紫红、米灰色系：温馨活泼与快乐可爱；

（8）室内色彩无论什么颜色都可以用黑、白、金、银、木色来相配，而得以自然与调和。

2.注意重点色的运用

室内主色调中，又分为背景色彩、主体色彩和强调色彩三种，主体色与强调色又合称为重点色。

（1）背景色。指室内顶面、墙面、地面的大面积色彩。根据色彩面积的原理，这一部分的色彩采用艳度较弱的沉静色最为适宜，使其能充分发挥色彩的烘托作用。

（2）主体色。经常是指可以移动的家具的色彩，这部分的色彩常采用较为突出的色彩。

（3）强调色彩。指易于变动的陈设品等部分的小面积色彩，往往采用最为突出的强烈色彩，使其能充分发挥强调的功效。

运用重点色的常见手法：大面积背景色的调和与重点强调色的对比相结合，这样可以取得画龙点睛的效果。在实际应用上，也可随时根据表现装饰手法的需要，将主体色彩和背景色彩部分进行互换，使室内色彩更为灵活。如一个墙面可采用主体色，部分家具用背景色；又如，木家具用主体色，而沙发套、椅套、窗帘等织物可与墙壁一样选用背景色。

3.装饰用色不可过多

室内装饰色彩通常只采用三种色相的色彩组成主要色调，而选择金色、银色、白色或黑色等作为配色。

4.室内装饰色彩效果的处理方法

1）室内装饰用色的色质

色质。是指材料本身的色彩显现性，随材料本身的质地而有所不同，这种现象就称之为材料的色质。木质、金属、布等，色质不同装饰效果也不同。

一般来说，家居造型设计中，平光色、哑光色对视觉刺激很小，又显得高雅宁静，其色质的材料可用于大面积装饰，反光色质材料一般用点缀装饰。通常是大面积哑光色配一点反光色，可取得较好的效果。

2）室内色彩运用

（1）室内色彩与光线调节。

①北面的房子背阴，一般情况下，房间内可采涂明朗暖色，使室内光线转趋明快且感觉温暖。

②南面房子光线明亮，阳光强又热，房间内可采用中性色或冷色系墙面材料为宜，感觉凉爽。

③东面房有上、下午光线的强烈变化，采用迎光面涂刷明度较低的冷色，背光面的墙上涂刷明度较高的冷色或中性色。面西放则相反。但注意选色要与整体风格的协调。

（2）室内色彩与空间协调。

①室内空间如果感觉过于宽广和松散而又希望有紧凑亲切的感觉时，可采用膨胀性暖色调来处理墙面，也可在家具陈设上采用膨胀性较大的色彩，或墙面的色彩与家具、陈设的色彩采用多变化的色彩。否则，则相反。

②室内过高，天花板可采用略重的下沉性色彩，地板可以采用较轻的上浮性色彩，否则，则相反。所以，由于公寓房的净高限制，一般而言，其顶棚均为白色而不宜选用深色顶棚，如必须选用则将深色顶棚与镜面玻璃结合来虚拟抬高空间。

③餐厅用色。一般情况，餐厅的色彩搭配都是和客厅相协调的，因为，目前国内大多数的建筑设计出于对空间感的考量而将家居中的餐厅和客厅相连，对于单置餐厅，其色彩的使用上宜采用暖色系，因为在色彩心理学上来讲，暖色有利于促进食欲，这也就是为什么很多餐厅采用黄、红系统的原因。

④卧室配色。由于居住的主体不同，其用色也不尽相同。

主卧室。一般情况，主卧的主调应以温馨为主，但也有业主的审美独特和个性要求，主卧的主调以特定风格甚至是另类的配色。

次卧室。多数情况下，次卧室一般是老人居住的，所以，其主调同样应以温馨为主。

儿童房。宜用一些较为活泼的颜色，不同性别的儿童配色要有所区别，比较常用的配色是男孩子房间用蓝调，女孩子房间用粉红调或者米黄调。

⑤厨房用色。除个人喜好外，厨房色彩尽量选用偏浅色类的冷色调，如墙面砖选用白色，也利于厨柜柜身颜色的配搭。如果用暖色调，就会使厨房显得相对要热些点。

（3）室内装饰中用色应注意的问题。

①色质与色彩种类要处理得当。当室内色彩较多时（三种左右），要求其同色的材料色质变化要少，即用色质的变化来改变色彩的单调感，如同是灰色，则可用灰色地毯、灰油漆、灰色窗帘来调节。否则，则反之。

②善于运用无彩色。如白、黑、灰、金、银材料来与有彩色的材料配合。

（4）室内装饰用色的调和方法。

配色美的原则就是色彩搭配调和：

①假如两个色组合不协调时，两色之间可插入白色、金、银色，如蓝绿总不易调和，如果在其间加入白色，就可以实现调和。

②黑色能与两个纯度高的色相组合而调和。

③灰色与纯度高或纯度低的两个色相组合时容易调和。

④灰、白色易于大面积装饰，灰色指艳度低明度中等的色。而其他亮丽彩色和黑色不易于在家居中大面积装饰。

四、立面及其造型的选材及构造

上述工作过程确定了立面造型与用色，接下来，就应该考虑选择什么材料来表现墙立面及其造型。用于墙面的装饰材料种类繁多，下面识别几种常用材料。

（一）墙砖

1.马赛克

马赛克的体积是各种釉面砖中最小的，一般俗称块砖，是20世纪七八十年代装饰卫生间、厨房等墙、地面的材料。而今，市场上的马赛克主要用于墙面装饰，有的给人一种怀旧的感觉，有的则极具创意感。马赛克组合变化的可能非常多，比如在一个平面上，可以有多种表现方法：其强烈的个性色彩，抽象的图案、同色系深浅跳跃或过渡、釉面砖等其他装饰材料做纹样点缀等；对于房间曲面或转角处，玻璃马赛克更能发挥其块材规格小的特长，能够把弧面包盖得平滑完整。

马赛克具有防滑、耐磨、抗水、极强的可塑性和丰富的颜色，除正方形外还有长方形和异形品种。马赛克从材质上可分为如下几种。

（1）陶瓷马赛克。是经烧制而形成的，有光面和亚光面两种，直接烧制保留了陶土粗糙的表面而形成亚光面陶瓷马赛克；如果上釉烧制，则会形成光滑的表面。陶瓷马赛克具有永不褪色的优点，具有防水、防潮、耐磨和容易清洁等特点，但其可塑性不强，大多用于外墙及厨、卫墙面。如图2-136所示。光面和亚光面马赛克均可用于墙面的铺贴，亚光面还具有防滑功能和追求时尚古朴的装饰功能。

（2）石材马赛克。天然大理石的纹理多样，装饰效果很强，颜色及品种极为丰富，可通过不同颜色有机组合为不同风格的图案。如图2-137所示。其使用范围也很广泛，如酒店大堂、过道、卫浴间及家居的卫浴、阳台等。但易风化，亏损程度高，易玷污。

（3）金属马赛克。是由不同金属材料制成的一种特殊马赛克，有光面和亚光面两种，如图2-138所示。

（4）玻璃马赛克。这是目前最常用的一种马赛克，玻璃马赛克是最安全的建材，它由天然矿物质和玻璃制成，质量轻、耐酸、耐碱、耐化学腐蚀，是杰出的环保材料。玻璃马赛克具有两个基本特征：一是透明性，二是反光性。它色彩很亮丽，设计成图形效果更佳。其梦幻般的色彩给人以干净、清晰的享受，可广泛应用于卫浴间及泳池，但其不耐磨，极少用于地面。而新型双切面马赛克做工精致、色彩繁多、变化多样，更适合于家居室内装饰。

（5）石英马赛克。是经高温烧制而成的一种通体无釉马赛克，防滑性能特别好，适用内、外墙和地面装饰。

（6）水晶马赛克。是由玻璃马赛克演化过来新型的产品，表面光泽好，已由马赛克小颗粒发展到各种大小不同的规格以及异型的产品，广泛用于酒店、商场、家居。其颗粒规格有25mm×25mm×8mm、25mm×25mm×4mm，联长规格有300mm×300mm、317mm×317mm。也可按业主要求定做单粒规格，如定做50mm×50mm、100mm×100mm、25mm×50mm等多种规格。

图2-136　陶瓷马赛克

图2-137　石材马赛克（进口深啡网+黄洞石）

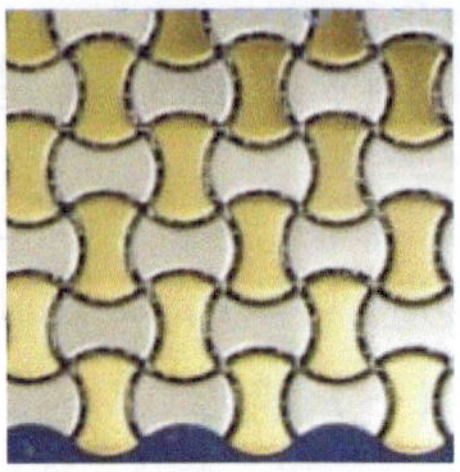

图2-138　金属马赛克

2.釉面墙砖

常用的釉面墙砖规格、颜色和表面肌理都很多，有100mm×100mm、150mm×150mm、100mm×200mm、200mm×300mm、330mm×450mm等，厚度为5mm、6mm，此类规格墙砖主要用于卫生间、阳台、厨房的墙面。其中，100mm×100mm、150mm×150mm的方形墙砖用于小面积墙面；但随着空间的加大，常选用200mm×300mm、330mm×450mm的釉面砖铺贴。上述规格的釉面砖又分为离缝砖和密缝砖：离缝砖贴在墙面上，缝隙较大，内嵌粉料后使其缝隙饱满、挺拔，有视觉上的可读性；密缝砖贴后，缝隙很小，表面平整度好、整体化一、大气、简洁，但铺贴较困难。一般情况下，厨房墙面宜选用白色、乳白色等光面的釉面砖，但也可以根据业主的需要或创造另类风格需要，而选择其他的颜色。

图2-139　仿古砖"经典古风"在卫生间运用的效果（嘉俊陶瓷提供图片）

3.仿古墙砖

该类墙砖的规格、颜色和表面肌理效果都很多，多用于古朴和高档家居中的厨卫墙面铺贴，有100mm×100mm、165mm×165mm、330mm×165mm、330mm×330mm、600mm×300mm等多种规格。值得注意的是，仿古砖在家居立面的使用要根据业主自己的烹饪习惯考虑是否选用仿古砖。作为设计人员有必要在这点上提醒业主。仿古砖的家居效果，如图2-139～图2-142所示。

仿古墙砖的选购，参见釉面砖的选购。

（二）墙纸和墙布、乳胶漆

1.墙纸和墙布

其色彩花纹很多，表面装饰效果好。分为塑料墙纸、织物墙纸、装饰墙布等。

1）塑料墙纸

塑料墙纸具有种类繁多、花色丰富、装饰效果好、施工方便、可擦洗等优点，因此是目前生产最多、发展最快、使用最广的一种墙纸。在发达国家人均消耗已达10m^{2}以上。是以具有一定性能的原纸为基层，以80g/m^{2}纸为基材，涂以100g/m^{2}聚氯乙烯（PVC）树脂薄膜为面层，经复合、压花、发泡等特殊工序制成的。塑料墙纸分非发泡塑料墙纸、发泡墙纸和特种墙纸，目前，发泡墙纸现在已较少使用，特种墙纸适合于特定场所使用（如防火墙纸，适用于防火要求很高的建筑室内装修等），而采用较多的是非发泡塑料墙纸，它是PVC面层经压花、印花处理的墙纸，包括压花塑料墙纸，如图2-143所示；印花塑料墙纸和压花印花塑料墙纸，如图2-144所示。

另外，还有一种预涂胶塑料墙纸，在其背面预先涂有一层水溶性粘结剂，施工前将墙纸浸于水中，待粘结剂浸润后可直接贴在墙上的墙纸。不同壁纸家居装修效果，如图2-145所示。

普通塑料墙纸是卷装，一般每卷长有10m、15m、30m、50m，每卷宽有530mm、900mm、1000mm、1200mm等几种，它们的厚度一般为0.28～0.50mm。选购优质的墙纸才能保证施工质量：首先，墙纸的图案、品种、色彩等均符合设计要求（《聚氯乙烯墙纸》（GB 8945－88）的规定）；另外，还需按以下几方面选购墙纸。

图2-140　仿古砖“流云石”及其在卫生间运用的效果（嘉俊陶瓷提供图片）

图2-141　仿古砖“古韵传说”在厨房间运用的效果

图2-142　洞石在卫生间运用的效果

图2-143　压花塑料墙纸

图2-144　压花印花塑料墙纸

图2-145　不同壁纸家庭装修效果实例

（1）数段数。根据国家标准的规定，长10m／卷的墙纸、墙布，每卷一段，段长为10m；长50m／卷的墙纸、墙布，其质量等级不同，每卷的段数及段长也不同：优等品，每卷段数不大于2段、最小段长不小于10m；一等品，每卷段数不大于3段、最小段长不小于3m；合格品，每卷段数不大于6段、最小段长不小于3m。

（2）看标识。正规厂家产品包装上都会有生产厂名、商标；生产日期、出厂批号及卷验号名称和国家标准代号；规格尺寸；可拭性符号、图案拼接符号等墙纸性能国际通用标志符号。墙纸的标志标注实例，如图2-146所示。墙纸性能国际通用标志符号，如图2-147所示。

（3）判别材质。简单的方法是用火烧来判别。一般情况，天然材质燃烧时无异味和黑烟，燃烧后的灰尘为粉末白灰，PVC材质燃烧时有异味及黑烟，燃烧后的灰为黑球状。

（4）选购时请商家出具厂家产品文件，以此来鉴别纸基的厚度、产品强度、耐摩擦度、耐水擦洗和绿色无害等是否为优。

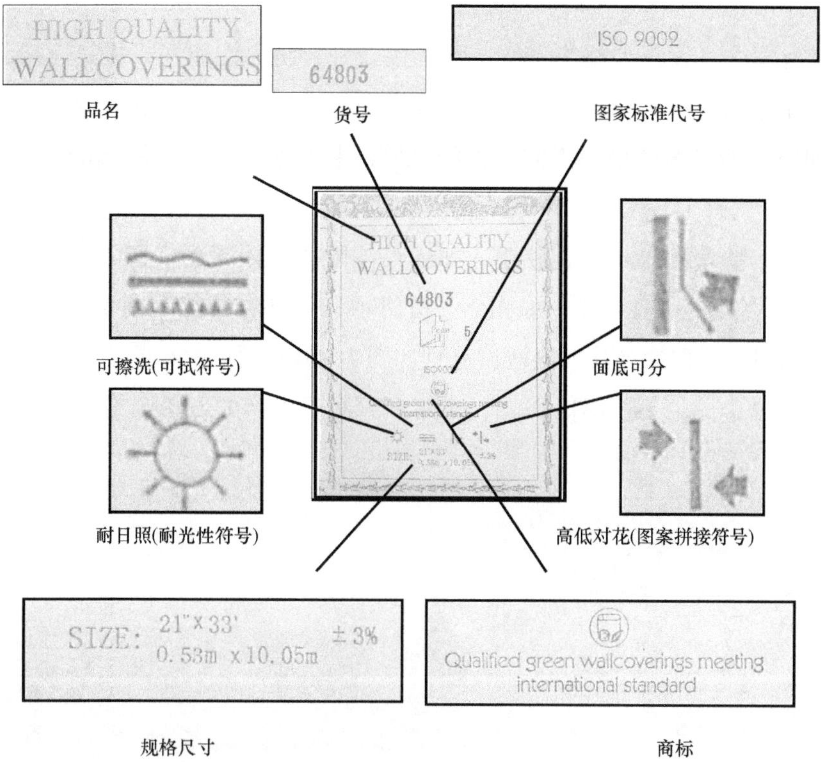

图2-146　墙纸产品标志标注举例

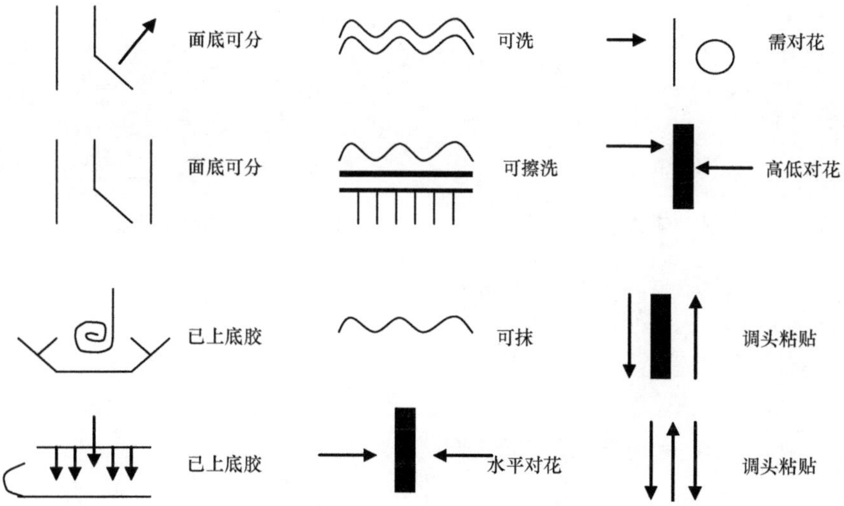

图2-147　墙纸墙布的性能国际通用标志

2）无纺贴墙布。

无纺贴墙布是采用棉、麻等天然纤维或涤、晴等合成纤维，经无纺成型，涂布树脂及印花而成。耐折、耐擦洗、不褪色，纤维不老化、有一定的透气性。适用于各种建筑室内装饰，其中涤纶棉无纺墙布尤其适宜高级宾馆及住宅。其规格同普通塑料墙纸的规格。

选购墙布时，可参照选购质优墙纸的方法。

2. 乳胶漆

乳胶漆具有安全、无毒，施工方便，耐久性较好，防火性能好，透气性好，有一定的耐碱性等优点，是家居空间常用墙面材料，尤其是白色乳胶漆，使用范围最广。彩色乳胶漆的使用也会增加空间的艺术效果。不同颜色的乳胶漆装修家居会产生不同的效果，如图 2–148 所示。

另外，还有一些个性十足的乳胶漆，如丽纹浮雕漆，体现豪华富丽堂皇，如图 2–149 所示；马莱漆体现欧式或东南亚风，如图 2–150 所示；另外，还有厚制型复古涂料、砂岩漆、拉毛漆、砂壁涂料、纹理漆等其装饰样板分别如图 2–151 ~ 图 2–156 所示。

选购乳胶漆时，一定要选择信誉高、正规厂家新近生产的质量合格的乳胶漆。必须要对照品牌的彩色乳胶漆色卡识别。

图 2–148　彩色乳胶漆的装修效果

图 2–149　丽纹浮雕漆

图 2–150　马莱漆

图 2–151　厚制型复古涂料

图2-152 砂岩漆、板岩漆

图2-153 拉毛漆

图2-154 砂壁涂料

图2-155 纹理漆

图2-156 硅藻土

（三）木质板材

木质板材是家居装修中经常使用的材料，设计人员选用什么木质板材来表现室内造型、打造室内风格则显得较为重要，所以，必须较为全面的识别一些木质板材以备结合方案适合选材，具体如下。

1.木质板材的分类

木质板材按材质可分为：实木板、人造板两大类。目前除了地板和门扇会使用实木板外，一般我们所使用的板材都是人工加工出来的人造板。

木质板材按成型分类可分为实心板、夹板、纤维板、装饰面板、防火板等。

2.木质板材的品种

1）实木板

实木板就是采用完整的木材制成的木板材。这些板材坚固耐用、纹路自然，具有抗弯性好、强度高、耐用、装饰效果好等优点，可作地板用材，也是墙面造型装修和家具用材的最佳选择。但由于此类板材造价高，而且采用传统榫铆工艺，极少使用钉、胶等施工方法。对木工工人的技能要求较高，未经正式训练的木工很难胜任此类工作。所以，在目前的装修中使用反而偏少。

实木板一般按照板材实质名称分类，没有统一的标准。由于木材种类众多，所以，制作出家具或室内造型等成品效果上差别很大。实木板材在使用前，应该经过蒸煮杀虫及烘干等处理，如柳桉木必须先沉塘水浸后取出阴干后再使用，尤以沉船木制作成的家具格调高雅、漂亮，如图2-194所示。未经处理而使用这些木材，会有白蚁等虫害的隐患。

2）人造板

人造板分装饰面板和装饰底板，长×宽均为1220mm×2440mm，只是厚度不同。

（1）装饰面板。俗称饰面板，是将名贵树种（柚木）或树木纹理独特部位（树瘤）的实木板精密刨切成厚度为0.3mm左右的微薄木皮，然后，以三夹板为基材，将微薄木皮经过胶粘工艺制做而成的具有单面装饰作用的装饰板材。它是夹板存在的特殊方式，厚度为3mm左右，装饰面板适宜清漆以显其纹理和颜色，是目前有别于混油（浑水漆）做法的一种高级装修材料。装饰面板命名多以其面层微薄木的树种命名，如白橡板、黑胡桃木等；也有以其表面纹理或肌理效果命名的，如猫眼板等。下面简单介绍市场在用的部分装饰面板。

①柚木装饰面板。柚木质地坚硬，细密耐久，耐磨耐腐蚀，不易变形，涨缩率是木材中最小的一种。其饰面板多用于家具、墙壁面等面层装饰，是中高档家居装修用材。市面上，有泰柚、美柚和非洲柚木装饰面板，每种柚木装饰面板的颜色及其纹理大有不同，装饰效果也明显不同，其中，泰柚在家居装修中选用居多，板材颜色和及其纹理，如图2-157所示。

②榉木装饰面板。榉木木质坚硬，强韧，耐磨耐腐耐冲击，干燥后不易翘裂，其饰面板多用于家具、墙壁面等面层装饰，透明漆涂装效果颇佳，是中高档家居装修用材。市面上，有红榉和白榉，纹理细而直的板材，市场俗称直纹榉；纹理成均匀点状的板材，市场俗称麻点榉。直纹榉木表面效果，如图2-158所示。

③枫木装饰面板。花纹呈明显的水波纹，或呈细条纹，乳白色，色泽淡雅均匀，硬度较高，涨缩率高，但强度低。现代风格和北欧风情家居多采用此类装饰面板，枫木表面效果，如图2-159所示。

④樱桃木装饰面板。原产地北美洲，商品材以美国为主，暖色赤红感觉，表面纹理漂亮，合理使用可营造高贵气派的感觉，板材价格也因其美国进口而效果突出，价格昂贵，其表面效果如图2-160所示。使用时，注意不要太火，适宜使用喷涂掺有色精的高档清漆来压盖其火气的色彩，否则造成色彩污染。图2-76中现场打制的书柜就是樱桃木饰面板面喷调合色精的清漆。

⑤水曲柳装饰面板。呈黄白色，结构细腻，纹理直而较粗，涨缩率小，耐磨抗冲击性好，用水曲柳装饰面板制作白色显纹漆家具，可以很好地表现现代简约风格。饰面板表面纹理效果如图2-161所示。

⑥胡桃木装饰面板。胡桃木主要产自北美洲和欧洲，市面上，有红胡桃、白胡桃、黑胡桃木饰面板，尤其以黑胡桃最为昂贵，黑胡桃的颜色呈浅黑褐色带紫，胡桃木的树纹一般是直的，有时有波浪形或卷曲树纹，形成的图案非常漂亮。透明漆涂装后纹理更加美观，色泽

更加深沉稳重。胡桃木饰面板在涂装前要避免表面划伤泛白，涂装次数要比其他饰面板多1～2道。饰面板表面效果如图2-162所示。

图2-157　泰国柚木

图2-158　直纹榉木

图2-159　枫木

图2-160　美国樱桃木

图2-161　水曲柳木

图2-162　黑胡桃木

目前市场上所出售的装饰面板都是该地区正在流行的，例如，编者所在的常州地区，在2000～2003年，市场上主要流行红榉木饰面板，兼有柚木等；2004～2006年，市场上主要流行胡桃木木饰面板，兼有枫木、橡木等；2006年至今，市场上主要流行水曲柳木饰面板制作显纹浑水漆（1986年左右比较流行，近期又有较多家具采用），兼有柚木、美国樱桃木、胡桃木等。下个时期会流行什么面板，经验表明，设计人员要关注20年前曾经流行过的饰面板。

（2）装饰底板

①夹板。也称胶合板，行内俗称细芯板、几厘板，是目前手工钉、胶制作家具和造型最为常用的底板材料。胶合板由三层或多层1mm厚的单板或薄板胶贴热压制而成，一般分为3厘板、5厘板、9厘板、12厘板、15厘板和18厘板六种规格（1厘即为1mm）。家居装修中常选用3厘板、5厘板、9厘板等。

胶合板早于细木工板面世。是现代木工工艺的较为传统的装饰底板材料。胶合板强度大，抗弯性能好。在很多装修项目中，用量很大，在一些需要承重的结构部位，使用细芯板将更有强度。其中细芯板中的九厘板更是很多工程项目的必需。胶合板和细木工板一样，主要采用背涂白乳胶然后钉接的工艺，同样也可以简单的胶粘压。细芯板的最主要缺点就是其自身稳定性要比其他的板材差，这是由其芯材材料的一致性差异造成的，这使得胶合板的变形系数增大。所以，胶合板不适宜用于单面性的部位，如柜门等。

②细木工板，行内俗称大芯板。大芯板是由两片三夹板中间粘压拼接木条板而成。市面上，大芯板芯材多为杨木，其竖向（以芯材走向区分）抗弯压强度差，但横向抗弯压强度较高。大芯板是目前较为受欢迎的材料，尤其是受装修公司的欢迎。大芯板的芯材具有一定的强度，当尺寸相当较小时，使用大芯板的效果要比其他的人工板材的效果更佳。当然，大芯板的施工工艺与现代木工的钉、胶施工工艺基本上是一致的，其施工方便、速度快、成本相对较低，所以越来越受到装修公司的喜爱。大芯板的工艺，主要采用钉，同时，也适用于简单的粘压工艺。大芯板的最主要缺点是其横向抗弯性能较差，当作为书柜等项目的施工时，其大距离强度往往不能满足书的重量的要求，解决方法只能是书架的间隔缩小。

③密度板。按其密度的不同，分为高密度板、中密度板、低密度板。是以木质纤维或其他植物纤维为原料，施加脲醛树脂或其他适用的胶粘剂高温加压制成的人造板材，密度板由于质软耐冲击，也容易再加工。在国外，密度板是制作家具的一种良好材料，但由于国家关于密度板的标准比国际的标准低数倍，所以，密度板在我国的使用质量还有待提高。板厚为18mm。

密度板主要依靠构件组合连接。这种工艺最受家具厂和专业厨柜公司的欢迎。这种工艺依赖机器的压制，在工厂加工好后到施工现场进行组装。而不是将原材料在施工现场进行加工。所以，装修公司极少采用。另外，它的饰面主要采用贴，而不是钉的工艺。这种贴又与现场制作的不同，它主要是采用机器的压制。当密度板与防火板之类的胶接性材料组合时，往往能做出相当不错的效果。

而密度板最主要的缺点是遇水膨胀而变形，另一个缺点是抗弯性能差，不能用于受力大的项目。

刨花板。刨花板是用木材碎料为主要原料，再添加胶水、添加剂经压制而成的薄型板材。按压制方法可分为挤压刨花板、平压刨花板二类。此类板材主要优点是价格极其便宜。其缺点也很明显：强度极差。一般不适宜制作较大型或者有力学要求的家具。板厚也为18mm。

④欧松板。欧松板的学名是定向结构刨花板，是一种来自欧洲、20世纪七八十年代在国际上迅速发展起来的一种新型板种。它是以小径材、间伐材、木芯为原料，通过专用设备加工成40～100mm长、5～20mm宽、0.3～0.7mm厚的刨片，经脱油、干燥、施胶、定向铺装、热压成型等一系列工艺制成的一种定向结构板材。其表层刨片呈纵向排列，芯层刨片呈横向排列，这种纵横交错的排列，重组了木质纹理结构，彻底消除了木材内应力对加工的影响，使之具有非凡的易加工性和防潮性。由于欧松板内部为定向结构，无接头、无缝隙、裂痕，整体均匀性好，内部结合强度极高，所以，无论中央还是边缘都具有普通板材无法比拟的超强握钉能力。欧板依使用德国的胶粘剂，其成品的甲醛释放量符合欧洲最高标准（欧洲E1标准），可以与天然木材相媲美。是一种高档底板用材。板的厚度为18mm。

（5）杉木集成板。目前的市场上，家居装修中几乎都选用杉木集成指接板，它是用18mm

厚的杉木原木纵向指接横向施胶等工艺制成的，可以说，杉木板是中国制造的“欧松板”，较为环保，也是一种高档底板用材。

可以肯定地说，欧松板和杉木集成板相对于其他装饰底板和装饰面板都要环保，所以，建议尽量少用人造板装修家居，如若选用尽量选用欧松板或杉木集成板。另外，建议设计人员在每30m^3的空间中不要超过14m^2的人造夹板使用量，否则，环保上存在问题。

（四）防火板材

1.防火板

防火板是采用硅质材料或钙质材料为主要原料，与一定比例的纤维材料、轻质骨料、黏合剂和化学添加剂混合，经蒸压技术制成的装饰板材。是目前越来越多使用的一种新型材料，其使用不仅仅是因为防火的因素。防火板的施工对于粘贴胶水的要求比较高，质量较好的防火板价格比装饰面板还要贵。防火板的厚度一般为0.8mm、1mm和1.2mm。

2.三聚氰胺板

三聚氰胺板全称是三聚氰胺浸渍胶膜纸饰面人造板。是将带有不同颜色或纹理的纸放入三聚氰胺树脂胶粘剂中浸泡，然后干燥到一定固化程度，将其铺装在刨花板、中密度纤维板或硬质纤维板表面，经热压而成的装饰板。

三聚氰胺板是一种墙面装饰材料。目前有人用三聚氰胺板假冒复合地板用于地面装饰，这是不合适的。

（五）文化石

文化石在家居中的使用源自国外。虽然我国早有使用类似的墙面处理，但一般是用于室外。在20世纪90年代初，文化石的概念进入我国，但当时的文化石基本上是进口的，1997年进口文化石材料价高达人民币1000元/m^2以上。

文化石的大量使用，是在1999年后，在当时，国内开始出现了众多内资或合资的文化石生产厂家。市场的竞争使得价格大幅度下降，现在，便宜的文化石100元/m^2左右就可以买到，而稍好点的也就是在300元/m^2左右。文化石本身并不具有特定的文化内涵。但是文化石具有粗犷的质感、自然的形态，可以说，文化石是人们回归自然、返璞归真的心态在室内装饰中的一种体现。这种心态，我们也可以理解为是一种生活文化。文化石就是用于室内外的、规格尺寸小于400mm×400mm、表面粗糙的天然或人造石材。

1.天然文化石

天然文化石是开采于自然界的石材矿床，其中的板岩、砂岩、石英石，经过加工，成为一种装饰建材。天然文化石材质坚硬，色泽鲜明，纹理丰富、风格各异。具有抗压、耐磨、耐火、耐寒、耐腐蚀、吸水率低等优点。天然文化石，如图2–163所示。

2.人造文化石

人造文化石是采用硅钙、石膏等材料精制而成。它摹仿天然石材的外形纹理，具有质地轻、色彩丰富、不霉、不燃、便于安装等特点。人造文化石如图2–164所示。

3.天然文化石与人造文化石的区别

天然文化石最主要的特点是耐用，不怕脏，可无限次擦洗。但装饰效果受石材原纹理限制，除了方形石外，其他的施工较为困难，尤其是在拼接时。人造文化石的优点在于可以自行创造色彩，即使买回来时颜色不喜欢，也可以自己用乳胶漆一类的涂料再加工。另外，人造文化石多数采用箱装，其中不同块状已经分配好比例，安装比较方便。但人造文化石怕脏，不容易清洁，而且有一些文化石受厂商水平、模具数目的影响，款式十分造作。天然文化石和人造文化石铺贴后的效果相差不多，有的人造文化石和天然文化石的效果几乎一样。

图2-163　天然文化石

图2-164　人造文化石

4.一些注意事项

（1）文化石在室内不适宜大面积使用，一般来说，其墙面使用面积不适宜超过其所在空间墙面的1/3，且居室中不宜多次出现文化石墙面。

（2）文化石安装在室外，尽量避免选用砂岩类的石质，因为此类石材容易渗水。即使表面做了防水处理，也容易因受日晒雨淋致防水层老化。

（3）室内安装文化石可选用类近色或者互补色，但不宜使用冷暖对比强调的色泽。其实文化石与其他的装饰材料一样，要根据风格和居者的需要而选用，不要片面追求时尚潮流而用之，也切莫逆反潮流而弃之。

（六）玻璃

玻璃是装修中的使用是非常普遍的一种装饰材料，从外墙窗户到室内屏风、门扇等处都会使用到。玻璃可简单分为平板玻璃和特种玻璃：平板玻璃主要分为三种：即引上法平板玻璃（分有槽/无槽两种）、平拉法平板玻璃和浮法玻璃。由于浮法玻璃厚度均匀、上下表面平整平行，再加上受劳动生产率高及利于管理等方面的因素影响，浮法玻璃正成为玻璃制造方式的主流，而特种玻璃则品种众多。

1.装修中常见的玻璃

1）普通平板玻璃

（1）厚3~4mm的玻璃，主要用于画框表面。

（2）厚5~6mm的玻璃，主要用于外墙窗户、门扇等小面积透光造型等。

（3）厚7~9mm的玻璃，主要用于室内屏风等较大面积但又有框架保护的造型等，而且常用8mm厚的平板清玻作为造型柜或酒柜中的横隔板。

（4）厚9～10mm的玻璃，主要用于室内大面积隔断、栏杆等。

（5）厚11～12mm的玻璃，主要用于地弹簧玻璃门和一些活动人流较大的隔断等。

（6）厚15mm的以上玻璃，一般市面上销售较少，往往需要订货，主要用于较大面积的地弹簧玻璃门外墙整块玻璃墙面。

2）钢化玻璃

它是普通平板玻璃经过再加工处理而成一种预应力玻璃。钢化玻璃相对于普通平板玻璃来说，具有两大特征：

（1）钢化玻璃强度是普通平板玻璃的数倍，抗拉度是普通平板玻璃的3倍以上，抗冲击是普通平板玻璃的5倍以上。

（2）钢化玻璃不容易破碎，即使破碎也会以无锐角的颗粒形式碎裂，对人体伤害大大降低。防盗性能相对平板玻璃强些。

3）磨砂玻璃

磨砂玻璃即用专业机器在普通平板玻璃上面打磨，将玻璃磨毛而成。一般厚度多在9mm以下，以5mm、8mm厚的居多。

4）喷砂玻璃

喷砂玻璃即在普通平板玻璃上喷涂玻璃砂，性能上基本与磨砂玻璃相似，不同的改磨砂为喷砂。由于两者视觉上相似，很多业主，甚至装修专业人员都把它们混为一谈。如果平板玻璃上有局部磨砂和喷砂，则可以较容易分清：喷砂为凸出面，磨砂为凹陷面。玻璃喷砂需要用即时贴雕刻出所需花纹后，用反转膜将其转贴在欲喷砂玻璃上，喷涂后等玻璃砂干后揭撕掉即时贴即在玻璃上留下花纹。

5）压花玻璃

压花玻璃是采用压延方法制造的一种平板玻璃。其最大的特点是透光不透影，多使用于洗手间等装修区域的门上。压花花纹众多，不同的压花装饰效果不同。

6）夹丝玻璃

夹丝玻璃是采用压延方法，将金属丝或金属网嵌于玻璃板内制成的一种具有抗冲击平板玻璃，受撞击时只会形成辐射状裂纹而不致于坠下伤人。故多采用于高层楼宇和震荡性强的厂房。

7）中空玻璃

中空玻璃多采用胶接法将两块玻璃保持一定间隔，间隔中是干燥的空气，周边再用密封材料密封而成，主要用于有隔声要求的装修工程。

8）夹层玻璃

夹层玻璃一般由两片普通平板玻璃（也可以是钢化玻璃或其他特殊玻璃）和玻璃之间的有机胶合层构成。当受到破坏时，碎片仍粘附在胶层上，避免了碎片飞溅对人体的伤害。多用于有安全要求的装修项目。

9）防弹玻璃

防弹玻璃实际上就是夹层玻璃的一种，只是构成的玻璃多采用强度较高的钢化玻璃，而且夹层的数量也相对较多。多采用于银行或者豪宅等对安全要求非常高的装修工程中。

10）热弯玻璃

热弯玻璃由平板玻璃加热软化在模具中成型，再经退火制成的曲面玻璃。在一些高级装修中出现的频率越来越高，没有现货，需要预订。

11）玻璃砖

玻璃砖的制作工艺基本和平板玻璃一样，不同的是成型方法。其中间为干燥的空气。多用于装饰性项目或者有保温要求的透光造型之中。

2.玻璃施工和使用中的注意事项

（1）在运输过程中，一定要注意固定和加软护垫。一般采用竖立的方法运输。车辆的行驾也应该注意保持稳定和中慢速。

（2）如果玻璃安装的另一面是封闭的，要注意在安装前清洁好表面。最好使用专用的玻璃清洁剂，并且要待其干透后证实没有污痕后方可安装，安装时最好使用干净的建筑手套。

（3）玻璃的安装，要使用硅酮密封胶进行固定，在窗户等安装中，还需要与橡胶密封条等配合使用。

（4）在施工完毕后，要注意加贴防撞警告标志，一般可以用不干贴、彩色电工胶布等予以提示。

（七）立面材料的选用

我们在识别上述材料时，一定同时也结合了自己的方案进行了初步选材，这些选材除丰满装饰风格外，必须要本着选材的安全、环保原则来选材。大量的现实表明，没有安全选材、环保意识的设计人员会建议业主选购大量墙纸、墙布、装饰板材等大面积裱贴来打造室内空间，尤其是在卧室空间内裱贴或软包，尽管这种做法能非常好的打造出相应的艺术效果，但必需提醒，出于选材安全、环保对家人及孩子的健康考虑，家居空间尤其是卧室不宜选用裱贴墙纸、墙布或软包或满贴人造板材，比如墙纸、墙布在裱贴过程中会有6～7层的胶水等化学材料污染，且被覆盖在墙纸、墙布下面而缓慢挥发，这使得长期居住其中的人如同慢性自杀。相反，公共空间则适合选用。

（八）墙面材料构造

当最终选定一种装饰材料后，必须花时间来熟知该材料的常规构造，即选定材料如何与基层连接、用什么连接件来连接等，这是确保设计人员的方案设计具备施工可行性的一个重要保证。

1.墙砖铺贴的构造

墙砖的构造如图2-165所示。读图时，文字自上向下读表示构造图的自左向右。文化石构造图也与之相同。

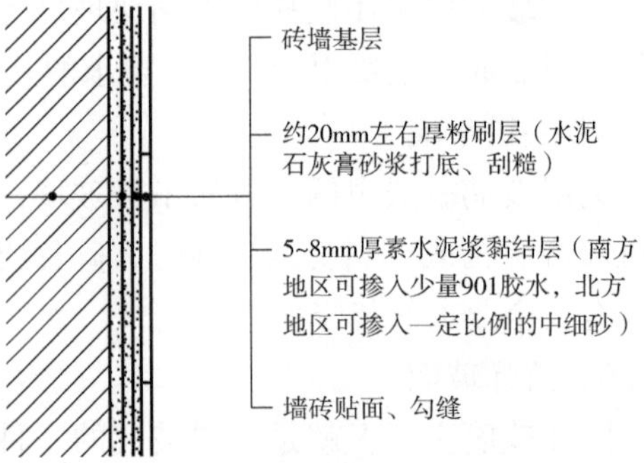

图2-165 墙砖铺贴构造图

2. 不同基层墙纸、墙布裱糊构造图

混凝土基层壁纸构造图如图2-166（a）所示，石膏板基层壁纸构造图如图2-166（b）所示。读图时，文字自上向下读表示构造图的自左向右。

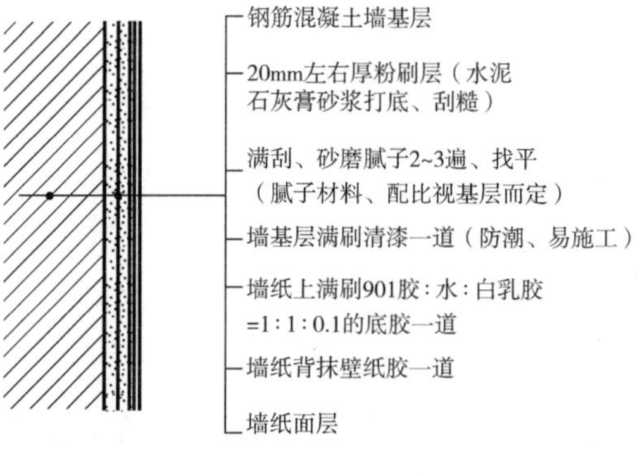

（a）混凝土基层

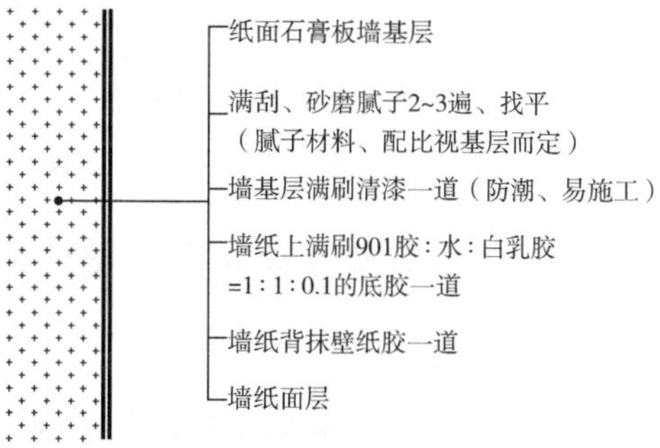

（b）石膏板基层

图2-166　不同基层墙纸、墙布裱糊构造图

3. 不同基层乳胶漆施涂构造图

不同基层乳胶漆施涂构造图如图2-167所示，读图时，文字自上向下读表示构造图的自左向右。

4. 木夹板饰面构造图

木夹板饰面构造图如图2-168所示，读图时，文字自上向下读表示构造图的自左向右。

值得注意的是，更多墙立面材料详见如下专业网站：美国室内设计中文网www.idchina.net、中国室内设计网www.ciid.com.cn、中国装饰设计网www.mt-news.com等。同时，建议设计人员定期去专业市场进行现场识别与选用，才能确保自己的设计语言更加丰富。

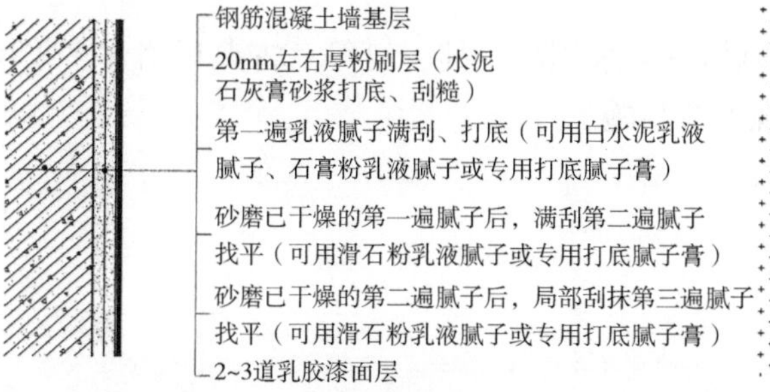

（a）混凝土基层

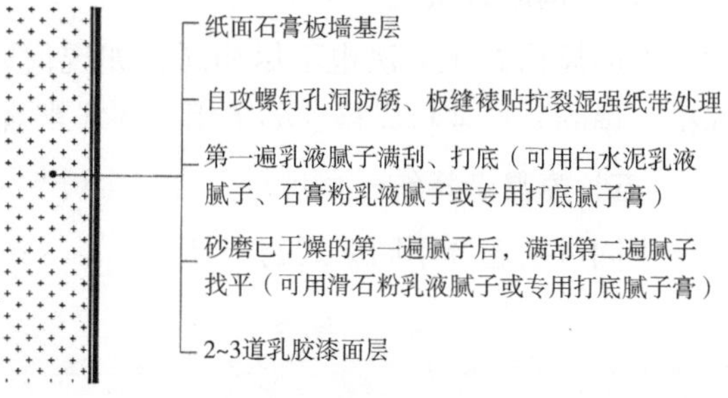

（b）石膏板基层

图2-167　不同基层乳胶漆施涂构造图

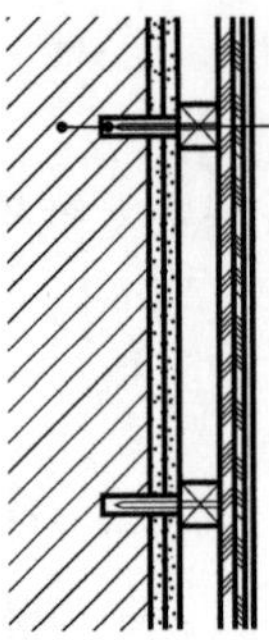

图2-168　木饰面构造

五、立面造型设计如何与整体风格相协调

（一）造型统一

简洁风格、立面造型要几何化、强调横平竖直；古典风格，立面造型强调繁多，重在局部装饰，而且多花纹等。尤其是电视背景墙是立面造型的重点之一。

我们平常所谓的电视背景墙，完整点讲叫作“电视柜背景装饰墙”，设计时，最主要的是要考虑这部分造型的美观及是否与整个空间风格相协调。如果电视墙轴对称呼应沙发背面墙，这需要考虑是否有必要做类似元素的造型进行呼应。

（二）色调统一

不同风格色调不同：如现代风格强调明快或另类色彩；中式古典风格，多强调沉稳庄重、颜色多选深色和咖啡色；欧式风格，多强调庄重浅色等。

（三）选材统一

立面造型的选材无外乎各种装饰面板、墙纸墙布，各种墙砖、文化砖、不同颜色的乳胶砖以及个性材料，但这些材料的选择应注意与整体风格相协调：如现代风格，多选墙砖、乳胶漆等光洁面料、色彩淡雅或米色的单色，也可选金属壁纸小花浅色；古典风格，多选花岗石（花色大块）、色彩沉着的墙纸、壁布，且需大花纹等；乡土风格，多选非常规材料等。

（四）构造方法统一

不同风格施工方法也不尽相同：如现代风格，多采用粘、挂、钉等；古典风格，多采用榫接、锚固等；乡村风格，多采用一些非常规构造与施工方法。

（五）家具选择统一

不同风格选择不同款式的家具。

工作过程8　运用“互联网+”家装平台和软件在线云设计，绘制表现墙立面造型、选材与用色

掌握上述知识之后，接下来就应该运用“互联网+”家装平台和软件在线云设计，绘制表现墙立面造型、选材与用色，具体如下。

第一步，安装立面的窗。在场景设计软件中，搜索“窗”，找寻适合的窗模型，并按如图2-169所示下载。并将下载后的建筑窗模型拖至SketchUp界面中，如图2-170所示。

图2-169　下载建筑窗模型

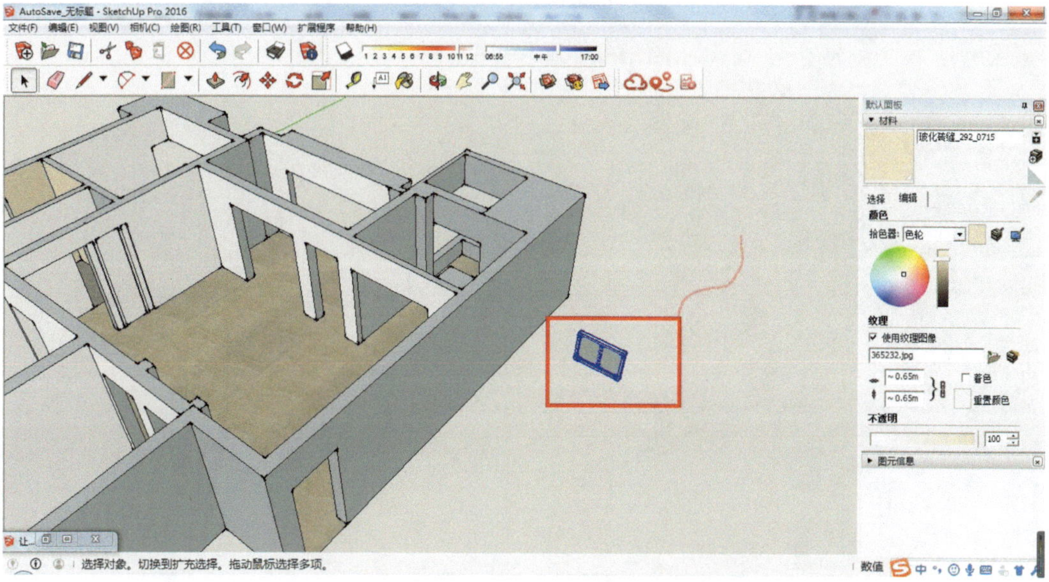

图2-170　将已下载的建筑窗模型拖至界面

第二步，用“环绕观察”、“平移”和“移动”等命令，将建筑窗模型调整角度、放大并移动到如图2-171所示的窗洞位置。

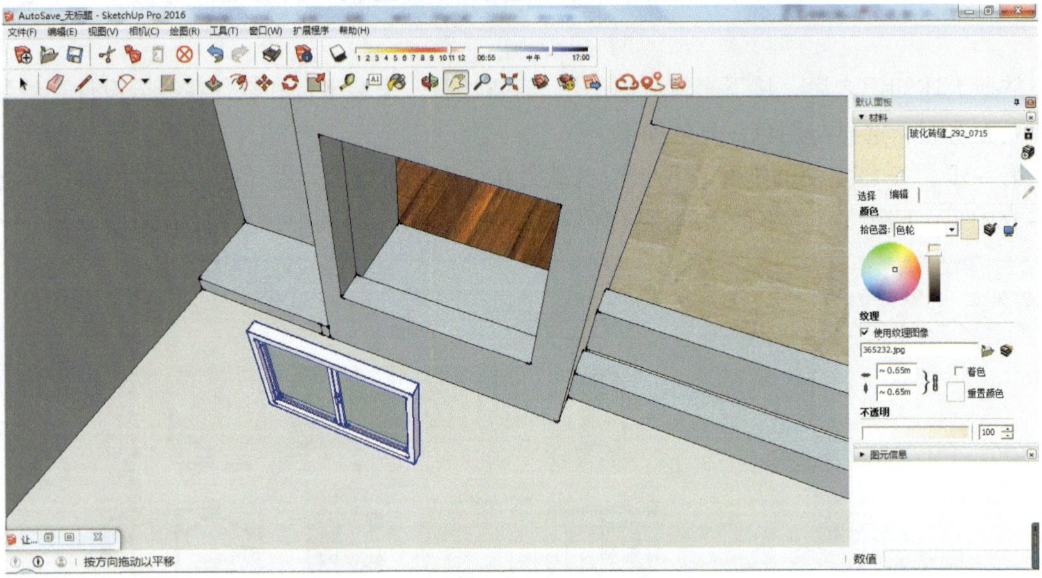

图2-171　调整建筑窗的角度并移至窗洞位置

第三步，点击“缩放”命令，原来建筑窗模型即在其四边出现绿色小方点，接下来，将鼠标左键移至小红框所示位置内，找到窗拐角处的任意一个外侧小绿点（红框内共有并排的3个小绿点，中间一个小绿点不能选点），并点击鼠标左键，即抓住一个绿点，如图2-172所示。并按住鼠标左键不松开，同时目测窗洞大小，移动鼠标，完成如图2-172所示的放大图。

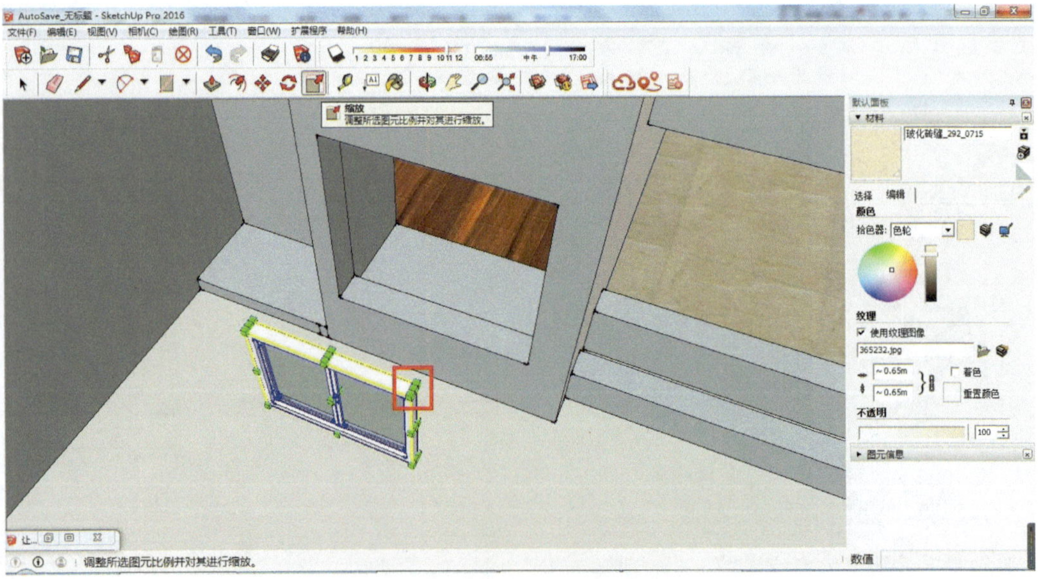

图2-172　整体放大建筑窗模型

随后，将鼠标左键移至按如图2-173所示小红框位置内并选中建筑窗模型上的小红方点，同时目测窗洞大小，移动鼠标完成建筑窗模型高度的拉伸放大，如图2-174所示。

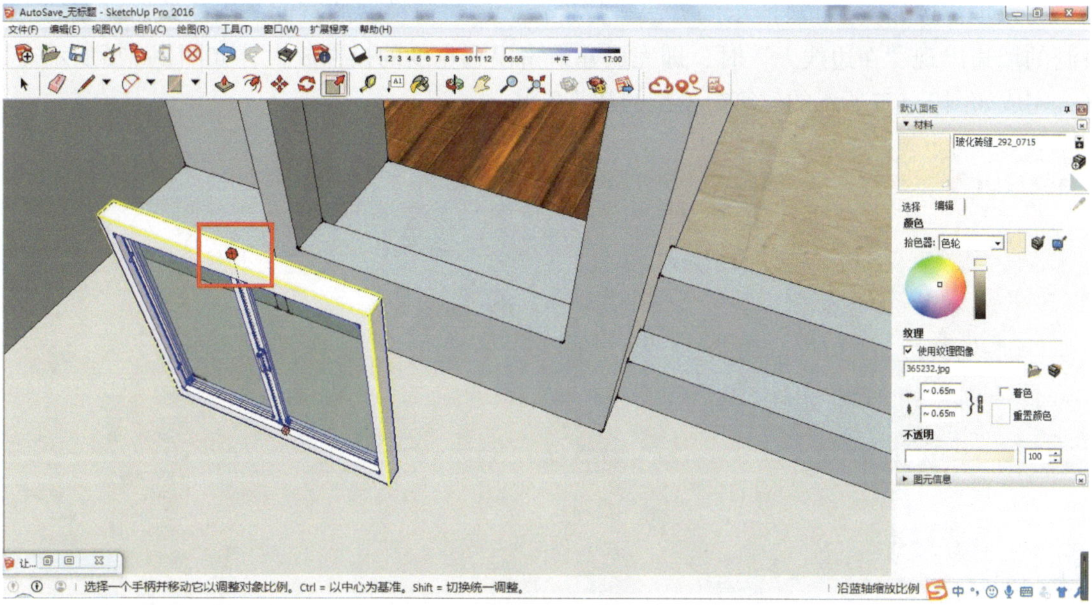

图2-173　拉伸放大窗模型垂直高度

第四步，重复第二步操作，将放大后的建筑窗模型调整角度、放大并移动到如图2-174所示的窗洞位置。

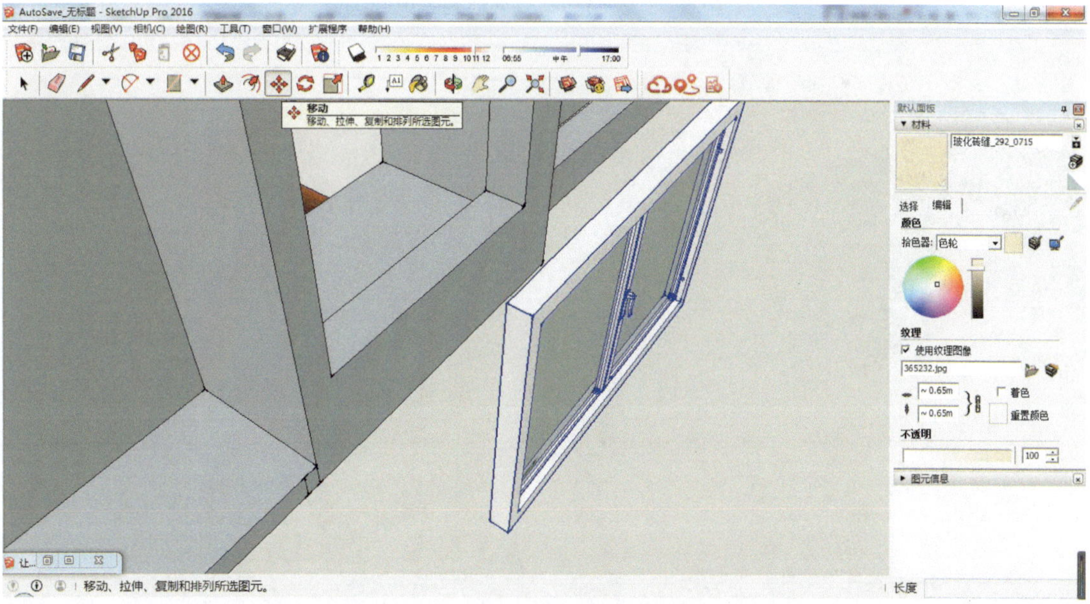

图2-174　调整建筑窗模型的角度和位置

第五步，点击  “移动”命令，将鼠标移至图2-174中所示建筑窗模型的左下角并抓

住该角点，然后移向窗洞的左下角处，当建筑窗模型的角点与窗洞的角点相交时，即完成建筑窗模型的移动，如图2-175所示。

第六步，按如图2-174所示的方法，拉伸放大建筑窗模型的宽度，当建筑窗模型的边与窗洞的墙边出现“在边线上”时，即完成建筑窗模型宽度的拉伸放大，如图2-176所示。最终，完成如图2-177所示的建筑窗模型的初步安装。

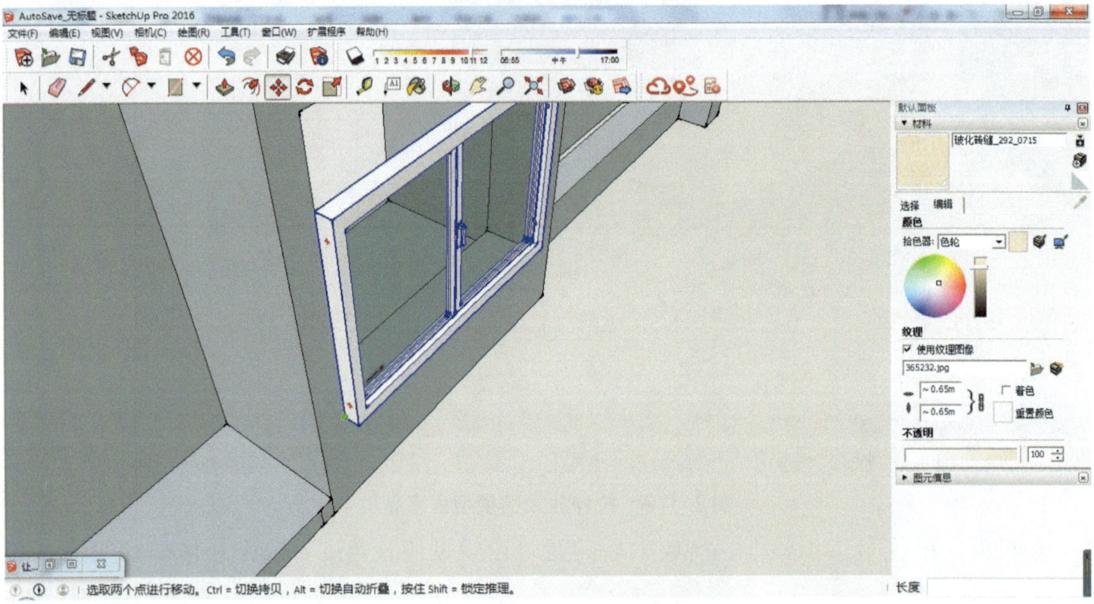

图2-175　移动建筑窗模型至窗洞

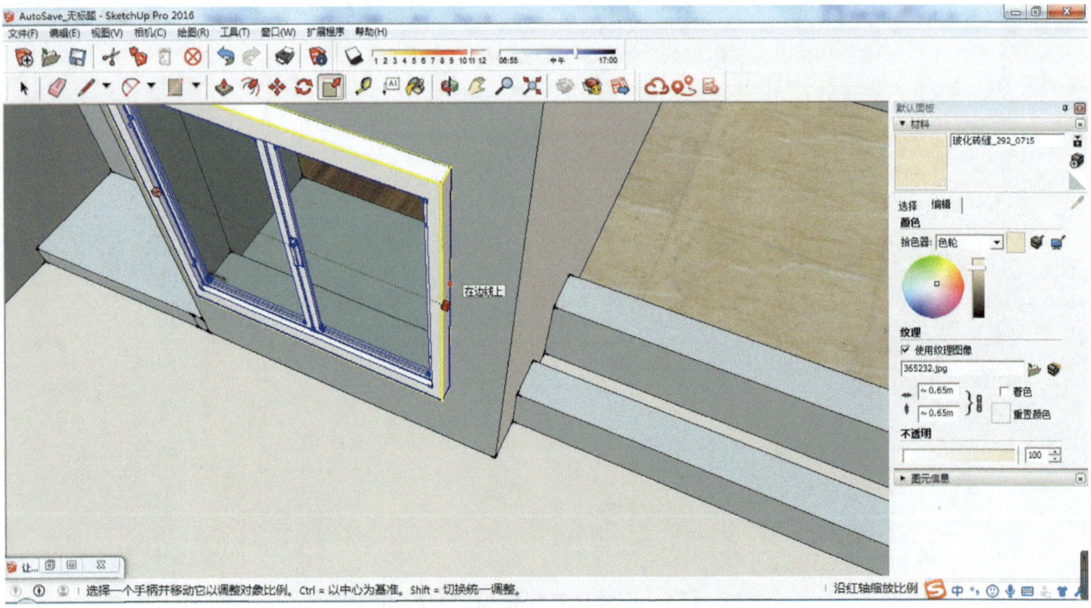

图2-176　拉伸放大建筑窗模型横向宽度至窗洞边

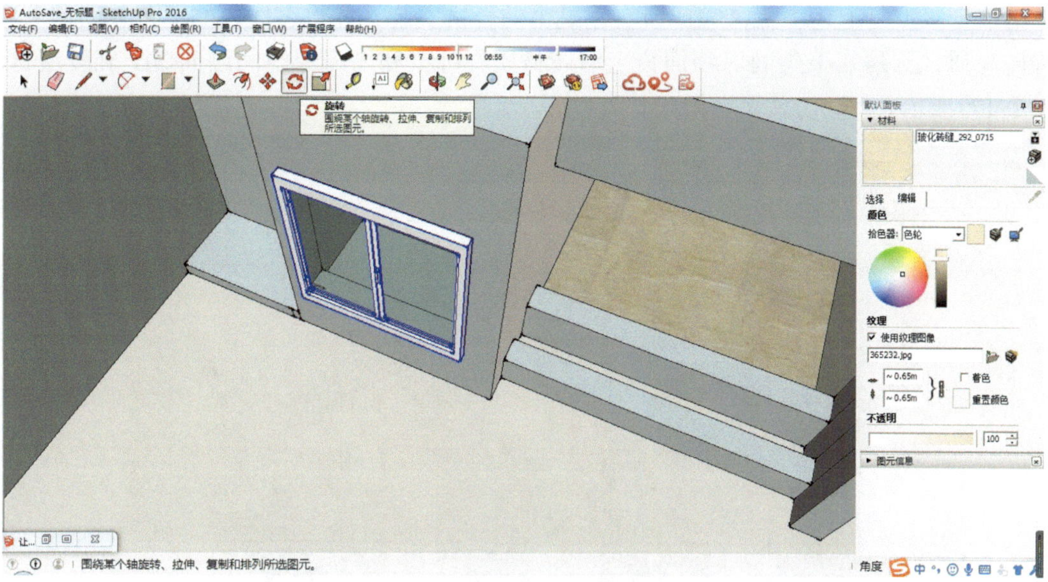

图2-177　建筑窗模型的初装

第七步，点击“材质”命令，在界面的右侧弹出对话框，点击“选择”然后，点击“样本颜料”，接下来，将鼠标移至建筑窗模型的白色边框上并点击选中，回到右侧对话框中并点击“编辑”，调整建筑窗模型的白色为深灰色，最后将建筑窗模型移动到窗洞中心位置，如图2-178中左侧窗。接下来，“Ctrl键+”，完成如图2-178所示的建筑窗模型的复制，见图2-178中的右窗。

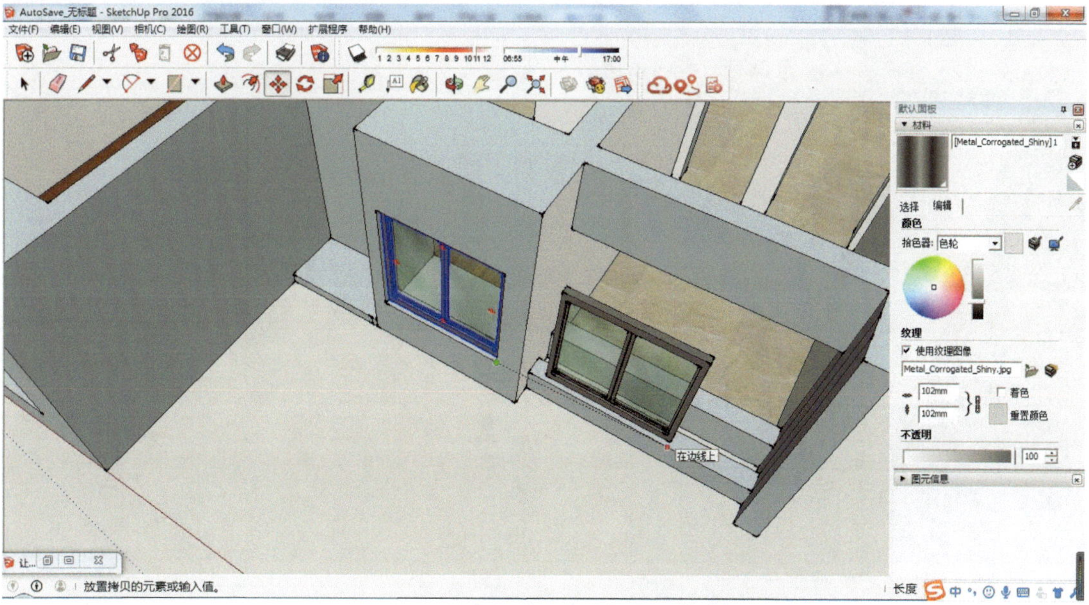

图2-178　建筑窗模型的合格安装并复制

第八步，重复上述步骤，完成所有建筑窗的合格安装，并将客厅内的吧台立面覆上选定的墙砖材质，厨房、卫生间等墙面覆上墙砖材质，卧室和书房等空间墙面覆上乳胶漆材质，如图2-179所示。

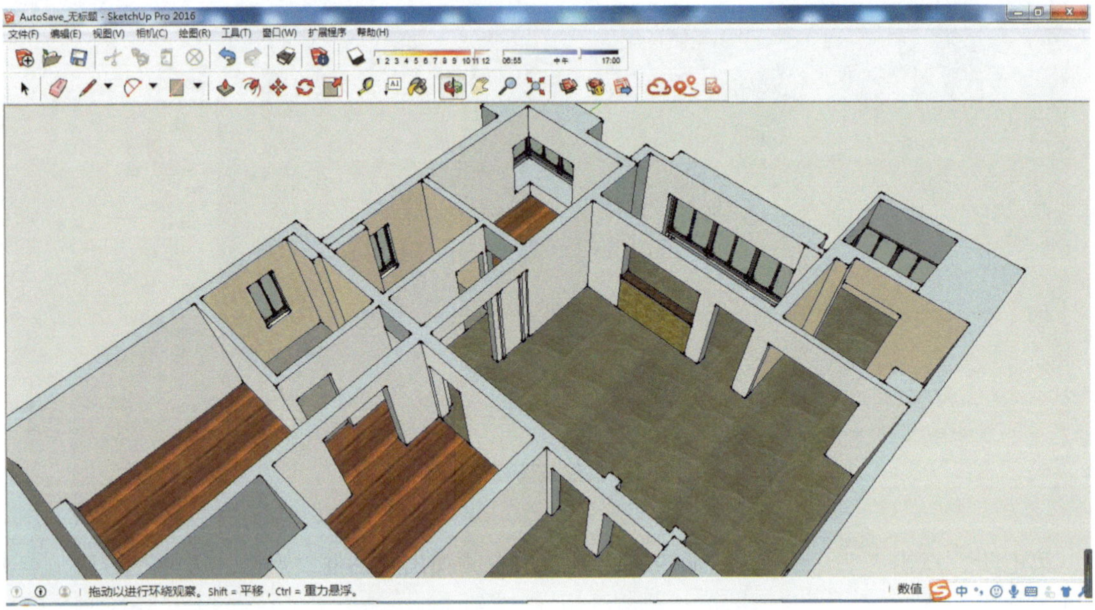

图2-179 所有建筑窗模型的合格安装并覆设所有墙立面材质

第九步，绘制门窗套和踢脚线。调整图纸角度至如图2-180所示位置，点击并使用“卷尺工具”，在门洞位置处的墙上，将门洞的三根墙线向外偏移60mm，得到三根虚线，视为门套线宽度的基准线，如图2-181所示。

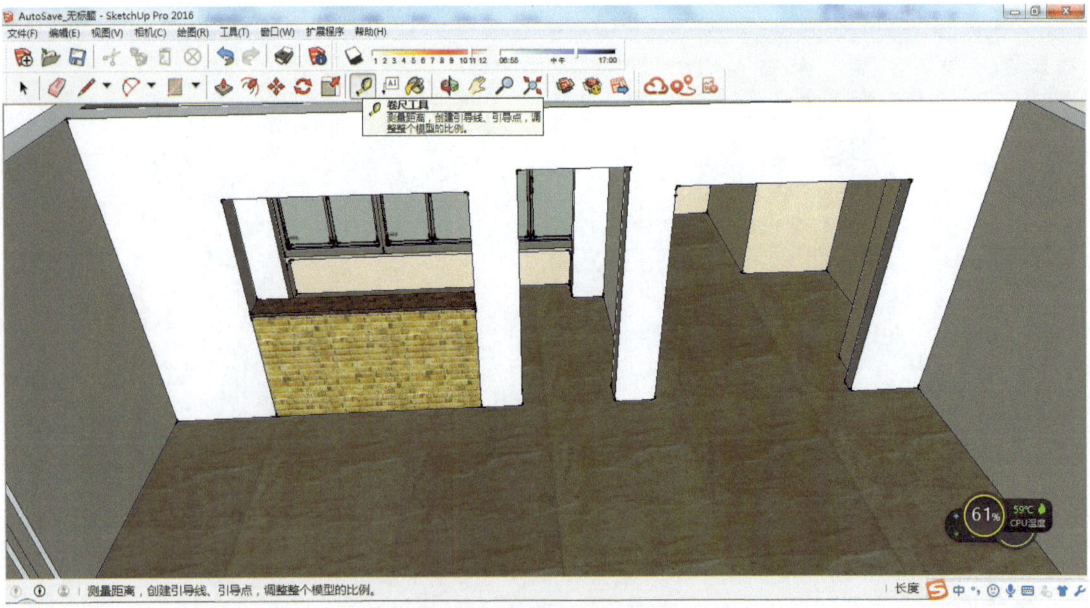

图2-180 调整角度至适合绘制门套线

第十步，点击并使用 “直线”命令，将三根虚线的交点相连接，如图2-182所示。连接完成后，得到如图2-183所示的门套线。

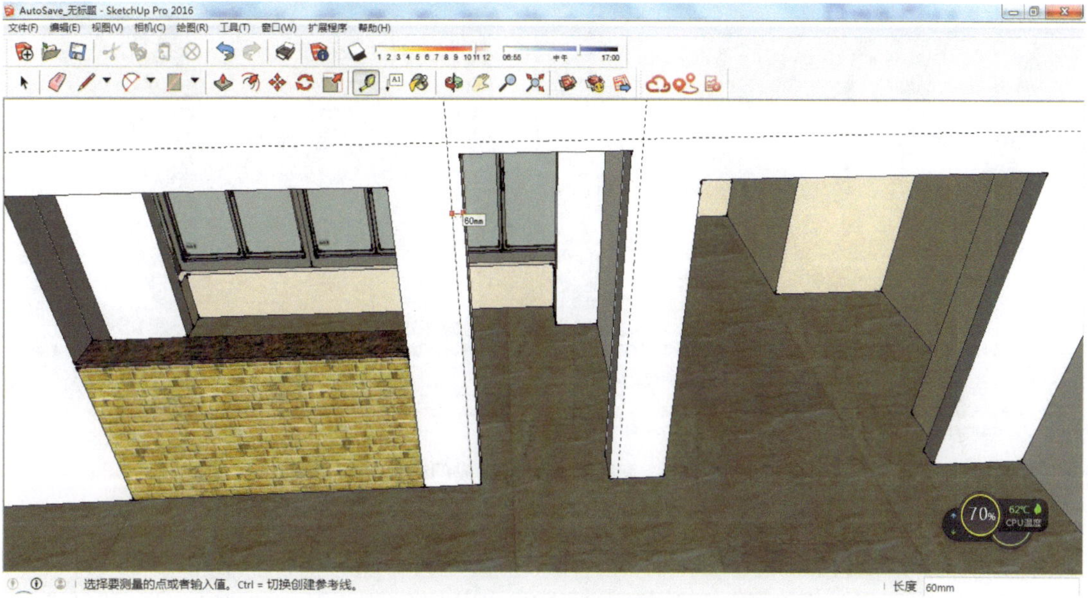

图2-181　利用卷尺工具偏移门套线的基准线

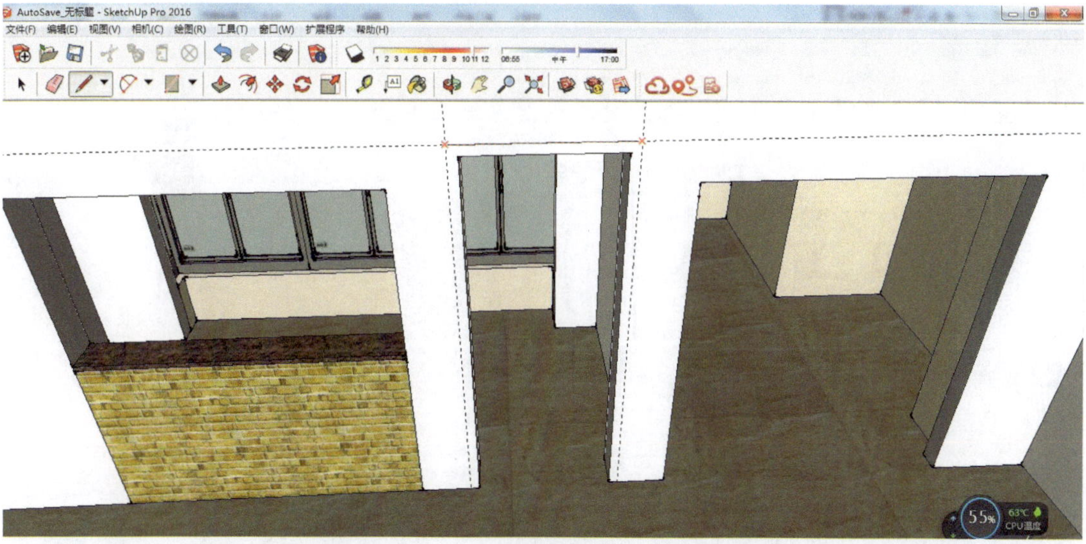

图2-182　直线连接门套基准线的相交点

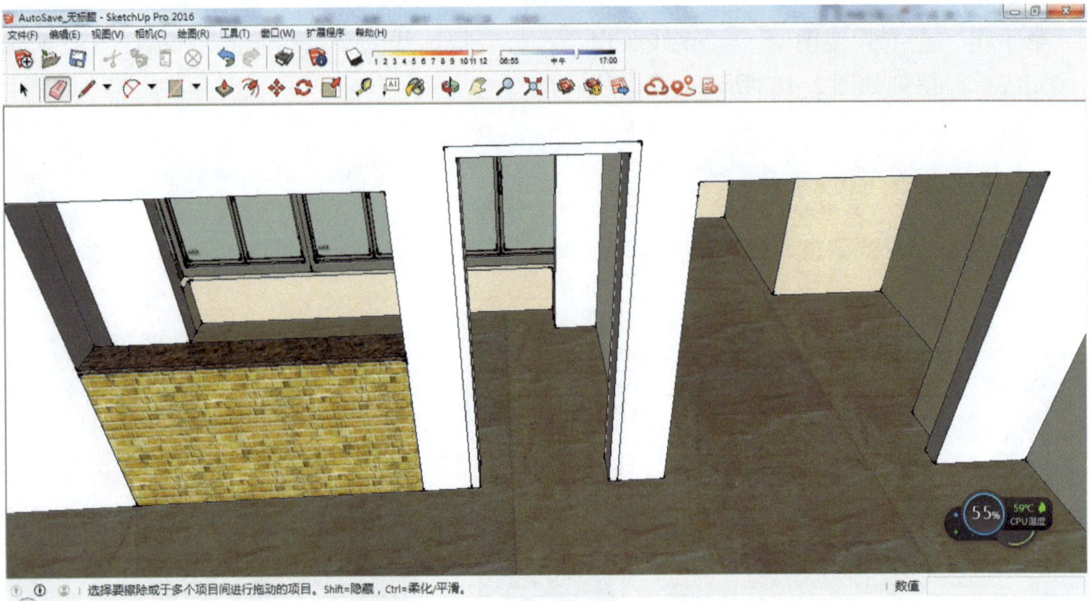

图2-183　直线连接绘制完成门套基准线

第十一步，点击并使用“材质”命令，在界面右侧对话框中选中适合的材料，并将材料覆设给门套线，如图2-184所示。接下来，给门洞内的三个侧面敷设同样的材质，如图2-185所示。

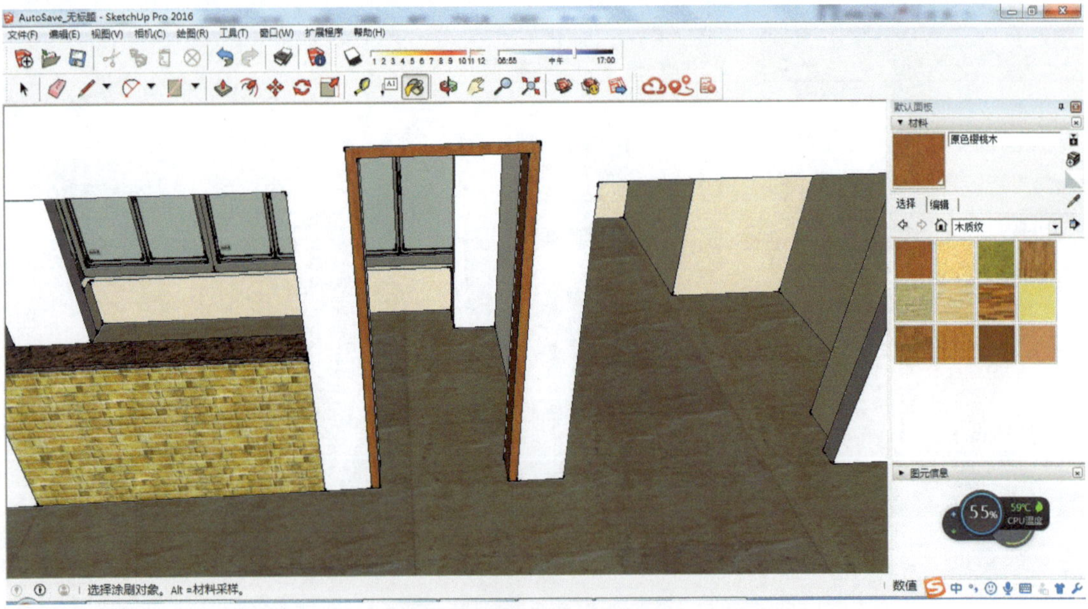

图2-184　给门套线敷设材料

图2-185　给门洞内侧面敷设材料

第十二步，重复第九步至第十一步的操作，完成如图2-186所示所有门套的绘制及敷设材质。接下来，用同样的方法完成所有踢脚线的绘制及敷设材质，如图2-187所示。

第十三步，点击使用  “推/拉”命令，按如图2-188所示，将已画的门窗套线和踢脚线，向墙外拉出10mm，视为门窗套线和踢脚线的厚度。

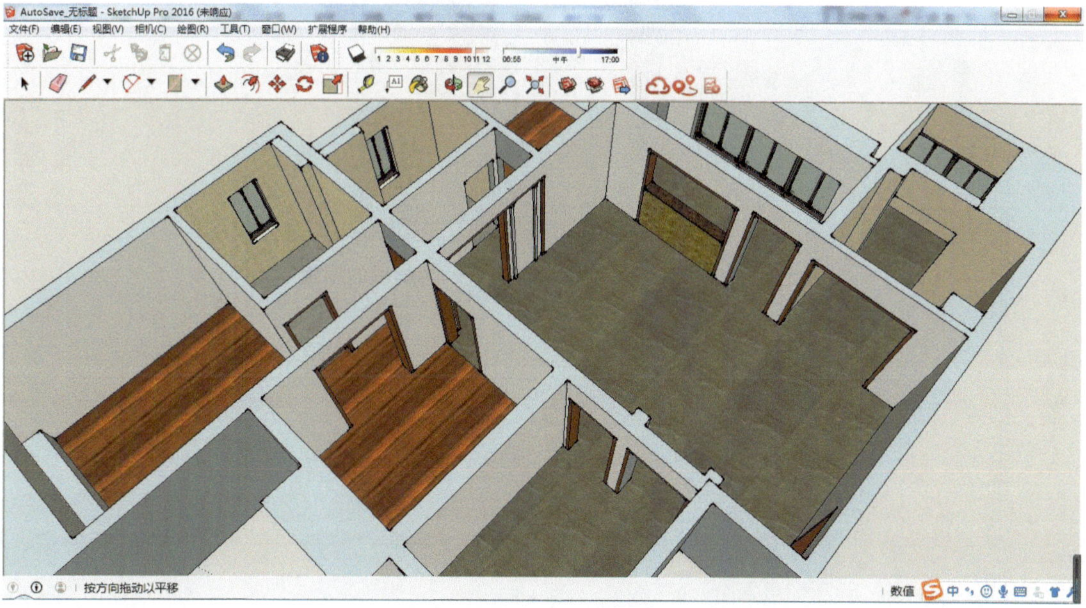

图2-186　绘制完成所有门套线并敷设材质

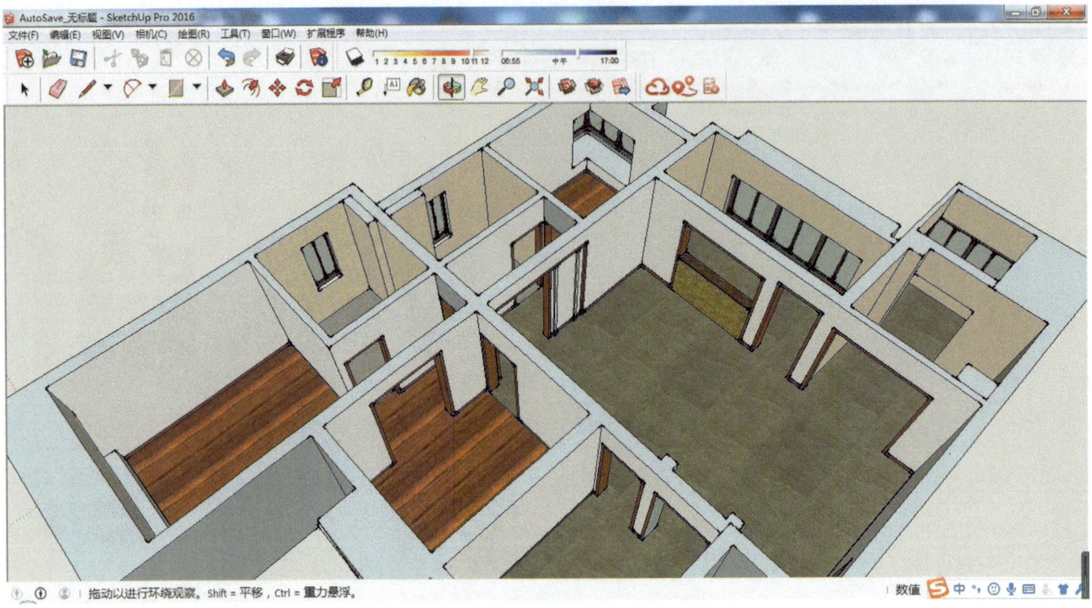

图2-187　绘制完成所有踢脚线并敷设材质

图2-188　推拉处所有门窗套线、踢脚线的厚度

工作过程9　依据确定的风格或主题，识别与选用家具

在营造整体家居装饰风格时，家具占主导地位，所以，欲使已定装饰风格更具整体美感，并能更好地创造出整体统一、环境优美的家居空间环境，设计人员必须先识记大量的家具。识记途径包括书籍、网络搜集和专业市场内现场识记。经验表明，最直观、高效的识记方法是设计人员带着自己的设计方案去专业家具市场上先识别并选用不同风格的家具，因为专业市场的品牌家具展馆是模拟家居空间精心打造的家具展厅，展馆内家具与其空间内的其他设计要素的真实感和全景性比书籍、网络上的单一角度图片给设计人员带来的启发更强，所以，设计人员在识别过程中，既可以感受到不同风格与款型家具带来的美感，同时，还会因为家具摆放的展厅的精心打造而启发设计人员的设计灵感。识别大量家具后，就要结合自己的所定风格和已完成的平、顶面规划，将在大量识别过程中初选的几种风格、款型的家具反复在自己方案中的比对试用，并最终选择出能更准确表现自己设计意图的一款。

另外，大量识记了不同风格和款式的家具，为今后的项目运作积累了大量素材，这也是提高业务签单率的一个重要因素。

一、专业书籍、网络上识别家具

（一）以物料分类

家具按物料可分为钢木家具，如图2–189所示；钢玻璃家具，如图2–190所示；柔性物料家具，如图2–191所示；塑料家具，如图2–192所示；藤、木、竹家具，如图2–193所示；老船木家具，如图2–194所示。

图2–189　钢木家具

图2-190　钢玻璃家具

图2-191　柔性物料家具

图2-192　塑料家具

图2-193　藤、木、竹家具

图2-194　老船木家具

（二）以色彩分类

家具按色彩可分为彩色家具，如图2-195所示；黑白家具，如图2-196所示；红色家具，如图2-197所示；蓝色家具，如图2-198所示；原色家具，如图2-199所示。

图2-195 彩色家具

图2-196 黑白家具（左图为梁志天作品）

图2-197 红色家具

图2-198　蓝色家具

图2-199　原色家具

（三）以风格分类

每种室内设计风格都有对应的风格家具，有欧式、中式、美式、北欧等，详细内容可参阅第二篇中“工作过程2”。

二、专业市场内识别家具

目前，市面上有以下一些常见家具品种。

（一）真皮座椅、沙发

依据其选用材质的不同，常见的有黄牛皮、水牛皮、猪皮、羊皮等几种材质的真皮座椅、沙发。设计人员在识记该类型家具造型、颜色和肌理等表面效果的同时，还应学会辨别真假，因为目前市面上真皮座椅、沙发假货猖獗。

首先，检查皮革表面的毛孔。牛皮毛孔细而密，呈无规则排列，皮质光洁；而猪皮毛孔呈“品”字形三角排列，皮质松疏。而假皮上人造毛孔排列规则。检查时可用指甲压陷一下，看压陷地方的皮纹是否在短时间内回复平整，真皮回复较快，而假皮回复的很慢。

其次，检查皮质的收边截面。由于现在伪造技术越来越高，从正面辨别变得越来越难。而从皮质的收边截面即可看出真假，即真皮的皮质较松疏，假皮则较为紧密。

再次，真皮和假皮还可以通过气味来分辨，相对来说，真皮显然有一种动物的腥味，而假皮更有趋于刺鼻的味道。

最后，除了全真皮的沙发外，还有一些在背侧面使用假皮的半真皮沙发，这些都是消费者所需要注意的。

此外，真皮沙发的保养也是识别后决定是否选用的重要因素。其保养如下。

（1）不要使用烈性的化工制剂清洗皮面，尽量使用稀释肥皂水或者专用的皮革清洁剂，这些都可以在大型的超级市场买到。

（2）抹擦时要选用柔软的材质，用力要轻。

（3）平时使用时，不要把硬物放置在沙发上面，尤其是要避免小孩子在上面蹦跳。

（4）不要长时间置于太阳直射的地方，以免损害皮质。

（5）定期上水性蜡以保护皮质。

真皮沙发的家居效果如图2-68等所示；真皮餐椅的家居效果如图2-198左侧图片所示。

（二）布艺沙发

布艺沙发是现在市面上极受青睐的一种沙发，尤其是一些城市家庭，布艺沙发已经越来越成为他们的首选，年轻一族尤为喜欢。布艺沙发具有以下三大优点。

（1）观感好。因为布艺沙发选用不同的布料来作沙发套，在定制沙发时，不但可以选用一款自己喜欢的布料，而且还可以根据一年四季的不同，选用花色不同的布料制作成沙发套，可以随时更换而尽显个性，这同时也是一种心情的更换。

（2）手感好。布艺沙发常选用表面肌理不同的布质，如绒布、亚麻等，加上软硬适中的海绵垫，非常有手感且更有暖和、温馨的感觉。

（3）易保养。当沙发封套长期使用后出现褪色或破损，可以直接定制一件新的封套来替代。

布艺沙发的保养办法：

（1）在选购时，尽量使用可以翻转的垫子，在使用中，定期翻转。

（2）布艺沙发购进后，可用织物保护剂喷洒一次以作保护。

（3）经常吸尘。

（4）清洗时尽量使用织物专用清洁剂。

布艺沙发的家居效果如图2-191中左侧图片等。

（三）实木家具

现在市面上，实木家具很多，有我们一般所说的红木家具，也有黄金柚木制作成的时尚实木家具，还有用瑞格楠木制作成美式风情的实木家具，更有选用老榆木制作的仿中式家具……种类繁多。实木家具在制作选料上也有不同：有同一种木材制作成的纯实木家具；有主料为一种名贵木材，辅料为一种普通木材组合制作成的实木家具；还有使用指接木或胶接木板材制作成的实木家具；也有框料和基材为普通木质，面层贴名贵木皮的实木家具。所以识别与购买时要注意。实木家具的家居效果如图2-199等所示。

目前，市面上的红木桌椅多采用酸枝木或花梨木制成，一般都有相应的年代对照。市面上的一般款式多为明、清及民国时代，在风格上，也有很大的差别：明代的实木桌椅，一般线条较为简约，有一种力感；而清代的则多雕刻，造型较为烦琐，其中以动物、花卉及吉祥图腾具多；而民国的桌椅，相对较为中庸，造型介乎两者之间并偏向于后者。但现实表明，市场上有使用低档木质制作后在其表面喷涂色精而成的红木桌椅也极多，所以，要谨防上当受骗。

另外，现在市面上也有多采用老榆木或俄罗斯进口榆木来制作仿中式家具，这种家具尤其是老榆木仿古家具也有升值空间。但现实表明，市场上有使用其他木质（如俄罗斯进口樟子松）制作后在其表面喷涂色精而成的榆木仿古家具也极多，所以，要谨防上当受骗。选用上述类型家具多为中老年人，一是因为中老年人喜欢这类风格和颜色；二是因为这类家具价格较高昂，大部分年轻人缺乏购买力，而中年人有了一定的财富积累可以购置得起；三是可以满足中老年的在日常使用中的一种珍藏味道。

非常多的年轻人尤其是新婚的年轻夫妇，他们往往选用造型简炼、颜色较浅、材质较软的拼接欧陆木质桌椅，尤其是指接橡胶木餐桌椅等，价格较为便宜。

实木家具的保养比较简单，一般使用普通清洁剂甚至清水即可。唯一难以对付的是白蚁的问题，这种问题一般发生在我国南方。如果在晚上听到轻轻的锯木声或者家具下有木质粉末，那么就很有可能滋生白蚁了。对付白蚁的办法是使用CCA（铜铬砷合剂），但这些操作最好是通过专业防治白蚁的机构或公司进行，以免发生不必要的化学品危险。

（四）实木加布艺

一般框架为名贵实木、靠背及坐垫等为布艺的一种沙发品种，既时尚又名贵，尤其以高雅名贵的欧式沙发为最。解决了实木家具的硬、冷和老套及纯布艺家具的过软。实木加布艺沙发的家居效果如图2-19等所示。

（五）板式家具

板式家具是一种用面贴仿木纹纸的高密度板拼装而成的家具，表面效果光洁时尚，价格适中，但其污染大。

三、选用家具

目前，家居装饰市场上，常出现装饰公司只负责前期的设计和硬装施工而忽视后续的家具选配与摆放、灯具的选择等软装环节，在此环节负责任的设计人员会告知业主家具、灯具的选购范围，个别不负责任的公司就到此结束了与业主的业务往来，剩下的就是以后的维修义务。因此，真正的选购者只是业主本人，由于业主的非专业，结果，选购回来的家具、灯具等与整个空间格调不相匹配甚至是格格不入，从而影响整体的装饰效果。所以，为了打造出整体协调的美感空间，建议设计人员要陪同业主选购家具。但由于设计人员业务多、工作忙，尤其是名设计师更是没时间陪业主购置软装物品。为避免这种情况出现，可以学习经验特别丰富的设计师常用“由点到面再到体”的设计方法，就能确保最终的整体风格一致而极具装饰美感。否则，就会很容易出现不伦不类的装饰效果，花钱讨尴尬。

一般来说，不同的风格需要对应的家具来打造。

现代风格、简约风格：多选浅色布艺沙发、玻璃餐桌、钢木家具或彩色家具等。

中式风格、美式风格：多选深色实木沙发、实木餐桌椅或实木布艺沙发等。

自然风格、北欧风格：多选藤、木、竹、中性色布艺等的沙发、餐桌等。

欧式古典风格：多选大印花传统大体量布艺沙发、金属雕花餐桌或实木加布艺。

另外，也可以采用混搭风格，如将原本在传统装修中选用的传统实木家具，选放在现代装修中等。

选用沙发时，还要结合业主的财力考虑，在业主财力允许范围内，尽量做到选购的家具既个性美观又环保安全。

值得注意的是，更多的家具图片及家居装饰效果详见如下专业网站：美国室内设计中文网 www.idchina.net、中国室内设计网 www.ciid.com.cn、中国装饰设计网 www.mt-news.com 等。同时，建议设计人员定期去专业市场进行现场识别与选用，积累自己的更多的设计素材。因为，家具市场上的家具会定期有新产品问世，这不仅会丰富自己的设计语言还会启发设计人员的设计灵感。

工作过程10　运用“互联网+”家装平台和软件在线云设计，绘制表现选定的家具等

上述工作结束后，将结合自己方案识别与选用过程中得来的设计灵感用于自己方案的修改与完善。同时，将其初步选用的家具，运用“互联网+”家装平台和软件在线云设计，绘制表现出来，具体如下。

第一步，参照“工作过程6”中的第四步，登录场景设计软件，在“免费模型推荐”的界面的左上角“模型”栏里，输入“沙发”点击搜索，并找到初步选用的沙发模型并将其下载并拖曳到SketchUp设计界面中，如图2-200所示。

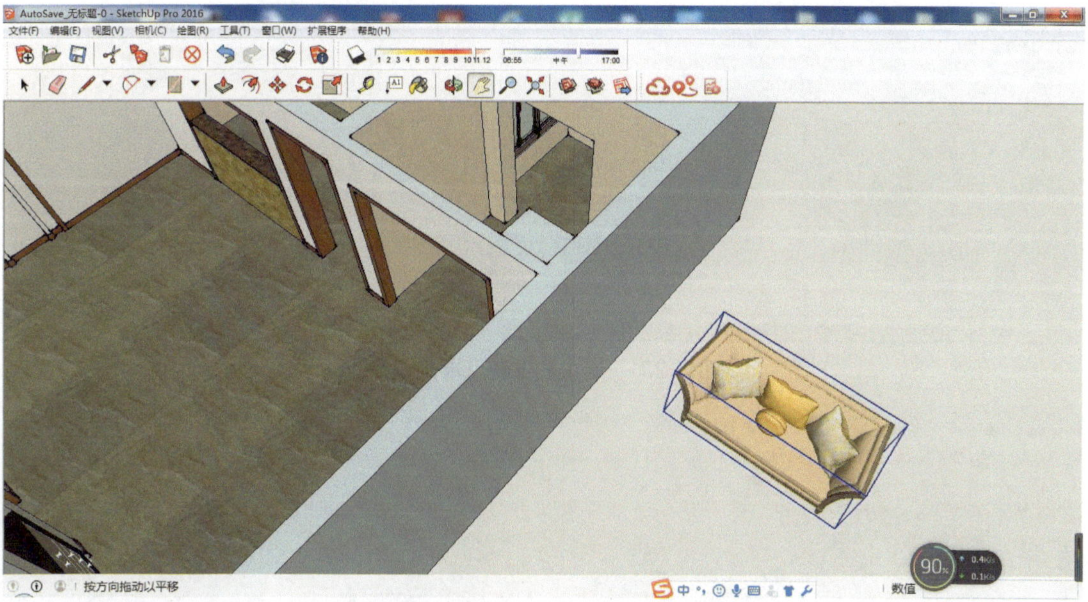

图2-200　初选沙发并下载拖曳至设计界面

第二步，点击使用“移动”命令，将鼠标移至如图2-201所示沙发左下角红框内，当移至沙发脚最边缘的角点时，会出现“端点 在组件中”字样，此时点击鼠标选中端点，并同时移动鼠标，通过结合使用“环绕观察”和“平移”等命令，将沙发移至客厅设计的位置，当移向地面并出现“在平面上”时，点击鼠标完成沙发的初步位移，如图2-202所示。

第三步，点击使用“缩放”命令，调整沙发比例至适合，如图2-203所示。

第四步，用上述同样的方法，结合使用“旋转”命令，完成客厅茶几、圈椅等的下载调用、位移并调整角度和比例至适合，如图2-204所示。

第五步，用上述同样的方法，完成餐厅及其他位置选用家具的下载、位移并调整角度和比例至适合，如图2-205所示。完成后，在旋转角度，以便观察搭配效果，如图2-206所示。

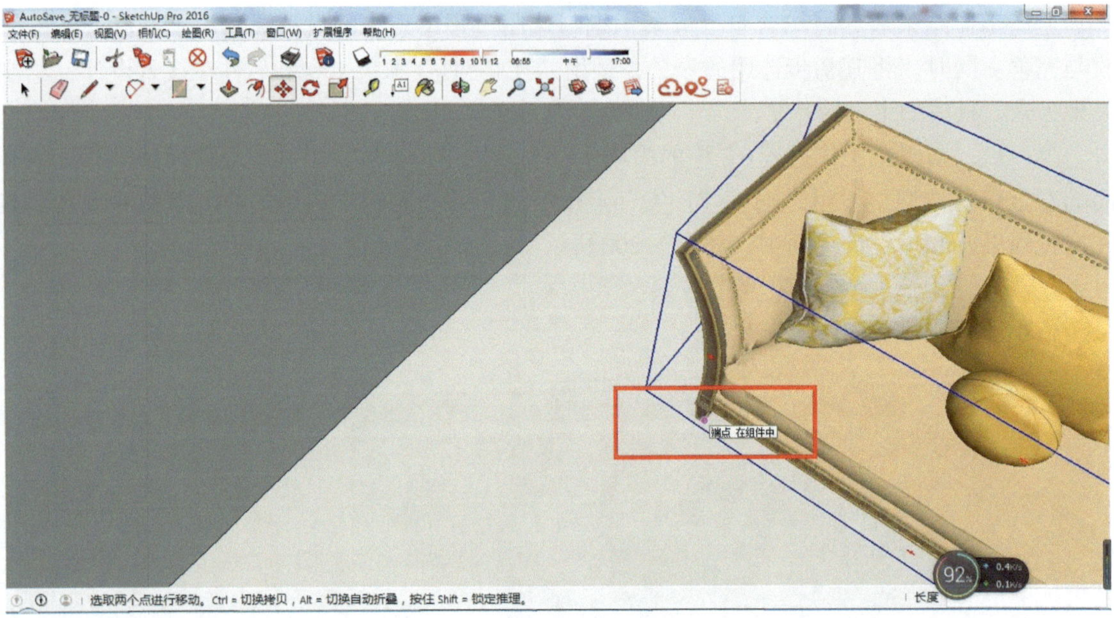

图2-201　选中沙发角点准备位移

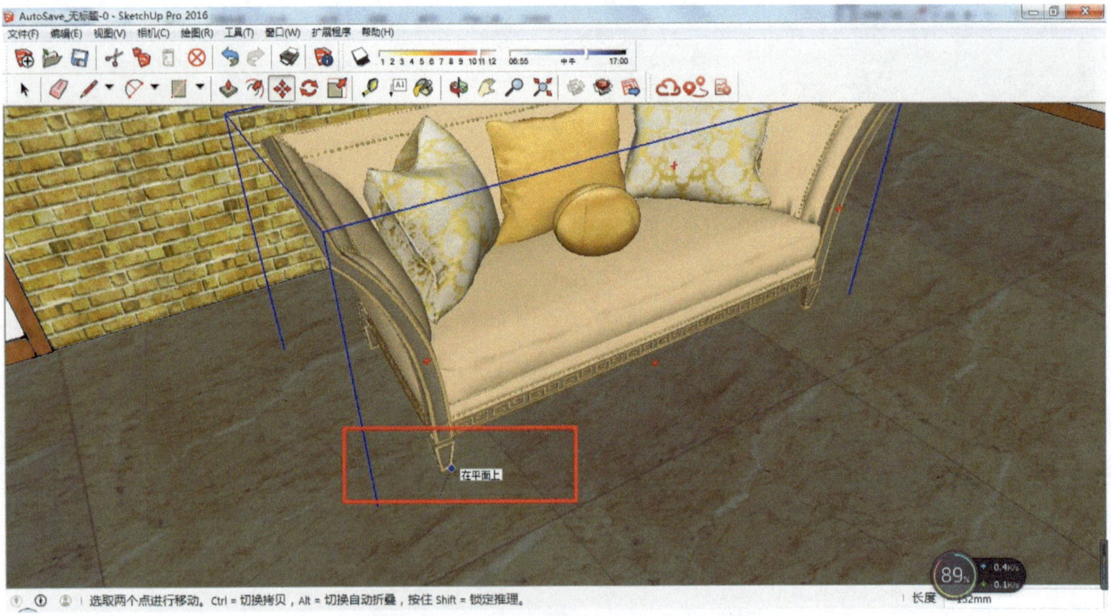

图2-202　初步位移沙发至设计位置

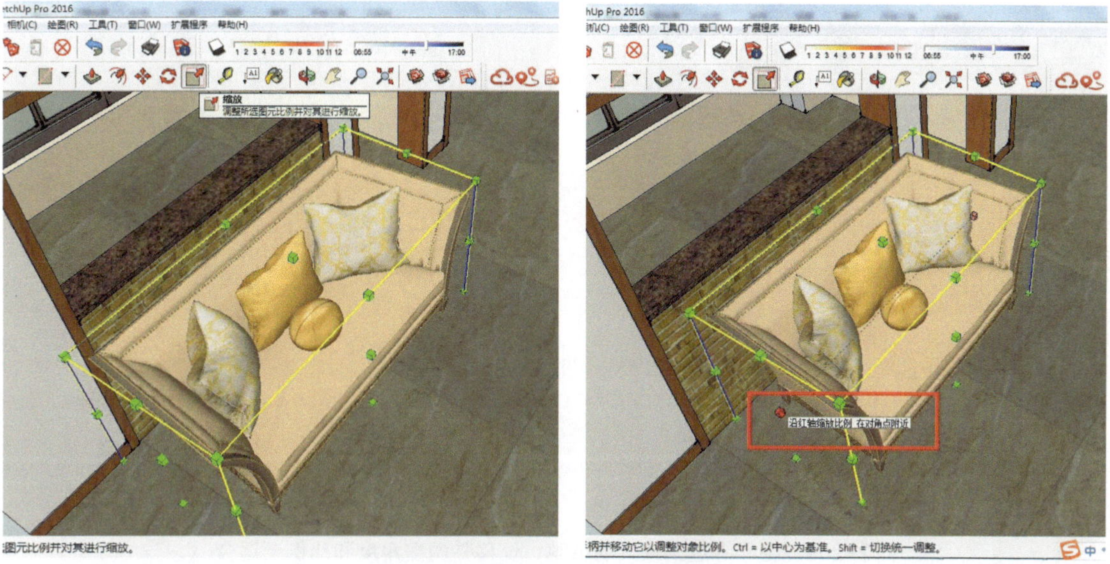

图2-203　调整沙发比例至适合

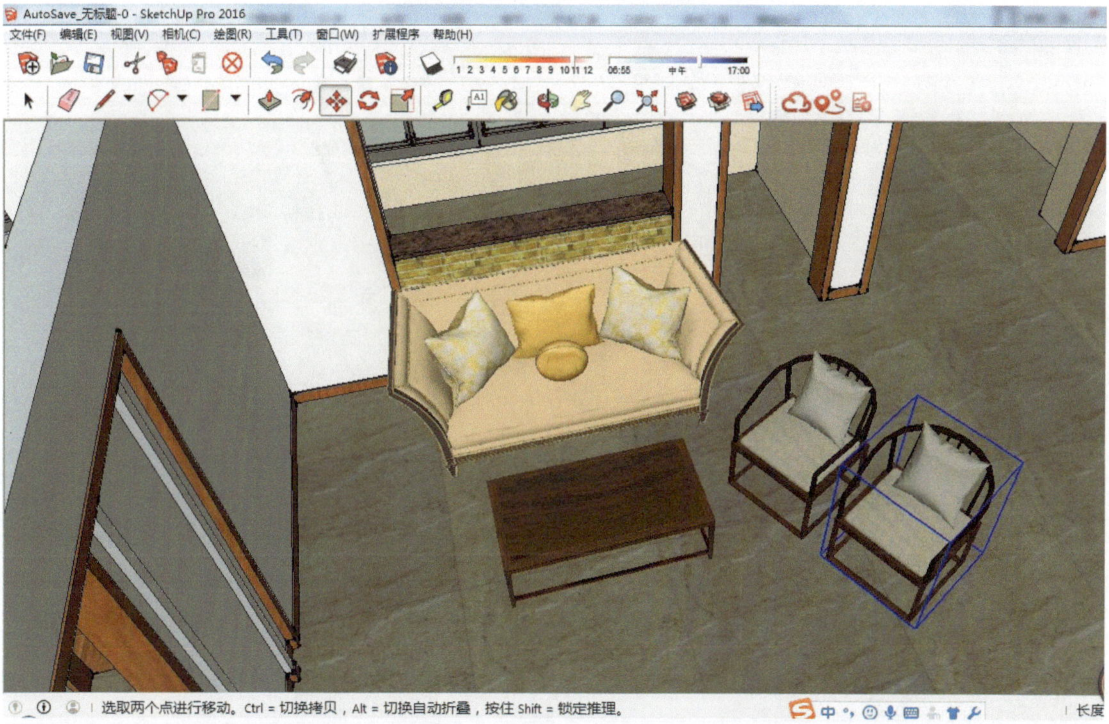

图2-204　茶几、圈椅等的下载调用、位移并调整角度和比例至适合

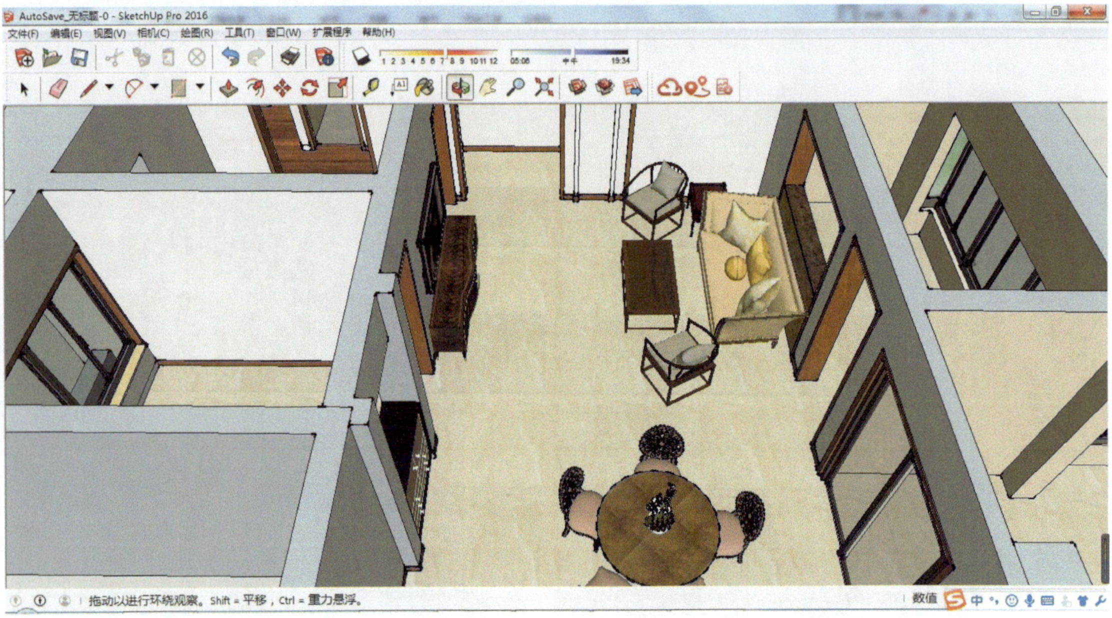

图2-205　餐厅等选用家具的下载、位移并调整角度和比例至适合

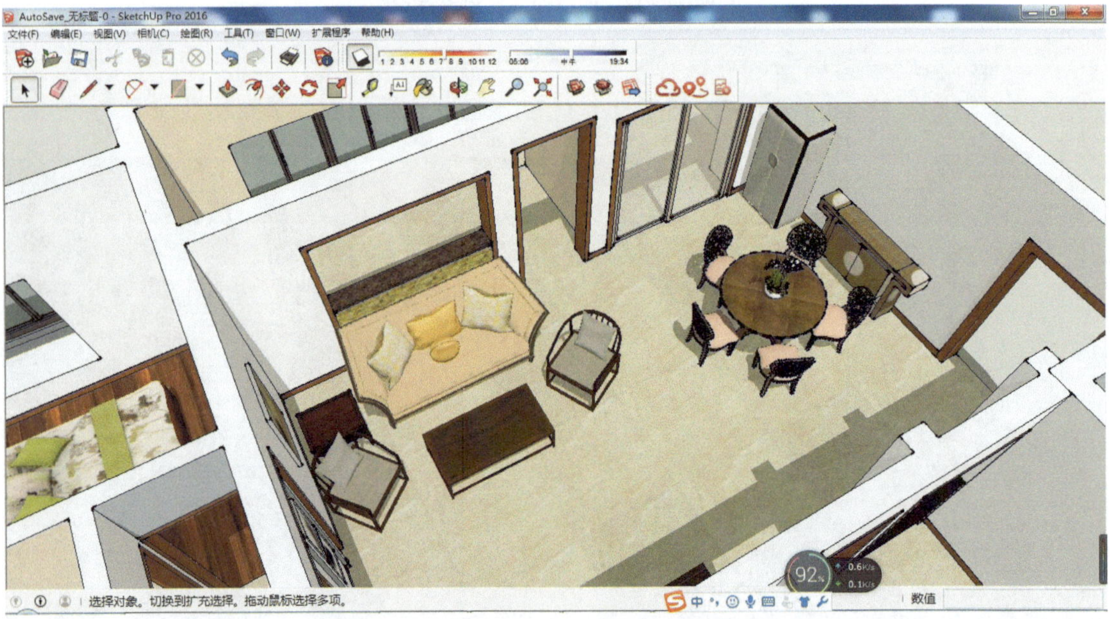

图2-206　变换角度，观察设计搭配的效果

工作过程11　识记与选用灯具、窗帘

上述的空间规划设计与顶地面选材、家具识别与选配、立面造型设计与选材等工作完成后，接下来，应该去专业市场识别与选用灯具、窗帘等。因为灯具、窗帘等也是创造整体风格的六要素中的重要因素。在家居室内设计中，灯具扮演着重要角色，它的“光、色、形、质”使本来没有特色的室内也会引人注目，使本来已华丽的家居室内更加光彩夺目，因此，在室内环境设计时，灯光的设计和灯具的选用就显得由为重要。所以，设计人员必须先识别后选用，并调整之前的方案直至合适。

一、灯具识别

灯具的识别可以在书籍、网络和专业市场上进行，经验表明，专业市场上的识别更直接且会启发设计人员的设计灵感。

目前，专业市面上的灯具的种类繁多，有作整体照明用的吊灯、吸顶灯及格栅灯具等；有作局部照明用的壁灯、落地灯、台灯、射灯、牛眼灯、筒灯、豆胆灯等；还有专门用途的特殊灯具。而且，每天都会有不少新产品问世，主要灯具介绍如下。

（一）吊灯

吊灯适合于客厅。吊灯的品种最多，常用的有欧式烛台吊灯、中式吊灯、水晶吊灯、羊皮纸吊灯、时尚吊灯、锥形罩花灯、尖扁罩花灯、束腰罩花灯、五叉圆球吊灯、玉兰罩花灯、橄榄吊灯等。吊灯的艺术样式更是繁多，一般情况下，要根据家居整体风格和不同空间的使用和设计要求选用灯具：客厅，首选造型美且个性十足、体量大且光照强的吊灯或吸顶灯安装；而同样造型美且个性十足、体量相对小、光照度相对弱些的吊灯会设计安装在书房、餐厅等处。吊灯的安装高度，其最低点应离地面不小于2.2m。

1.欧式烛台吊灯

这种吊灯的设计灵感来自欧洲古时人们的烛台照明方式，那时人们都是在悬挂的铁艺上放置数根蜡烛。如今很多吊灯设计成这种款式，只不过将蜡烛改成了灯泡，但灯泡和灯座还是蜡烛和烛台的样子。欧式烛台吊灯及其装饰效果如图2-207所示。

2.水晶吊灯

水晶灯有几种类型：天然水晶切磨造型吊灯，重铅水晶吹塑吊灯、低铅水晶吹塑吊灯、水晶玻璃中档造型吊灯、水晶玻璃坠子吊灯、水晶玻璃压铸切割造型吊灯、水晶玻璃条形吊灯等。水晶吊灯及其装饰效果如图2-208所示，水晶吊灯家居装饰效果如图2-208等所示。目前市场上的水晶灯大多由仿水晶制成，但仿水晶所使用的材质不同，光影效果也不同。质量优良的水晶灯是由高科技材料制成，而一些以次充好的水晶灯甚至以塑料充当仿水晶的材料，光影效果自然很差。所以，在购买时一定要认真比较、仔细鉴别。

3.枝形吊灯

枝形吊灯是铁艺支架和玻璃灯罩组合的一种欧式灯具，其造型较多。枝形吊灯及其装饰效果如图2-209所示。

图 2-207　欧式烛台吊灯及其装饰效果

图 2-208　水晶吊灯

图 2-209　枝形吊灯及其装饰效果

4. 中式吊灯

外形古典的中式吊灯，款式众多，明亮利落，明亮的光感给人以热情愉悦的气氛，配以中式图案使得空间更显格调、幽雅，有其浓厚的文化内涵。适合装在中式风格的家居门厅区、书房、客餐厅等的地方。但一定要注意灯具的风格应与整体风格相匹配，其规格要与空间大小相匹配。中式吊灯及其装饰效果如图 2-210 所示。

图2-210　中式吊灯及其装饰效果

5. 时尚吊灯

目前，不少人喜欢选择现代简约风格装修家居以彰显个性，而不是把家装修成欧式古典风格或中式古典，所以，目前专业灯具市场上具有现代感、时尚的吊灯款式众多，供挑选的余地也非常大。时尚吊灯及其装饰效果如图 2-211 所示。

图 2-211　时尚吊灯及其装饰效果

（二）吸顶灯

吸顶灯适合于客厅、卧室、厨房、卫生间等处的照明用，常用的有方罩吸顶灯、圆球吸顶灯、尖扁圆吸顶灯、半圆球吸顶灯、半扁球吸顶灯、小长方罩吸顶灯等。其款式简单大方，赋予空间清朗明快的感觉。安装简易，可直接安装在天花板上。吸顶灯及其装饰效果如图 2-31、图 2-32 等所示。

（三）落地灯

目前的市面上，落地灯种类和造型繁多而且移动方便，是局部照明的首选，常用在客厅、书房、卧室的角落用于角落气氛的营造。直接向下投射的落地灯，适合阅读等需要精神集中的活动；间接照明的落地灯，其柔美的暖光则主要是为了烘托整体气氛。一般情况下，落地灯的灯罩下边距离地面1.2m以上，具体距离可根据使用要求而调节。落地灯及其装饰效果如图2-212所示。

（四）壁灯

壁灯适合于卧室、客厅、卫生间等局部照明。常用的有双头玉兰壁灯、双头橄榄壁灯、双头鼓形壁灯、双头花边杯壁灯、玉柱壁灯、镜前壁灯等。壁灯的安装高度，应根据设计要求，一般情况下，其灯泡应离地面不小于1.8m。壁灯及其装饰效果如图2-213所示。

图2-212　落地灯及其装饰效果

图2-213　壁灯及其装饰效果

（五）台灯

台灯按材质分陶灯、木灯、铁艺灯、铜灯等，按功能分护眼台灯、装饰台灯、工作台灯等，按光源分灯泡、插拔灯管、灯珠台灯等。台灯及其装饰效果如图 2-214 所示。

（a）韩式台灯

（b）中式台灯

图 2-214　不同台灯及其装饰效果

（六）射灯

射灯光线柔和，造型个性，光线直接照射在需要强调的家具或装饰物上，能起到审美和重点突出，并能创造出环境独特、层次丰富、缤纷多彩的家居室内艺术效果，还可对整体照明起辅助作用。射灯可安置在吊顶四周或家具上部，也可置于墙面上。射灯及其装饰效果如图2-215所示。

图2-215　射灯及其装饰效果

（七）筒灯与豆胆灯

筒灯与豆胆灯也是局部照明的一种，正常情况下，筒灯都是在人工石膏板等吊顶、家具的顶面开孔后卡固安装。筒灯造型、规格多，应结合空间大小、业主和装饰风格要求等因素选用合适的筒灯。顶棚全选用安装筒灯的家居装饰效果如图2-21所示；与主灯配合使用的效果，如图2-18、图2-19等所示。

豆胆灯，目前市场上有分嵌入式和悬吊式两种，嵌入式豆胆灯安装方法与筒灯安装方法相同，有单头、双头、三头等豆胆灯，嵌入式豆胆灯效果如图2-216所示，嵌入式豆胆灯装饰效果如图2-216所示。

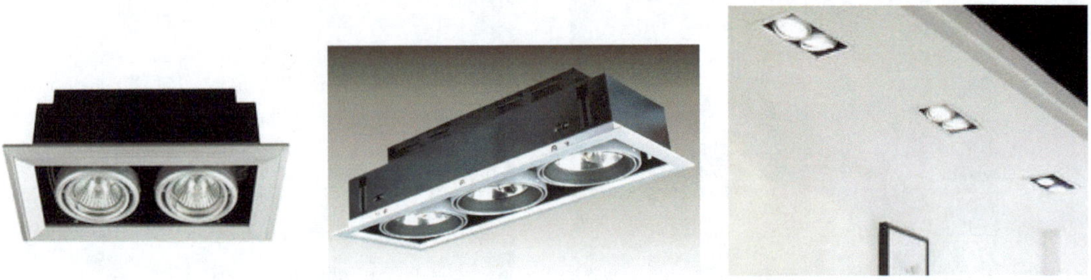

图 2-216　双头与三头豆胆灯及安装后效果

（八）镜前灯

造型、种类繁多，多是安装在卫生间镜子上面，用于照清美化自己的灯具。目前，市场上多选用新型亚克力板材镜前灯的灯罩，透光率高，光线更明亮。不同造型的镜前灯的装饰效果如图2-217所示。

图 2-217　不同造型镜前灯的装饰效果

二、灯具的选择

（一）根据装饰环境的使用功能来选择

不同环境、不同场所，对灯光的要求各有不同。例如，客厅、书房、卧室、卫生间、厨房间等场所，要求灯光的照度必须满足使用要求。厨房灯具宜采用带有罩体的吸顶灯，目前市面上多采用300mm×300mm集成吸顶灯具，这是一种带有玻璃罩或亚克力罩的嵌入式灯具，如图2-79所示。洗手间灯具和厨房差不多，带罩体的吸顶灯是最佳的选择，都要求防雾和易清洁。洗手间的灯具宜明亮。镜前灯宜采用优质三基色灯管作为其光源，被照物的色彩更接近自然光下的真实效果。另外，选用白炽光也可以，以免其他雪白的灯光下，人照镜子而显得苍白。

（二）根据装饰装修的艺术风格来选择

装饰的艺术风格不同，选用的灯具与光源也各不相同，如欧式、中式等不同艺术风格，灯具与光源就要根据其特殊风格来选择：欧式水晶花灯、欧式吊灯、壁灯等，其光源易选用如白炽泡、蜡烛泡等点式暖光源，而不易选用荧光灯等冷色光源；一些现代风格的家居装饰，所选用的材料均为新型材料，如复合塑铝板、白钢板、石膏板饰面刮大白等，其材料选择及装修风格均体现出了现代快节奏，空间明亮、清快，所以，灯光选择易选用荧光灯、节能型荧光泡等冷色光源。

（三）根据灯具造型及安装方式来选择

灯具作为空间艺术组成的一个重要组成部分，它有多种多样的造型和各种安装形式。

在整体装饰风格及使用要求的掌控下，可以利用各种艺术壁灯来渲染装饰墙面或柱面；可以选用造型各异的水晶花灯，来渲染宽敞的大厅，使大厅更加豪华明亮。

在天花上安装的有水晶花灯、吊灯、筒灯、吸顶灯、射灯、格栅灯等；在墙壁上安装的有各种艺术壁灯、镜前灯、床头灯等；在地面上安装的地灯、标志灯等。这些灯的造型千姿百态，光源多种多样，所以，要根据其安装方式，在整体风格掌控下选择出适合的灯具。另外，还可根据光源的折射、透射、反射原理进行巧妙地艺术处理：利用发光槽、发光板、发光石、影壁等，使暗藏的灯光通过折射、反射而打出间接的均匀且柔和灯的灯光；用各种颜色的灯光纸通过透射而改变灯光色彩，营造出灯光变幻的感觉。

三、窗帘识别

室内装修中，窗帘分别起着保护私隐、利用光线、装饰墙面丰满装饰风格、吸音隔噪的作用。窗帘是用布料制作的，不同布料制作出的窗帘功效和装饰效果各有不同。

（一）从布料上识别

用作窗帘的布料有很多种，轻、薄透明或半透明的布料制作出的窗帘主要用于装饰并适宜白天的家居遮档强烈光线用，它们透气好而且可以减少光线对午休睡眠时的干扰，如棉、聚酯棉混纺精细网织品、蕾丝和巴里纱等；中等厚度的布料制作出的窗帘既有美化环境的作用又有遮挡强光和晚上保护隐私的作用，如尼龙及其混纺布、仿古缎子等；化纤遮阳布料制作的窗帘可以遮挡强光及紫外线等。

（二）从设计风格上识别

窗帘的设计款式有很多种，这些款式又与室内设计风格有着千丝万缕的关系。所以，窗帘的选择，设计风格是第一要求。也就是说，窗帘的一切因素，首先是要与室内的风格相配套。不同风格窗帘如图 2–218 所示。

(三)从功能识别窗帘

1.保护私隐

对于一个家庭来说，谁都不喜欢自己的一举一动在别人的视野之内。从这点来说，不同的室内区域，对于私隐的关注程度又有不同的标准。对于家庭成员公共活动区域的客厅，私隐的要求相对于卧室、洗手间等区域较低些，大部分的家庭客厅都是把窗帘拉开，大部分情况下处于装饰状态，所以，多选装饰性强的窗帘，其布料的厚薄因家庭习惯而定，选用薄质窗帘的家居效果如图2-218等所示。而卧室、洗手间等区域，不但要求看不到室内，而且还要求连室内人活动的影子都看不到。所以，要选用较厚质的布料，如果选薄质的窗帘，也应外加一层薄纱窗帘。另类窗帘的家居效果如图2-72所示。

(a)　　(b)

(c)

图2-218　不同风格窗帘的装饰效果

(a)欧式窗帘；(b)中式竹窗帘；(c)时尚窗帘

2.利用光线

其实保护私隐，就是尽量阻拦了光线。这里所说的利用光线，是指在保护私隐的情况下，有效地利用透过的光线。例如一层的居室，大家都不喜欢人家走来走去都看到室内的一举一动。但长期拉着厚厚的窗帘又影响自然采光。所以类似于纱帘一类的轻薄帘布就应运而生了。

3.装饰墙面

很多简单装修的家居，除了墙上几幅工艺画外，窗帘是墙面的最大装饰物。所以，窗帘选择的漂亮与否，往往显得十分重要。同样，精装修的家居中，选用适合的窗帘将使得家居空间更漂亮且更有个性。

4.吸音降噪

厚度适当的窗帘，可以改善室内音响的混响效果。因为，声音的高音是直线传播的，窗户玻璃对于高音的反射率很高，而窗帘则可以部分吸收反射过来的声音。另外，厚窗帘也有利于吸收部分来自外面的噪声而改善室内声环境。

四、窗帘选用

（一）依据功能需求选用

不同空间有不同的功能需求，需要对窗帘的厚薄作出选择，是采用一种较薄的布料，还是采用较厚的布料，同时里面做一层薄纱帘，这需要根据具体情况而定。一般而言，在充满油烟、用火的厨房，选用具有防火效果且可用洗衣机清洗的窗帘，或者铝制百叶窗；在客厅内，可选购与沙发及家具颜色搭配、并带给家人舒适感受的颜色和设计的窗帘；在卧室内，可选购不透光或遮光性强的窗帘，女性等重视隐私的顾客可以选用具镜面效果的蕾丝窗帘，窗帘若与寝具等床饰巧妙搭配，可营造出室内空间的整体感。

（二）依据设计风格等选择

（1）一般而言，现代设计的家居风格可选择素色窗帘或浅纹的窗帘，若选择条纹的窗帘，其走向不能影响室内风格及其空间高度或宽度；田园风格可选择中等明度、中等纯度的素色或小花纹的窗帘；欧式的设计则可以选用素色或者大花纹的窗帘；中式或日式家居风格多选竹窗帘。

（2）窗帘的主色调应与室内主色调相适应。可选同类色，也可选择补色或者类近色等，但要避免选用极端的冷暖对比色窗帘。

（3）注意一些设计风格不允许有薄纱帘的存在的情况。

所以，作为室内设计人员也应高度重视窗帘的选择。

更多灯具、窗帘图片及装饰效果详见如下专业网站：美国室内设计中文网 www.idchina.net、中国室内设计网 www.ciid.com.cn、中国装饰设计网 www.mt-news.com 等。同时，建议设计人员定期去专业市场进行现场识别与选用，才能保持与装饰市场的同步。

工作过程12 运用“互联网+”家装平台和软件在线云设计，绘制表现选定的窗帘

上述识别与选用窗帘灯具等工作结束后，应将其初步选用的，运用“互联网+”家装平台和软件在线云设计，绘制表现出来，具体如下。

用“工作过程10”中的操作方法，完成各空间选用窗帘、灯具及绿植的在线下载、调整角度并位移至设计位置，如图2-219（a）所示。变换角度，观察设计搭配效果，以便发现问题及时修改，如图2-219（b）所示。

（a）

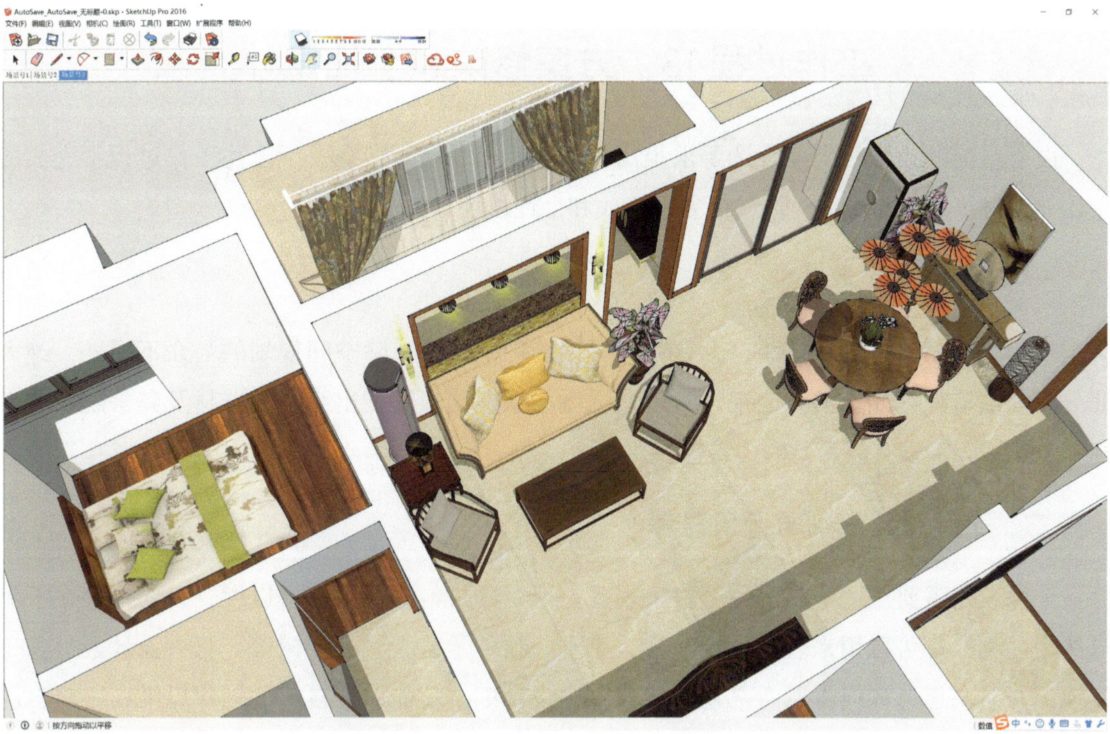

(b)

图2-219　选用的窗帘、灯具及绿植的下载、调整角度并位移至设计位置

工作过程13　方案修改和个性设计

由于目前的业主对个性设计要求很高，所以，必须重新审视一下上述工作过程中完成的设计与选材等，在此基础上再进行方案修改和个性设计。

一、个性装饰设计

是相对于简单装饰设计而言，在整体风格统一基础上，除空间规划的与众不同外，绝大部分是在细节处（如玄关、电视背景等）强调与众不同，即别出心裁的选材及其常规或非常规（意想不到、富有创意）的构造连接。

二、个性材料识别与运用思考

个性设计需要用适合的个性选材来表现，而个性材料有很多，可以说，只要是存在于大自然中的物品都可以用来表现个性设计，小到一粒种子，大到一棵树等，只有设计人员善于发现，并时刻思考如何将所看之物运用在室内设计中，就能启发自己的创作思维，培养自己个性设计、选材及其构造的综合运用能力。例如，如何将废弃的鼠标用于室内设计，如何将风扇叶片用于室内设计，如何将常见的鸡毛掸子等日常用具用于室内设计，如何将鱼线用于室内设计……

三、个性装饰设计、选材、构造的关系

三者紧密相连、相互影响、缺一不可。

（一）个性设计可以通过个性选材的常规或非常规构造来实现

其中，个性选材包括：树枝、鱼线、灯泡、鹅卵石、瓦片、青竹、钢丝绳等，其构造包括：挂、系、钉、粘、托等。三者关系的运用包括以下两个方面。

1.个性选材及其非常规构造来实现个性设计

（1）瓦片、细树枝及其非常规构造。灰瓦片砌成的电视背景墙、干枯细树枝编成树干用石膏腻子粘连在砖墙上，如图2-220所示。

（2）彩色玻璃球及其非常规构造。嵌进白水泥石膏腻子中，如图2-221所示。

（3）水族画及其非常规构造。水族画安装在过道立柱间形成的隔断，如图2-222所示。

（4）鹅卵石及其非常规构造。在一个空间的交界处，改变用花岗岩过门的做法，用鹅卵石作为连接物镶嵌在地砖与地板的收口处，如图2-223所示。

（5）钢丝绳、防盗扣及其非常规构造。钢丝绳与防盗扣做成进门隔断，如图2-224所示。

（6）枯树干及其非常规构造。枯树干做成门套，如图2-225所示。

（7）防盗扣部件及其非常规构造。用防盗扣的一个组件吊装用细木工板制作成的小房子过道吊顶，如图2-226所示。

图 2-220　瓦片、细树枝及其非常规构造实景效果

图 2-221　彩色玻璃球及其非常规构造实景效果

图 2-222　水族画及其非常规构造实景效果

图 2-223　鹅卵石及其非常规构造实景效果

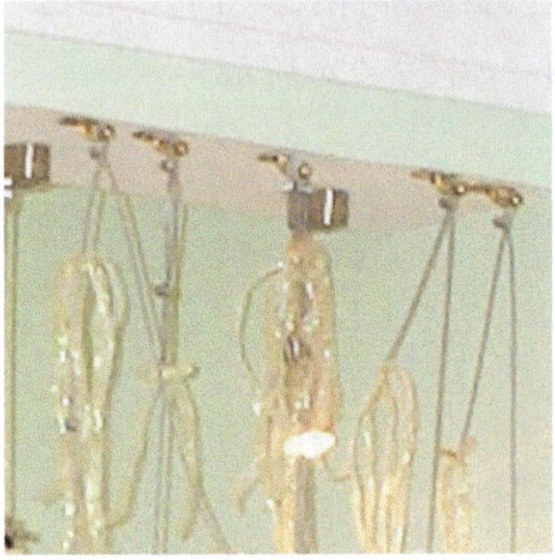

(a)

(b)

(c)

图 2-224　钢丝绳、防盗扣及其非常规构造实景效果

(a) 防盗扣一个组件与梁和钢丝绳的连接；(b) 隔断全景；(c) 防盗扣另一组件与地面和钢丝绳的连接

图 2-225　枯树干及其非常规构造实景效果

图 2-226　防盗扣部件及其非常规构造实景效果

2.通过个性选材及其常规构造来实现个性设计

（1）卵石及其常规构造。卵石嵌在墙上做装饰墙，如图2-227所示。

（2）文化砖及其常规构造。文化砖直接粘贴成吧台，如图2-228所示。

（3）绿毛线及其常规构造。绿毛线制作成葫芦藤蔓并系挂它制作成隔断，如图2-225、图2-226所示。

（4）鱼线、广告钉及其常规构造。透明鱼线系挂装饰物、广告钉固定KT板做沙发背景的局部，如图2-229所示。

（5）桑枝及其常规构造。桑枝装放在钢化玻璃箱内制作成隔断，如图2-230所示。

（6）藤条及其常规构造。藤条编制成斗篷状做个性灯罩，如图2-198中的左图所示。

图 2-227　卵石及其常规构造实景效果

(a)

(b)

图 2-228　文化砖及其常规构造实景效果

(a) 天然文化砖；(b) 人造文化砖

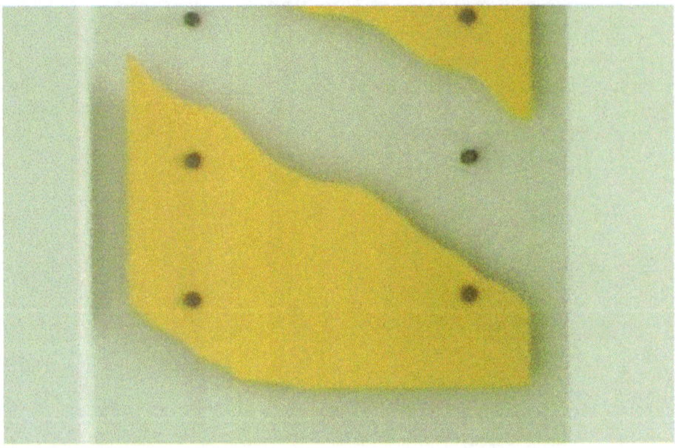

图 2-229　鱼线、广告钉及其常规构造实景效果

图 2-230　桑枝及其常规构造实景效果（高文安作品）

（二）常规选材及其非常规构造来实现个性设计

1. 木门套线及其非常规构造

木门套线制作成方框和刷红漆的枯树枝组合成玄关，如图2-231所示。

图2-231　木门套线及其非常规构造实景效果（局部）

2. 石膏板及其非常规构造

石膏板现场阴刻制作成电视背景，如图2-232所示；

石膏板制作成护角，如图2-222所示；石膏板制作成浮雕

三棵树做沙发背景墙，如图2-233所示；石膏板制作成蝴蝶

浮雕作为局部顶棚，如图2-234所示。

更多的个性材料及其常规或非常规构造用于表现个性设计，需要设计人员努力去发现和创造。

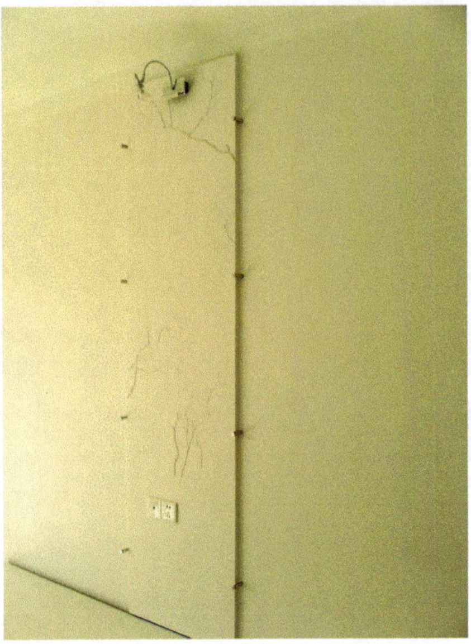

(a)

(b)

图2-232　石膏板现场阴刻制作成电视背景实景效果

(a) 现场阴刻树枝纹样；(b) 现场阴刻蝴蝶纹样

图2-233　石膏板现场制作成浮雕实景效果

图2-234　石膏板现场制作成蝴蝶纹局部吊顶效果

工作过程14 运用“互联网+”家装平台和软件在线云设计，绘制表现修改后的方案并创建全景动画效果图

方案修改、个性设计构思后，需要将其表现出来，首先，将前续工作完成的SketchUp设计稿创建出360°动画，然后播放动画，多角度全景观察并及时发现设计及软装搭配的不协调，以便修改出美感视觉效果。具体操作如下。

第一步，打开已绘制的SketchUp文件。

第二步，使用“环绕观察”和“平移”等命令及鼠标的中间滚轴，将图形界面调整到如图2-235所示的进户门位置及平视的角度（模仿人进入室内并移步观察室内的路线创建场景），不能出现俯视、仰视等角度。接下来，点击“视图”命令，弹出下拉菜单并找到“动画”命令，然后点击“添加场景”命令，如图2-235所示。紧接着，弹出如图2-236所示的对话框并点击“创建场景”，即完成场景1的创建，如图2-237所示。

图2-235 调整至适合的位置及角度

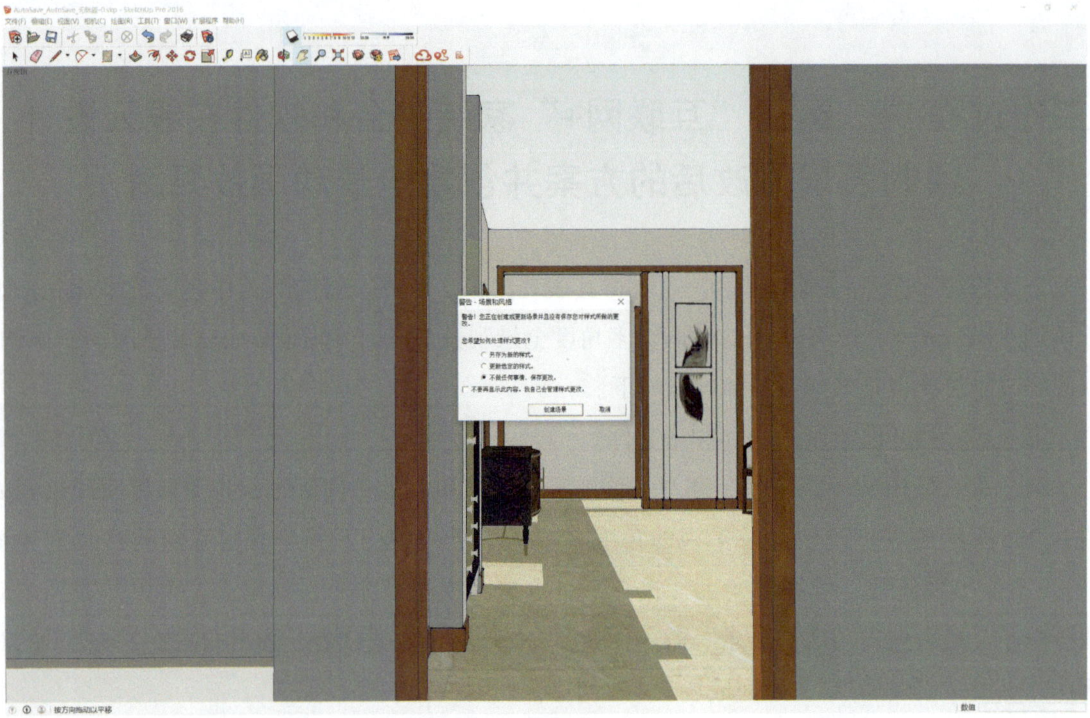

图2-236　按步骤创建场景

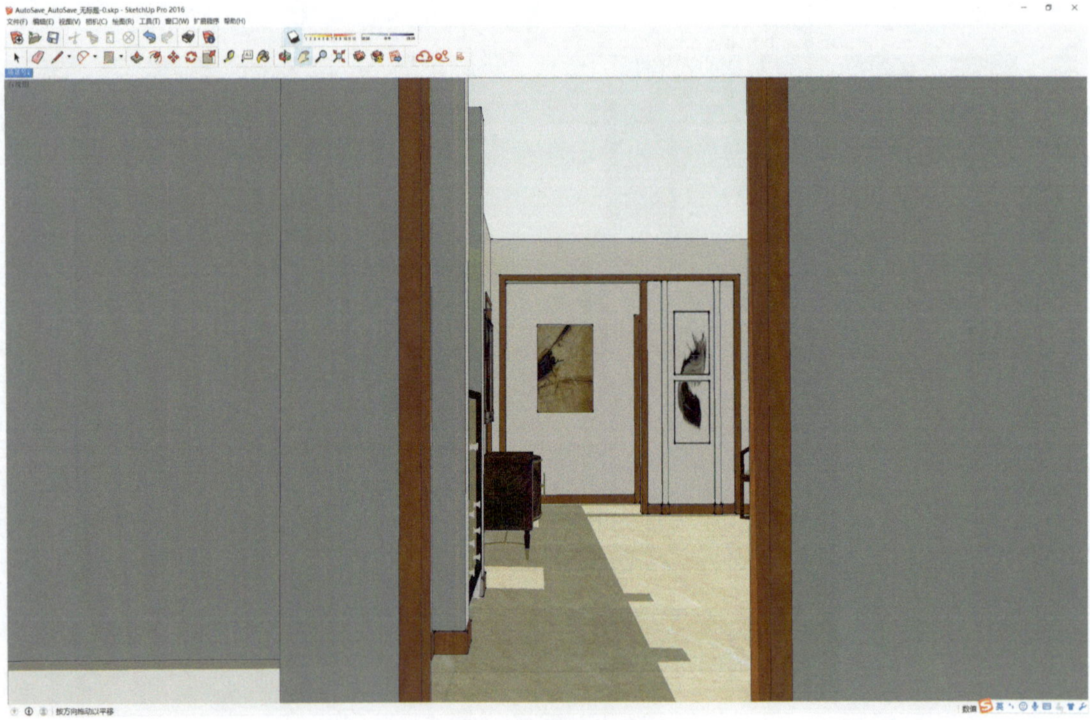

图2-237　创建完成的场景1

第三步，用同样的方法，重复第二步中所述步骤，完成如图2-238所示场景2。

第四步，用同样的方法，重复第二步中所述步骤，完成如图2-239所示场景3。

第五步，用同样的方法，重复第二步中所述步骤，完成如图2-240所示场景4。

图2-238　创建完成的场景2

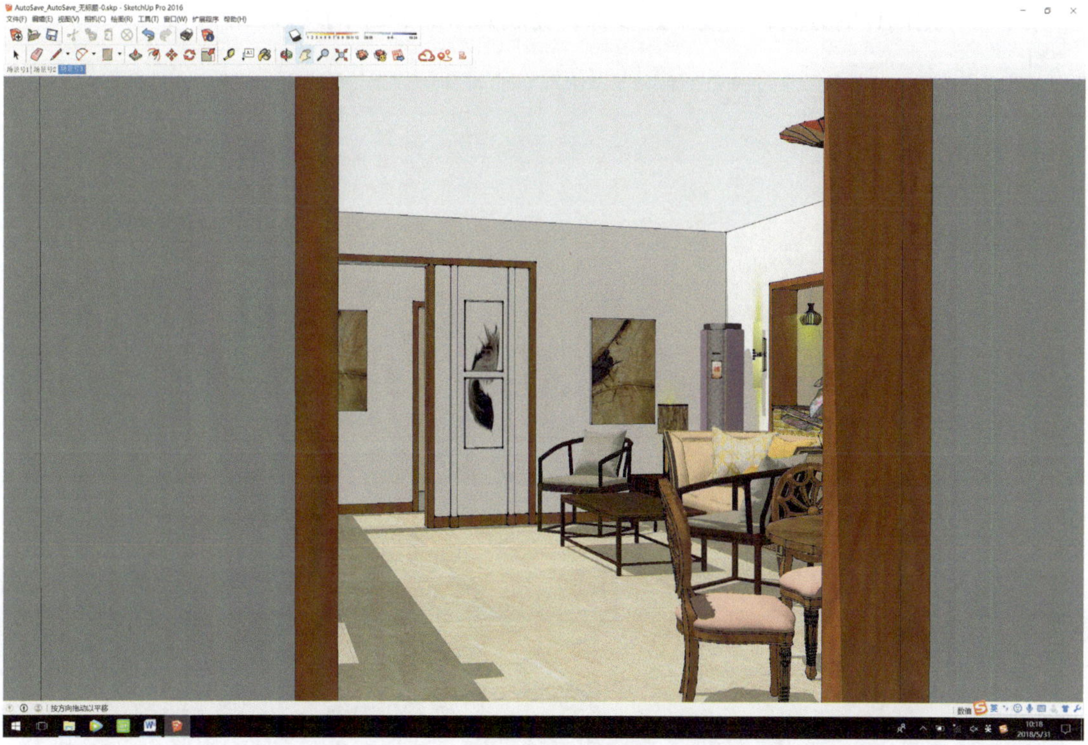

图2-239　创建完成的场景3

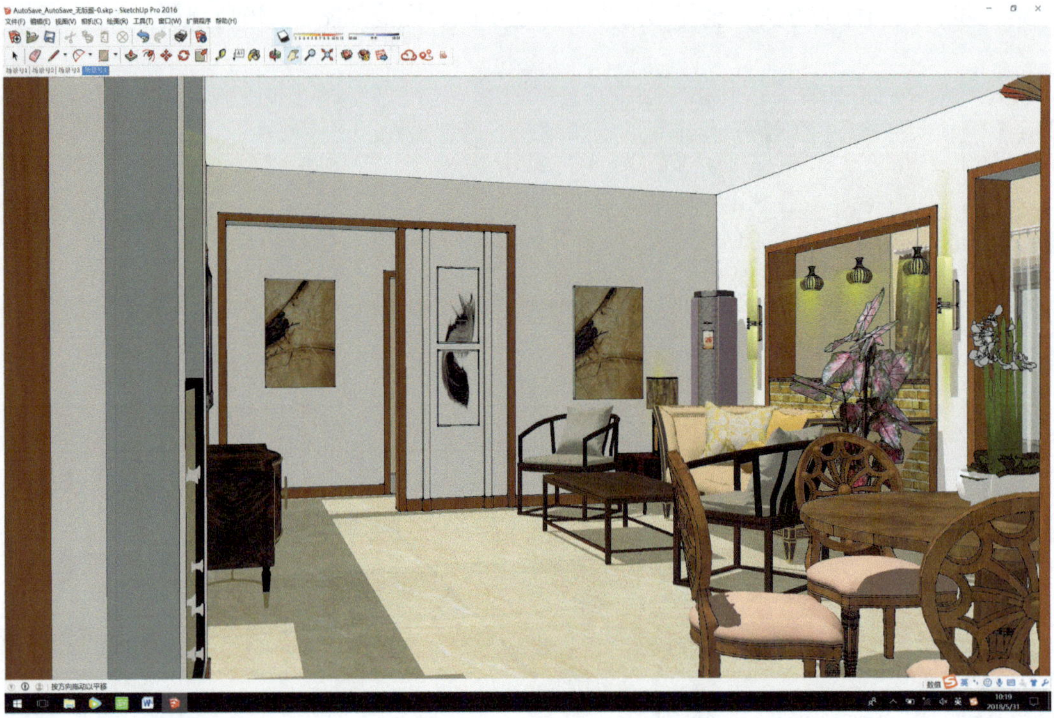

图2-240　创建完成的场景4

第六步，用同样的方法，重复上述步骤，完成如图2-241所示场景5。

第七步，用同样的方法，重复上述步骤，完成如图2-242所示场景6。

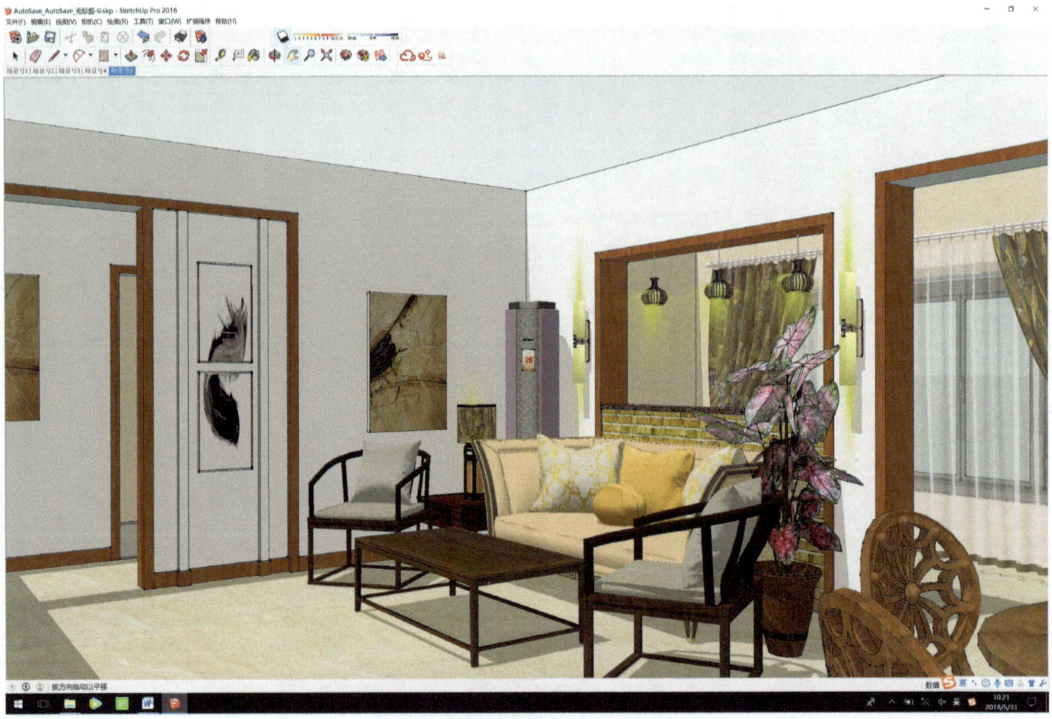

图2-241　创建完成的场景5

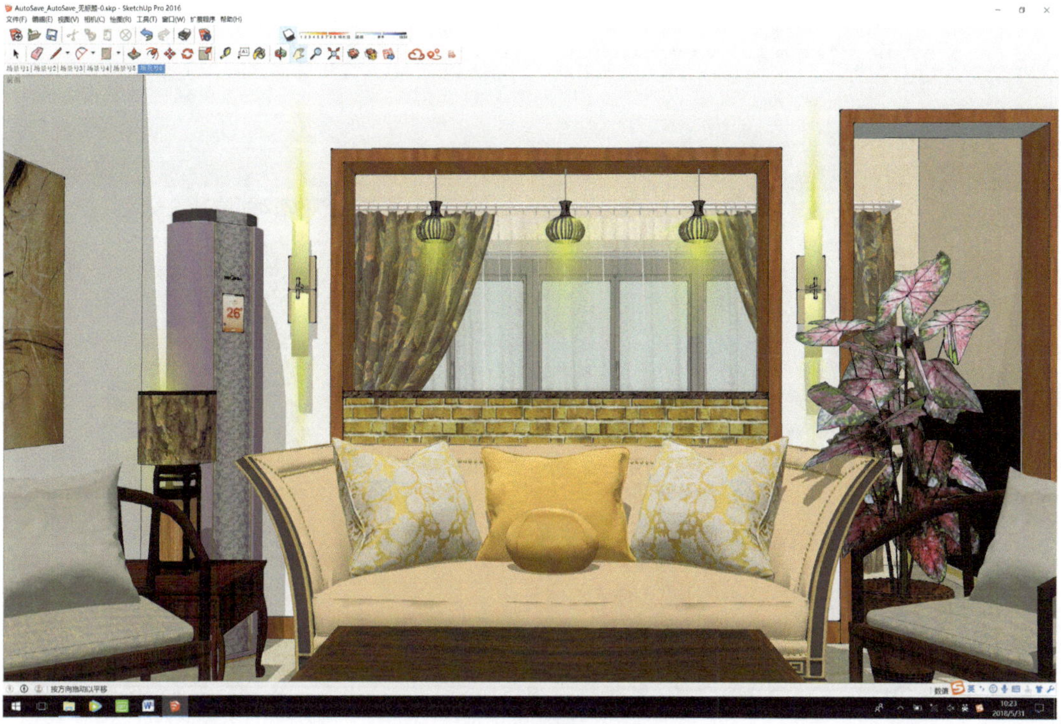

图2-242　创建完成的场景6

第八步，用同样的方法，重复上述步骤，完成如图2-243所示场景7。

第九步，用同样的方法，重复上述步骤，完成如图2-244所示场景8。

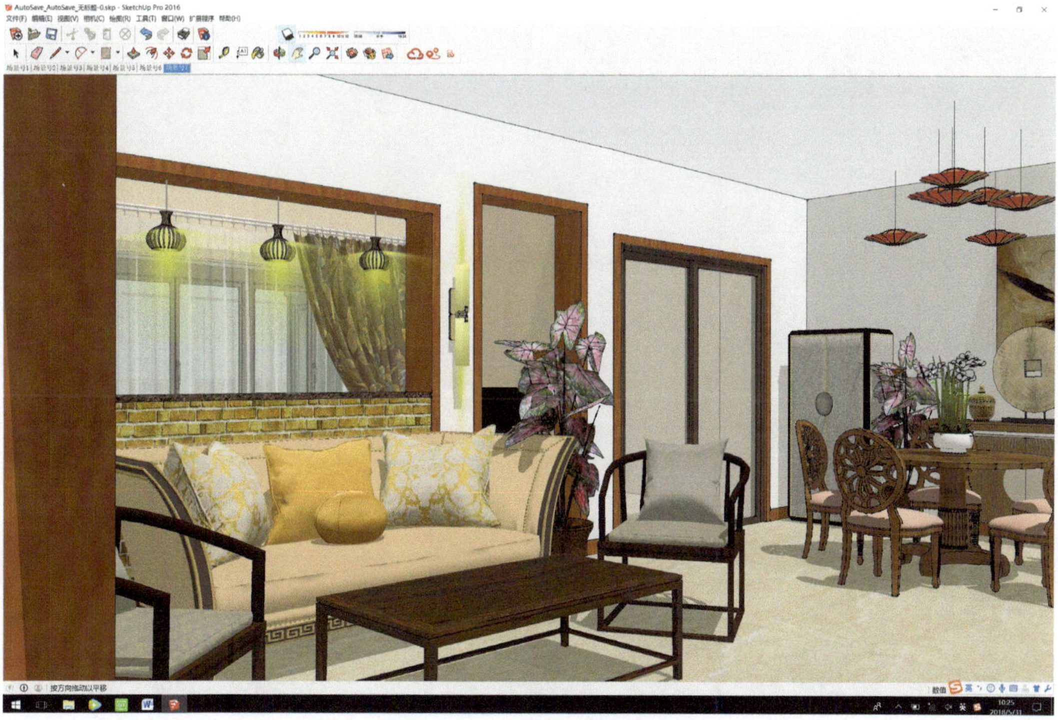

图2-243　创建完成的场景7

图2-244　创建完成的场景8

第十步，用同样的方法，重复上述步骤，直至完成不同角度的创建，如图2-245所示场景11，图2-246所示场景13，图2-247所示场景15，图2-248所示场景17……直至创建出自己认为足够数量的场景。

图2-245　创建完成的场景11

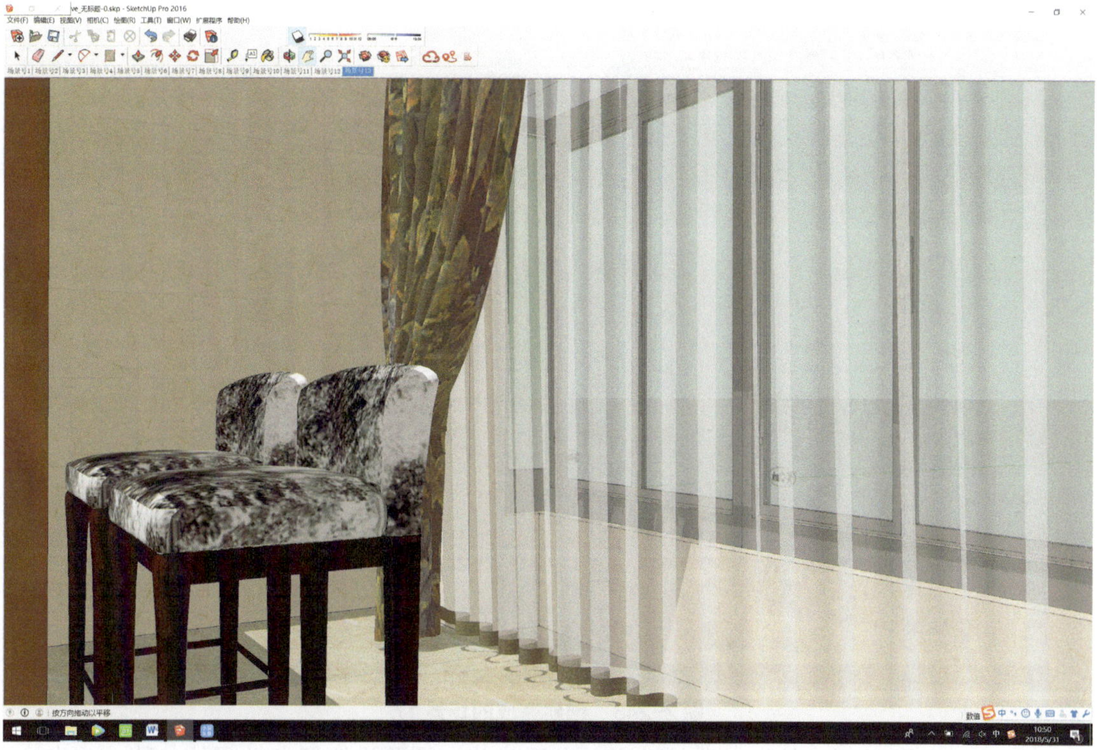

图2-246　创建完成的场景13

图2-247　创建完成的场景15

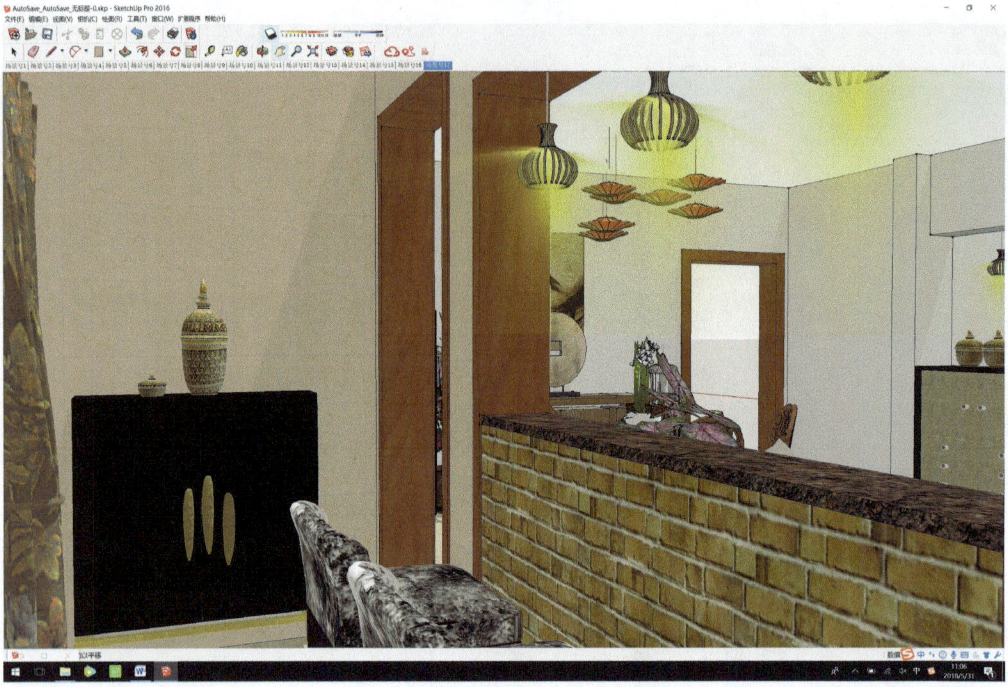

图2-248　创建完成的场景17

接下来，需要对创建的场景播放动画，在播放前，需要设置场景动画的参数，首先，点击“视图”命令，在其下拉菜单中点击“动画”，并点击“设置”，如图2-249所示。在弹出的对话框中，可以将“场景转换”设置为2秒，“场景暂停”设置为4秒（也可以设置为2秒），如图2-250所示。

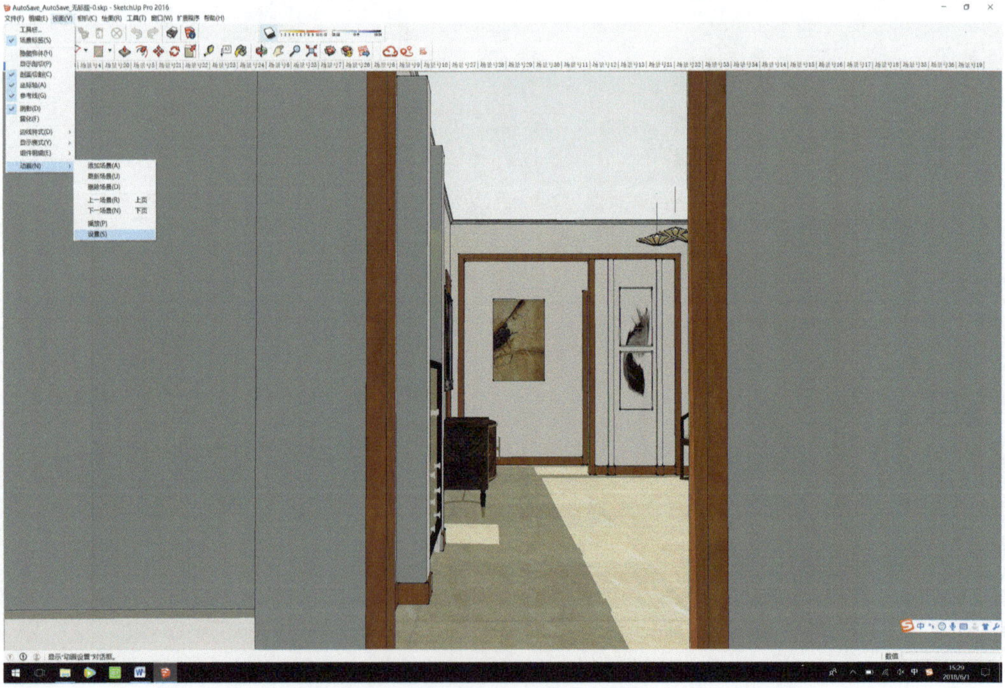

图2-249　场景动画播放前的设置第一步

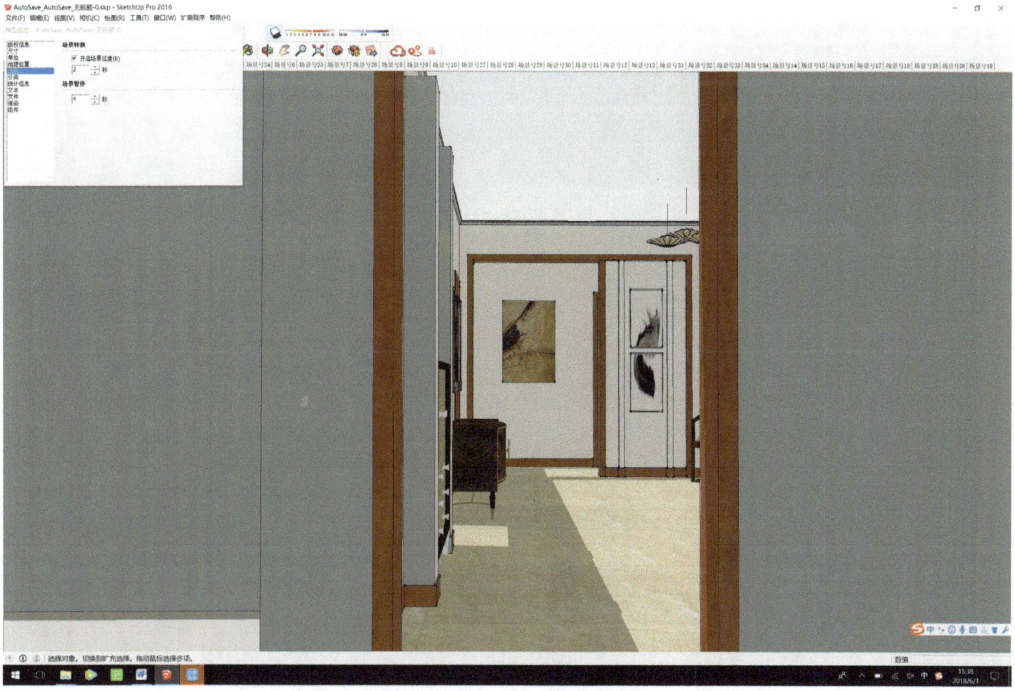

图2-250　场景动画播放前的完整设置

接下来，点击“视图”命令，在其弹出的下拉菜单中点击“播放”命令，如图2-251所示。紧接着，就可以看到从角度1开始的一个接着一个角度的动画展示，就如同人走进室内移步换景的全方位观察，在观察动画时，设计人员一旦发现有需要修改的地方，可以点击界面左上角“动画—暂停或停止”，如图2-252所示。

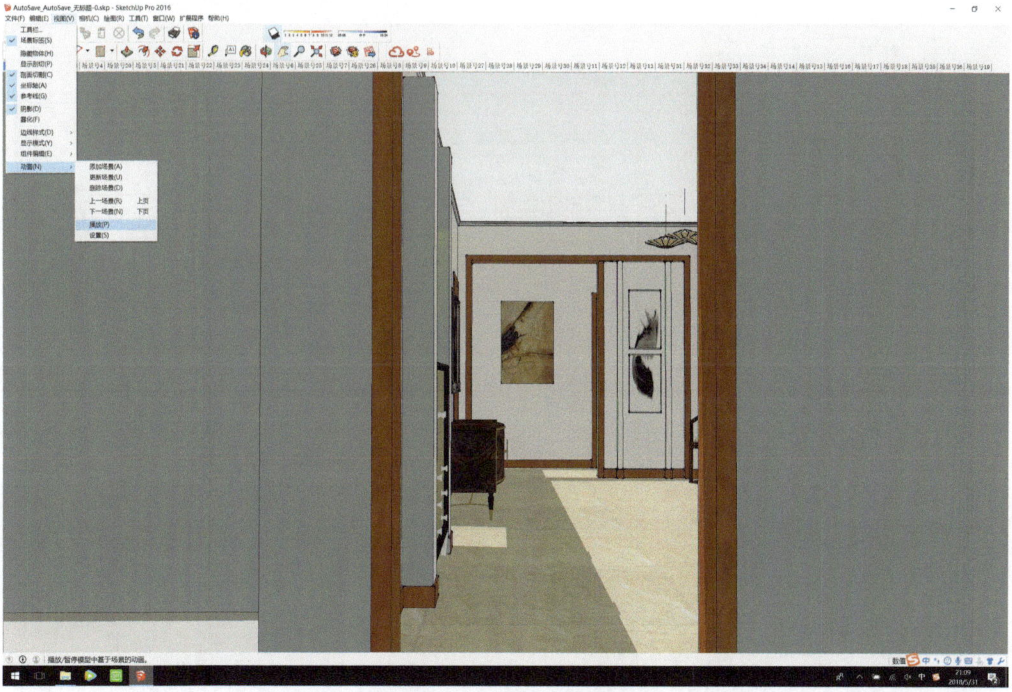

图2-251　场景动画的播放

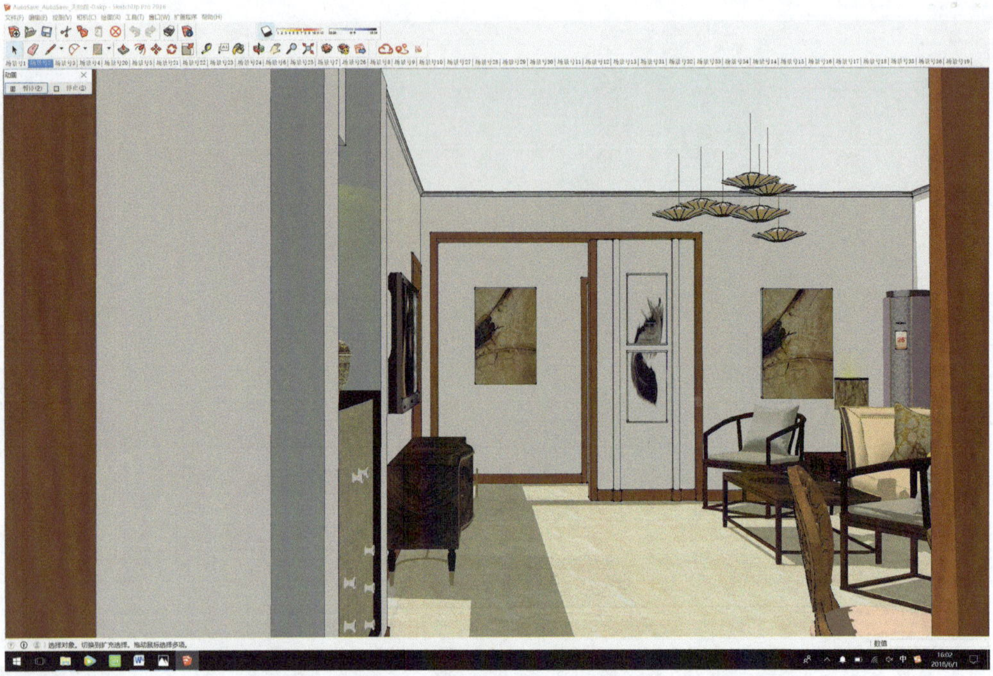

图2-252　场景动画播放时，暂停或停止命令的位置

设计人员在观察动画时，如果发现场景的位置需要更换，可以将鼠标移至场景编号处并点击鼠标右键，弹出对话框，设计人员可以根据设计进行操作，例如，当点击“右移”命令，选中的场景即刻完成右移，如图2-253所示。

当设计人员认为已经调整到自己认为适合时，就可以第一次预约业主，给业主展示并交流设计方案。

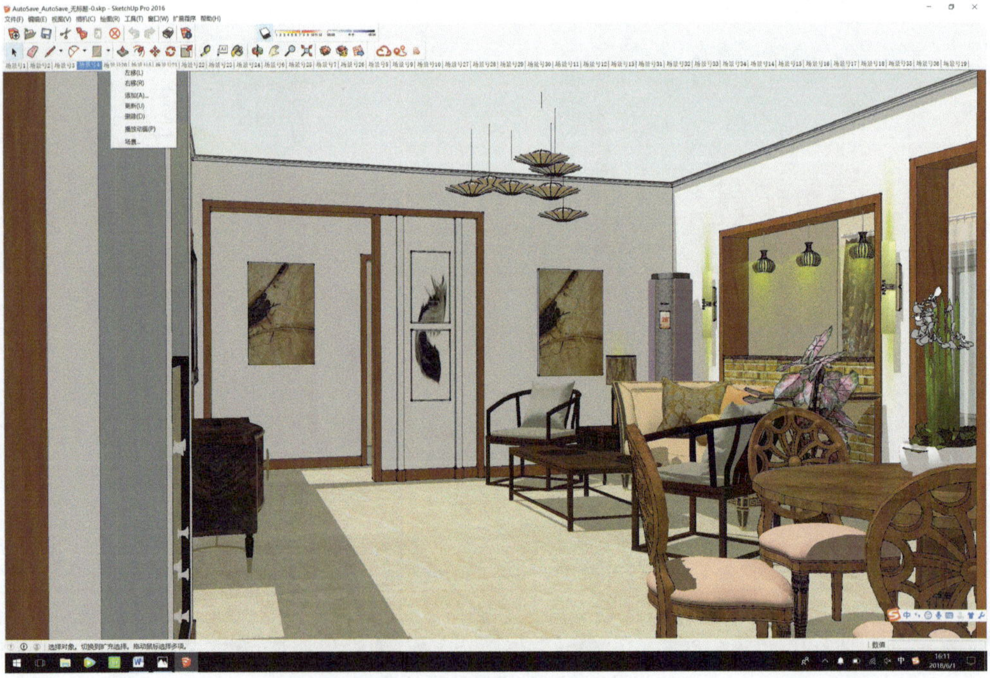

图2-253　场景位移或创建等操作

工作过程15　第一次约见业主和展示并交流设计方案

第一次约见业主时，首先，设计人员应告知业主：先看SketchUp在线设计的360°全景动画效果图展示，等动画展示结束后，再结合CAD软件绘制出的平面方案图逐一解释设计理念、风格定位及其选材和家具方案等。

经验表明，业主观看场景动画后，或多或少都会有需要修改的地方。例如，业主要求将客厅的沙发背景砖墙、空调外壳改颜色等。此时，设计人员应根据业主的需求在线及时修改，几分钟就能修改好（比以前使用3DSMAX操作简单、快捷、直观、客户参与度高），修改前后的效果如图2-254（a）、（b）所示。

（a）

(b)

图2-254 业主参与、设计师现场修改颜色等

如果业主还有其他要求，都可以现场进行修改，直至业主满意为止。至此，完成了方案的设计阶段。如果业主对方案设计较为满意，将会进入下一个设计阶段，即施工图设计阶段。如果业主不满意方案设计，该项目至此也就终止了。

一旦业主表示愿意委托设计，此时，设计人员应该主动拿出设计协议（合同）与业主协商签订，以明确双方的权利、义务。需要强调的是，地区不同其设计协议（合同）格式会有一定差异，协议样本可参考节选自江苏省地方标准：住宅装饰装修服务规范，DB32/T 1045—2007中的设计协议书样本，具体如下：

家庭居室装饰装修工程设计协议书

协议编号：______

委托人：____（以下简称甲方）

设计人：____（以下简称乙方）

甲方委托乙方对其居室的装饰装修工程进行设计。居室地址为：

____。

经甲、乙双方友好协商达成如下协议：

一、设计周期：______年____月____日至______年____月____日，共____个工作日。

二、设计费计算方式：

1.居室建筑面积（不包括公摊面积）约：______平方米；

2.设计收费标准：设计费单价为人民币：_____元/平方米；

3.其他费用：__________________计人民币：______元；

4.设计费共计人民币：________元，人民币（大写）：_______________元整。

三、协议设计内容：

1.本委托设计协议书签订后_____天内，甲方须向乙方提供详细的设计需求表、投资概算、准确的建筑平面图、结构图、梁位平面图，乙方负责现场丈量及审核图纸。

2.双方商定的设计交付图纸包括：

a）三维彩色效果图_____张；

b）图纸封面、图纸目录；

c）施工设计说明、主要用材一览表；

d）原始平面图、平面结构改造图；

e）平面布置图、地坪布置图、顶面布置图；

f）主要部位立面详图及相关节点大样图、标准节点大样图；

g）电气系统设计说明、照明开关控制平面图、插座布置平面图、弱电控制平面图；

h）给水系统设计说明、给水系统平面图。

3.双方协定的其他内容：____

____。

四、付款方式及设计过程分解：

全部款额将分三期支付。

1.签订合同后甲方即支付总价的20%设计定金，即人民币（大写）：____________元整。

2._____年____月____日前甲方支付40%设计费，即人民币（大写）：____________元整。此阶段乙方应完成效果图、平面布置图、立面图等项目。

3. _____年____月____日前甲方支付40%设计费，即人民币（大写）：____________元整。此阶段乙方应完成全部设计项目。

4.甲方付清所有设计费用后，乙方交付全套设计图纸三份。

五、违约责任：

1.甲方必须按进度支付设计费，否则乙方可停止设计工作，一切责任由甲方承担。

2.乙方必须在规定时间内完成设计方案，甲方更改方案的，乙方设计期限可顺延，顺延天数双方协商后确定。

3.协议实施过程中，甲、乙双方若产生分歧，双方应友好协商，协商不成可向当地仲裁委员会申请仲裁。

六、其他：

1.甲方在施工过程中图纸需更改的，所改图纸三张以下（包括三张）的免收费，如需更改三张图纸以上的，另行协商收费。

2.若该工程由本公司施工，上述设计费中的__%即人民币（大写）：________元整可作为工程款的一部分。此款项在甲乙双方施工合同签订后计入甲方施工首期款。

3.其他约定事项：

七、协议生效与终止：

1.本协议甲、乙双方签字之日生效。

2.本协议一式两份，甲、乙双方各执一份具同等效力。

3.图纸全部交付并付清全部设计费用后合同自动终止。

甲　方：（签名）　　　　　　乙　方：（盖章）

联系电话：　　　　　　联系电话：

委托代理人：（签名及联系方式）　　　　　　代理人：（签名）

签订日期：　年　月　日　　　　　　签订日期：　年　月　日

第三篇　项目预算及施工图绘制

工作过程1　运用软件编制工程预算书

上述的项目设计与图纸绘制工作完成后，业主如果对方案设计满意，就会提出进行该方案的预算报价，如果业主对方案设计比较满意，他们就会提出自己的修改意见并请设计人员修改后进行预算报价，如果不满意，该项目就会到此为止。项目预算书的编制，可以由企业内专职预算员负责，也可以由该项目的设计人员自己编制，而目前，多数的中小型家装企业尤其是小型企业则采用后者的做法，这样企业就可以省掉一个预算员的工资、福利等支出而增加利润。

根据业主的要求，修改并确定了设计方案，接下来，需要用电脑软件编制工程预算报价书，实际上就是依据已定的详细的施工图纸进行准确列项并逐项计算工程量后套用企业定额编制出的项目装修预算总价。目前，装饰市场有国家定额、省定额、市定额和企业定额，而家装公司则采用各自企业的装饰定额，是根据本地区及企业自身的情况，结合相关（如国家、省、市）定额，编制出来的阶段性企业定额，企业定额是决定企业竞争力的一个重要因素。

一、预算报价书主要内容

（1）友情提醒。提醒业主有关预算书中的取费标准、项目增减等内容。

（2）项目内容与描述。告知业主需要施工的具体项目。

（3）单位。告知业主每个项目工程的单位，项目工程不同，设定的工程单位也不同。

（4）工程量。告知业主该项目的具体施工数量，计算工程数量时遵循的是行业标准或企业标准。

（5）单价。告知业主该项目的施工单价是企业定额，不同企业又不同的单价。

（6）预算合价。将工程量乘以企业定额即得预算合价。

（7）选材与施工工艺等描述。主要是告知业主该项目的选材及其规格、施工工艺等的详细描述。

（8）备注。告知业主该项目的保修期限、不包含的主材等。

（9）主材部分。给业主的主材估价。

二、预算报价的方法和步骤

（1）首先，打开Excel软件，按上述内容要求制定出Excel表格。

（2）设计人员要根据图纸进行工程列项，列项时一定要注意先分别列出每个具体的施工空间，然后在每个施工空间内仔细列项并将其准确表述填在Excel表格中的对应列项，要注意确保每个列项项目的完整性。

（3）对项目的列项要逐项核对检查看是否有漏项，然后，依据施工图纸逐项计算出该项工程的实际工作量并分别填入Excel表格中的对应列项中。必须提醒的是，业内有明文规定：出现工程项目漏报情况，由企业承担相应责任；出现工程数量少报情况，如果少报金额超过预算总额的8%，由企业承担相应责任。所以，作为设计人员或专职预算人员应该仔细，以免企业和自身利益受损。

（4）套用企业给定的单价（定额），Excel计算出预算合价，并将合价乘以对应的几项取费标准后核算出工程总价。

（5）在选材与施工工艺等描述栏中填写该项目所用材料及施工工艺。

（6）另外，在预算报价书编制的过程中还需注意以下几点：

①在合同中有约定的空气质量检测费用应列入预算报价书中。

②对于不包含在预算报价书范围内，但在住宅装饰装修工程施工过程中使用到的由业主负责提供的材料、配饰、部品、部件等，企业应列出估算价格、告知业主并提供材料到时间等。

家居装饰项目预算书举例如下。

预算做完后，即可约见客户详谈预算报价。

______项目装修工程预算单

提醒业主：1.本预算在施工图纸未确定前仅供参考或签定施工合同的参考依据。2.本预算不含税金和物业管理处各项费用。签约前请您确定预算中所列工程项目内容，如有增减项目须按进度支付增减费用。

序号	项目内容与描述		单位	工程量	单 价	预算合价	选材与施工工艺等描述
一	客厅、过道						
	1	柳桉木夹板制进门门套	m	5.00	40.00	200.00	集成板打底
	2	门套全亚光白漆	m	5.00	10.00	50.00	“鳄鱼”油漆，三底两面刷漆
	3	门套线条安装	m	5.00	15.00	75.00	安装订制的实木线条60mm×10mm
	4	门套线条全亚光白漆	m	5.00	5.00	25.00	“鳄鱼”油漆，三底两面刷漆
	5	顶角线安装	m	60.00	6.00	360.00	人工费
	6	顶面乳胶漆	m^2	73.82	23.00	1697.86	“鳄鱼”绘美乳胶白漆
	7	墙面乳胶漆	m^2	127.70	25.00	3192.50	“鳄鱼”彩漆
	8	踢脚线制作安装	m	44.20	16.00	707.20	集成板打底
	9	踢脚线全亚光白漆	m	44.20	5.00	221.00	“鳄鱼”油漆，三底两面刷漆
	10	衣帽柜制作	m^2	5.40	380.00	2052.00	集成板打底
	11	衣帽柜全亚光白漆	m^2	6.50	45.00	292.50	“鳄鱼”油漆，三底两面刷漆
	12	电视柜制作	m	2.10	380.00	798.00	集成板打底
	13	电视柜全亚光白漆	m^2	1.60	45.00	72.00	“鳄鱼”油漆，三底两面刷漆
	14	电视柜台面	m	2.20	230.00	506.00	国产金花米黄
	15	柳桉木夹板制窗套	m	13.90	40.00	556.00	集成板打底
	16	窗套全亚光白漆	m	13.90	10.00	139.00	“鳄鱼”油漆，三底两面刷漆
	17	窗套线条安装	m	13.90	15.00	208.50	订制实木线条60mm×10mm

续表

序号	项目内容与描述		单位	工程量	单 价	预算合价	选材与施工工艺等描述
一	客厅、过道						
	18	窗套线条全亚光白漆	m	13.90	5.00	69.50	“鳄鱼”油漆，三底两面刷漆
	19	窗台板	m	1.66	150.00	249.00	国产金花米黄
	20	门对面墙面石膏板造型	项	1.00	1500.00	1500.00	龙牌纸面石膏板
	21	造型墙制作	项	1.00	1200.00	1200.00	
	22	水族画	个	3.00	0.00	0.00	甲供（500mm×700mm×180mm）
	23	储物柜制作	m^2	6.70	360.00	2412.00	集成板打底
	24	储物柜全亚光白漆	m^2	8.00	45.00	360.00	“鳄鱼”油漆，三底两面刷漆
	25	储米柜制作	m^2	2.80	360.00	1008.00	集成板打底
	26	储米柜全亚光白漆	m^2	3.40	45.00	153.00	“鳄鱼”油漆，三底两面刷漆
	27	酒水小柜制作	m^2	5.00	380.00	1900.00	集成板打底
	28	酒水小柜全亚光白漆	m^2	6.00	45.00	270.00	“鳄鱼”油漆，三底两面刷漆
	29	餐厅背景石膏板造型制作	m^2	12.50	55.00	687.50	龙牌纸面石膏板
	30	木线条装饰	m	4.80	15.00	72.00	
	31	堵门洞	个	1.00	150.00	150.00	人工辅料
	32	敲墙	m^2	23.00	60.00	1380.00	人工辅料
	33	砖砌	m^2	8.40	90.00	756.00	人工辅料
	34	刮糙、粉光	m^2	11.00	16.00	176.00	人工辅料
		小计				23495.56	
二	厨房						
	1	墙砖铺设（200mm×300mm）	m^2	22.00	22.00	484.00	墙砖甲供，无缝砖另加5元/m^2
	2	地砖铺设（300mm×300mm）	m^2	6.23	22.00	137.06	地砖甲供，无缝砖另加5元/m^2
	3	地坪抬高	m^3	0.32	350.00	112.00	人工辅料
	4	地面防水	m^2	9.60	45.00	432.00	JS防水
	5	敲门洞	个	1.00	108.00	108.00	人工辅料
	6	粉门套	个	1.00	80.00	80.00	人工辅料
	7	铝板吊平顶	m^2	6.23	230.00	1432.90	奥斯美条形亚光铝板
	8	柳桉木夹板制门套	m	5.50	40.00	220.00	集成板打底
	9	门套全亚光白漆	m	5.50	10.00	55.00	“鳄鱼”油漆，三底两面刷漆
	10	门套线条安装	m	11.00	15.00	165.00	订制实木线条60mm×10mm
	11	门套线条全亚光白漆	m	11.00	5.00	55.00	“鳄鱼”油漆，三底两面刷漆
	12	包管	个	1.00	80.00	80.00	人工辅料
		小计				3360.96	
三	餐厅、卫生间						
	1	墙砖铺设	m^2	21.00	22.00	462.00	墙砖甲供，无缝砖另加5元/m^2
	2	地砖铺设	m^2	5.17	22.00	113.74	地砖甲供，无缝砖另加5元/m^2
	3	地坪抬高	m^3	0.26	350.00	91.00	人工辅料

续表

序号		项目内容与描述	单位	工程量	单 价	预算合价	选材与施工工艺等描述
三	餐厅卫生间						
	4	地面防水	m^2	8.30	45.00	373.50	JS防水
	5	铝板吊平顶	m^2	5.17	230.00	1189.10	奥斯美条形亚光铝板
	6	柳桉木夹板制门套	m	5.00	40.00	200.00	集成板打底
	7	门套全亚光白漆	m	5.00	10.00	50.00	“鳄鱼”油漆，三底两面刷漆
	8	门套线条安装	m	10.00	15.00	150.00	订制实木线条60mm×10mm
	9	门套线条全亚光白漆	m	10.00	5.00	50.00	“鳄鱼”油漆，三底两面刷漆
	10	包管	个	1.00	80.00	80.00	人工辅料
	11	洁具安装	间	1.00	150.00	150.00	人工费
		小计				2909.34	
四	次卧室						
	1	柳桉木夹板制门套	m	5.00	40.00	200.00	集成板打底
	2	门套全亚光白漆	m	5.00	10.00	50.00	“鳄鱼”油漆，三底两面刷漆
	3	门套线条安装	m	10.00	15.00	150.00	订制实木线条60mm×10mm
	4	门套线条全亚光白漆	m	10.00	5.00	50.00	“鳄鱼”油漆，三底两面刷漆
	5	门框制作	樘	1.00	40.00	40.00	白松
	6	工艺门	扇	1.00	280.00	280.00	订购门(不含五金件)
	7	门安装	扇	1.00	45.00	45.00	人工费(不含五金件)
	8	工艺门全亚光白漆	m^2	3.20	45.00	144.00	“鳄鱼”油漆，三底两面刷漆
	9	顶角线安装	m	15.62	6.00	93.72	人工费
	10	顶面乳胶漆	m^2	15.13	23.00	347.99	“鳄鱼”绘美乳胶白漆
	11	墙面乳胶漆	m^2	41.77	25.00	1044.25	“鳄鱼”彩漆
	12	踢脚线制作安装	m	14.82	16.00	237.12	集成板打底
	13	踢脚线全亚光白漆	m	14.82	5.00	74.10	“鳄鱼”油漆，三底两面刷漆
	14	柳桉木夹板制窗套	m	4.56	40.00	182.40	集成板打底
	15	窗套全亚光白漆	m	4.56	10.00	45.60	“鳄鱼”油漆，三底两面刷漆
	16	窗套线条安装	m	4.56	15.00	68.40	订制实木线条60mm×10mm
	17	窗套线条全亚光白漆	m	4.56	5.00	22.80	“鳄鱼”油漆，三底两面刷漆
	18	窗台板	m	1.66	230.00	381.80	国产金花米黄、飘窗
		小计				3457.18	
五	老人房						
	1	柳桉木夹板制门套	m	5.40	40.00	216.00	集成板打底
	2	门套全亚光白漆	m	5.40	10.00	54.00	“鳄鱼”油漆，三底两面刷漆
	3	门套线条安装	m	10.80	15.00	162.00	订制实木线条60mm×10mm
	4	门套线条全亚光白漆	m	10.80	5.00	54.00	“鳄鱼”油漆，三底两面刷漆
	5	顶角线安装	m	13.60	6.00	81.60	人工费
	6	顶面乳胶漆	m^2	11.50	23.00	264.50	“鳄鱼”绘美乳胶白漆
	7	墙面乳胶漆	m^2	31.10	25.00	777.50	“鳄鱼”彩漆
	8	踢脚线制作	m	10.20	16.00	163.20	集成板打底
	9	踢脚线全亚光白漆	m	10.20	5.00	51.00	“鳄鱼”油漆，三底两面刷漆
		小计				1823.80	

续表

序号	项目内容与描述		单位	工程量	单 价	预算合价	选材与施工工艺等描述
六	主卧室						
	1	柳桉木夹板制门套	m	5.00	40.00	200.00	集成板打底
	2	门套全亚光白漆	m	5.00	10.00	50.00	"鳄鱼"油漆，三底两面刷漆
	3	门套线条安装	m	10.00	15.00	150.00	订制实木线条60mm×10mm
	4	门套线条全亚光白漆	m	10.00	5.00	50.00	"鳄鱼"油漆，三底两面刷漆
	5	门框制作	樘	1.00	40.00	40.00	白松
	6	工艺门	扇	1.00	280.00	280.00	订购门(不含五金件)
	7	门安装	扇	1.00	45.00	45.00	人工费(不含五金件)
	8	工艺门全亚光白漆	m^2	3.20	45.00	144.00	"鳄鱼"油漆，三底两面刷漆
	9	顶角线安装	m	15.62	6.00	93.72	人工费
	10	顶面乳胶漆	m^2	15.13	23.00	347.99	"鳄鱼"绘美乳胶白漆
	11	墙面乳胶漆	m^2	41.77	25.00	1044.25	"鳄鱼"彩漆
	12	踢脚线制作	m	14.82	16.00	237.12	集成板打底
	13	踢脚线全亚光白漆	m	14.82	5.00	74.10	"鳄鱼"油漆，三底两面刷漆
	14	柳桉木夹板制窗套	m	4.56	40.00	182.40	集成板打底
	15	窗套全亚光白漆	m	4.56	10.00	45.60	"鳄鱼"油漆，三底两面刷漆
	16	窗套线条安装	m	4.56	15.00	68.40	订制实木线条60mm×10mm
	17	窗套线条全亚光白漆	m	4.56	5.00	22.80	"鳄鱼"油漆，三底两面刷漆
	18	窗台板	m	1.66	230.00	381.80	国产金花米黄、飘窗
	19	敲门洞	个	1.00	108.00	108.00	人工辅料
	20	粉门套	个	1.00	80.00	80.00	人工辅料
	21	堵门洞	个	1.00	150.00	150.00	人工辅料
	22	刮糙、粉光	m^2	4.50	16.00	72.00	人工辅料
	23	拆除门、门套及门线条	项	1.00	50.00	50.00	人工费
		小计				3917.18	
七	客厅卫生间						
	1	墙砖铺设	m^2	21.00	22.00	462.00	墙砖甲供，无缝砖另加5元/m^2
	2	地砖铺设	m^2	5.17	22.00	113.74	地砖甲供，无缝砖另加5元/m^2
	3	地坪抬高	m^3	0.26	350.00	91.00	人工辅料
	4	地面防水	m^2	8.30	45.00	373.50	JS防水
	5	铝板吊平顶	m^2	5.17	230.00	1189.10	奥斯美条形亚光铝板
	6	柳桉木夹板制门套	m	5.00	40.00	200.00	集成板打底
	7	门套全亚光白漆	m	5.00	10.00	50.00	"鳄鱼"油漆，三底两面刷漆
	8	门套线条安装	m	10.00	15.00	150.00	订制实木线条60mm×10mm
	9	门套线条全亚光白漆	m	10.00	5.00	50.00	"鳄鱼"油漆，三底两面刷漆
	10	门框制作	樘	1.00	40.00	40.00	白松
	11	玻璃木门	扇	1.00	300.00	300.00	订购门(不含五金件)
	12	玻璃木门安装	扇	1.00	45.00	45.00	人工费(不含五金件)
	13	玻璃木门全亚光白漆	m^2	3.00	45.00	135.00	"鳄鱼"油漆，三底两面刷漆
	14	包管	个	1.00	80.00	80.00	人工辅料

续表

序号	项目内容与描述		单位	工程量	单 价	预算合价	选材与施工工艺等描述
七	客厅、卫生间						
	15	洁具安装	间	1.00	150.00	150.00	人工费
	16	矮柜制作	m	1.00	280.00	280.00	集成板打底(不足1m按1m计算)
	17	矮柜全亚光白漆	项	1.00	80.00	80.00	“鳄鱼”油漆,三底两面刷漆
	18	敲墙砖、地砖	m^2	26.17	15.00	392.55	人工费
	19	拆除原吊顶	m^2	5.17	5.00	25.85	人工费
	20	拆除洁具	项	1.00	50.00	50.00	人工费
	21	拆除门、门套及门线条	项	1.00	50.00	50.00	人工费
		小计				4307.74	
八	书房						
	1	柳桉木夹板制门套	m	5.00	40.00	200.00	集成板打底
	2	门套全亚光白漆	m	5.00	10.00	50.00	“鳄鱼”油漆,三底两面刷漆
	3	门套线条安装	m	10.00	15.00	150.00	订制实木线条60mm×10mm
	4	门套线条全亚光白漆	m	10.00	5.00	50.00	“鳄鱼”油漆,三底两面刷漆
	5	拆除原吊顶	m^2	6.30	5.00	31.50	人工费
	6	石膏板吊顶	m^2	6.30	50.00	315.00	龙牌纸面石膏板
	7	顶角线安装	m	10.00	6.00	60.00	人工费
	8	顶面乳胶漆	m^2	6.30	23.00	144.90	“鳄鱼”绘美乳胶白漆
	9	墙面乳胶漆	m^2	25.90	25.00	647.50	“鳄鱼”彩漆
	10	踢脚线制作	m	9.20	16.00	147.20	集成板打底
	11	踢脚线全亚光白漆	m	9.20	5.00	46.00	“鳄鱼”油漆,三底两面刷漆
	12	柳桉木夹板制窗套	m	4.50	40.00	180.00	集成板打底
	13	窗套全亚光白漆	m	4.50	10.00	45.00	“鳄鱼”油漆,三底两面刷漆
	14	窗套线条安装	m	4.50	15.00	67.50	订制实木线条60mm×10mm
	15	窗套线条全亚光白漆	m	4.50	5.00	22.50	“鳄鱼”油漆,三底两面刷漆
	16	窗台板	m	1.60	130.00	208.00	国产金花米黄
	17	敲墙	m^2	2.30	60.00	138.00	人工费
	18	砖砌	m^2	1.31	90.00	117.90	人工辅料
	19	刮糙、粉光	m^2	5.10	16.00	81.60	人工辅料
	20	包管	个	1.00	80.00	80.00	人工辅料
	21	敲墙砖、地砖	m^2	16.80	15.00	252.00	人工费
	22	墙面、地面找平	m^2	16.80	5.00	84.00	人工辅料
	23	地面防水	m^2	16.80	45.00	756.00	JS防水
	24	拆除门、门套及门线条	项	1.00	50.00	50.00	人工费
	25	拆除窗套及窗线条	项	1.00	60.00	60.00	人工费
		小计				3984.60	
九	阳台						
	1	墙砖铺设	m^2	25.00	22.00	550.00	墙砖甲供,无缝砖另加5元/m^2
	2	地砖铺设	m^2	9.28	22.00	204.16	地砖甲供,无缝砖另加5元/m^2

续表

序号		项目内容与描述	单位	工程量	单 价	预算合价	选材与施工工艺等描述
九		阳台					
	3	地坪抬高	m^3	0.46	350.00	162.40	人工辅料
	4	地面防水	m^2	12.00	45.00	540.00	JS防水
	5	铝板吊平顶	m^2	9.28	230.00	2134.40	奥斯美条形亚光铝板
	6	柳桉木夹板制门套	m	13.60	40.00	544.00	集成板打底
	7	门套全亚光白漆	m	13.60	10.00	136.00	“鳄鱼”油漆，三底两面刷漆
	8	门套线条安装	m	13.60	15.00	204.00	订制实木线条60mm×10mm
	9	门套线条全亚光白漆	m	13.60	5.00	68.00	“鳄鱼”油漆，三底两面刷漆
	10	铲石灰层	m^2	10.00	15.00	150.00	人工费
	11	墙面处理	m^2	10.00	1.00	10.00	人工辅料
	12	敲墙砖、地砖	m^2	17.00	15.00	255.00	人工费
	13	拆除门、门套及门线条	项	1.00	50.00	50.00	人工费
		小计				5007.96	
十		水电工程					
	1	电路敷设人工费	项	1.00	2200.00	2200.00	人工费
	2	水路敷设人工费	项	1.00	1600.00	1600.00	人工费
	3	零配件安装	项	1.00	300.00	300.00	人工费
	4	垃圾清运费	项	1.00	600.00	600.00	人工费
	5	铲墙顶面原乳胶漆	m^2	183.50	10.00	1835.00	人工费
	6	墙顶面处理	m^2	183.50	1.00	183.50	人工费
	7	敲地砖	m^2	26.00	15.00	390.00	
	8	地面找平	m^2	26.00	5.00	130.00	
		小计				7238.50	
		(A)工程直接费				59084.32	
		(B)材料运输搬运费=(A)×3%				1772.53	
		(C)工程管理费=(A+B)×5%				3042.84	
		(D)工程总造价=(A+B+C)				63899.69	
		备注					
	1.	本公司所有工程均保修两年					
	2.	本预算中不含地板、墙地砖、灯具、洁具、龙头、开关面板、大五金(钉子除外)、水电材料及辅料、打孔等					
	3.	本公司所有工程均按最后测定的实际工程量进行决算					
	4.	本预算包括以上项目单价均列为合同附件，小区物业的费用由甲方支付					
	5.	垃圾运至小区制定地点，如需外运则另加150元/车					
		主材部分					材料进场时间
	1	厨墙砖	m^2	22.00	80.00	1760.00	瓦工开工3天内后进场
	2	厨地砖	m^2	6.23	80.00	498.40	瓦工开工3天内后进场

续表

序号	项目内容与描述		单位	工程量	单 价	预算合价	选材与施工工艺等描述
十	水电工程						
	3	卫墙砖	m^2	42.00	80.00	3360.00	瓦工开工3天内后进场
	4	卫地砖	m^2	10.34	80.00	827.20	瓦工开工3天内后进场
	5	阳台墙砖	m^2	10.00	80.00	800.00	瓦工开工3天内后进场
	6	阳台地砖	m^2	9.28	80.00	742.40	瓦工开工3天内后进场
	7	地板	m^2	122.00	300.00	36600.00	乳胶漆最后一遍施涂前
	8	钛合金移门	m^2	20.50	350.00	7175.00	瓦工进场前
	9	水电材料	项	1.00	6000.00	6000.00	水电工进场后第3天
	10	铰链，门吸，轨道	项	1.00	500.00	500.00	木工进场后3天
	11	厨柜	套	1.00		6500.00	墙地砖施工完后即可订制
						64763.00	

工作过程2　运用软件修改方案并绘制施工图

如果方案设计的预算造价超出业主的装修预算，业主会再请设计师修改方案来降低预算，如果预算接近业主要求，随后，就进行施工图设计绘制阶段。

预算施工图设计绘制阶段主要工作是结合业主的意见对平、顶面设计方案进行修改细化，完成主要立面的设计与选材并绘制出详细的施工图纸。设计人员应严格按照相关设计规范进行绘制，平面、顶面、立面等所有图纸所表达的造型及初步选定装饰材料的名称、品牌、规格、型号、颜色及使用部位等都应该详细标注。

一、平面、顶面图的绘制

（一）打开已绘制的平面图，在原有平面图的基础上，完成文字、尺寸等标注

1.文字标注

单击[格式]下拉菜单，在弹出的菜单中单击[文字样式]工具按钮，弹出“文字样式”对话框，按对话框所示设置后，单击[应用]，再单击[取消]后，回到主界面，执行[多行文字]，输入自己想要的文字，最后生成文字标注图。

2.尺寸标注

单击[格式]下拉菜单，在弹出的菜单中单击[标注样式]工具按钮，弹出“标注样式管理器”对话框，单击[修改]，弹出“修改标注样式”对话框并按一定的设置参数进行设置后，再进行文字设置，单击[确定]。回到“标注样式管理器”对话框，先后单击[置为当前]、[关闭]后，回到主界面，最后生成所需图纸。

（二）完成平面图绘制

经过上述步骤即可完成平面图的绘制。

（三）形成顶面图

复制平面图至平面图的一侧，删除平面图中的家具、门及窗户等图形，并用直线封掉门窗洞口，作为顶面图用，等待后面对顶面图进行编辑。

（四）完成顶面图

运用绘制平面图的方法，快速完成平顶面图的尺寸标注及部分文字标注。

二、CAD立面图的绘制

绘制建筑装修施工立面图的流程图为：绘制墙体线→绘制门洞和窗洞等构造物件→绘制墙面造型插入绿化图、工艺品图等→文字标注→尺寸标注。在已经绘制的平面图所在界面中进行立面图绘制，绘制步骤如下。

（一）在已完成的平面图、顶面图的文件下新建立面图墙体、尺寸标注、文字标注等图层

单击[格式]下拉菜单，在弹出的菜单中单击[图层]工具按钮，弹出“图形特性管理器”对话框，在对话框上单击[新建]按钮并修改参数。

（二）用[复制]命令

复制平面图上欲画立面部位至平面图边上合适位置。

（三）绘制墙立面外框线

打开墙立面外框线图层，在已复制的部分平面上方，绘制一条足够长直线，利用[偏移]、[修剪]工具创建自己的立面图。

经过新建图中步骤（4）~（6）的反复操作，完成大部分立面墙体图的绘制。

（四）绘制墙面上门窗等构造物

打开门窗等构造物图层，从已复制的部分平面上门窗等构造物处，向上引直线至适合高度，利用[偏移]、[修剪]工具创建出有门窗等构造物件的立面图。

（五）边界图案填充设定

在需要进行填充的部位（如梁在立面图上的图形）进行图案填充，方法同平面图绘制中一样。最后生成图案填充图。

（六）绘制墙面造型

创建墙面造型图层，在该图层上利用[直线]、[弧线] 、[偏移]、[修剪]工具等命令，按绘制平、顶、立面图的方法与步骤，将各自的草图立面造型绘制出来。

（七）工艺品及绿化绘制

利用[直线]、[弧线]、[偏移]、[修剪]工具等命令，将工艺品和绿化造型表现出来；也可以打开CAD专业图库，选中所需工艺品及绿化造型，按下CTRL+C的命令，打开正在绘制的CAD图，按下CTRL+V的命令，即可将CAD专业图库中的图形粘贴在正在绘制的立面图图上。然后，通过[移动]、[比例缩放]、[分解]等工具将其调整到适合的位置与尺寸及适合的线宽。

（八）反复操作上述步骤，直至完成所有立面造型、工艺品及绿化的绘制

尺寸和文字标注与整理。

（九）尺寸与文字标注

方法同平面图的标注。

（十）插入家具图、图表框

重复上述操作，完成所有立面图绘制。

三、CAD图的整理

针对自己已绘制完成的图纸，按以下五个步骤有序进行整理：

（1）整理全套图纸之平面的绘制、线型设置检查和修改。

（2）整理全套图纸之顶面的绘制、线型设置检查和修改。

（3）整理全套图纸之立面图形的绘制、线型设置检查和修改。

（4）整理全套图纸之尺寸标注、设置检查和修改和。

（5）整理全套图纸之文字标注、设置检查和修改。

四、CAD图的打印输出

再次邀约业主，交底施工图，如果业主认可，即可将绘制的图纸打印输出且进行精美装订而成册。并收取设计费的余额，并将打印出来的整套图纸交给业主。较正规的整套图纸按封面、图纸索引目录、CAD图、效果图、封底的顺序装订。

打印输出后的图纸应该是线型明确、线宽粗细均匀有层次等规范的CAD图。其中较完整的整体CAD施工图，如图 3-1~图 3-12所示。

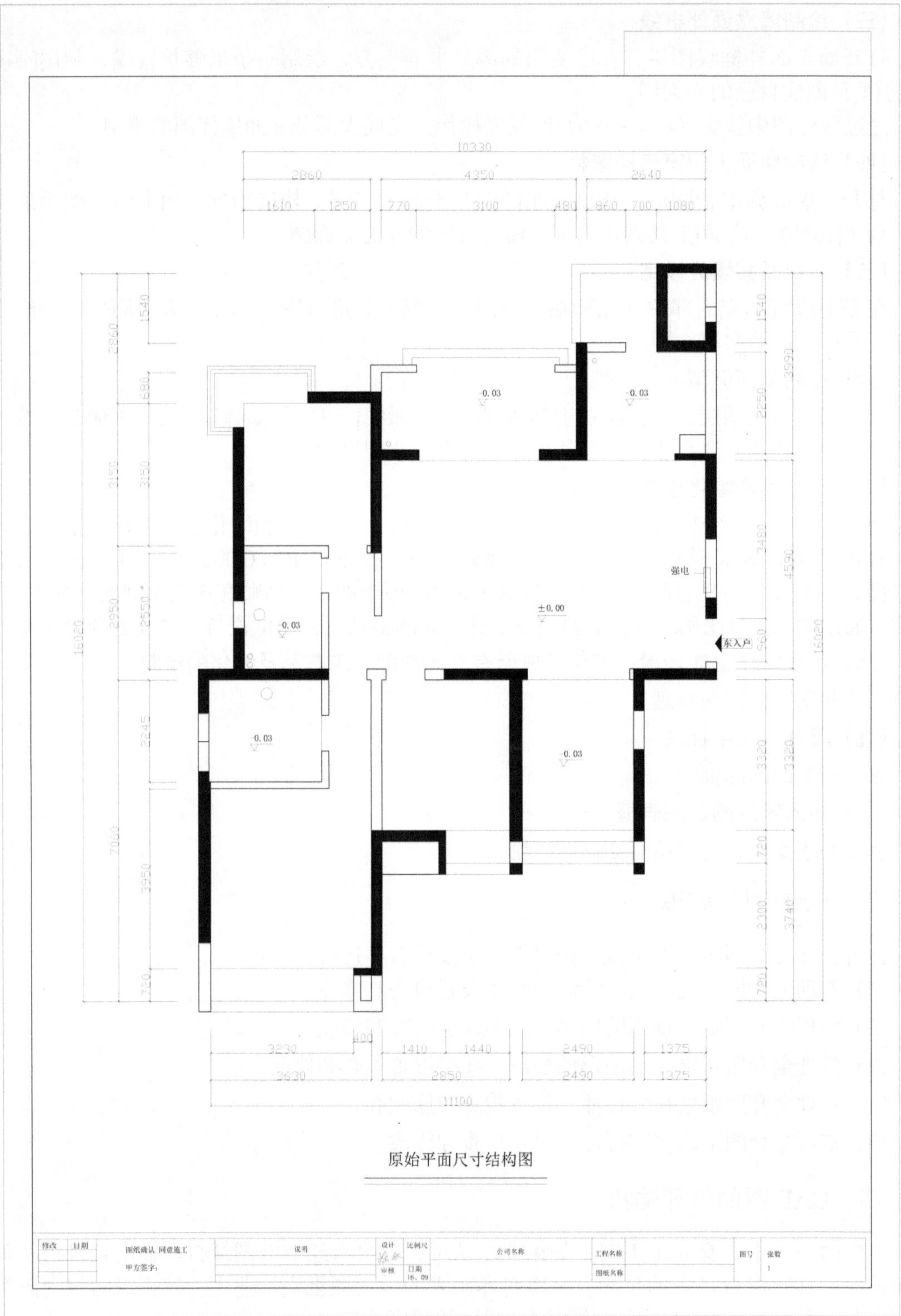

图 3-1 原始平面尺寸结构图

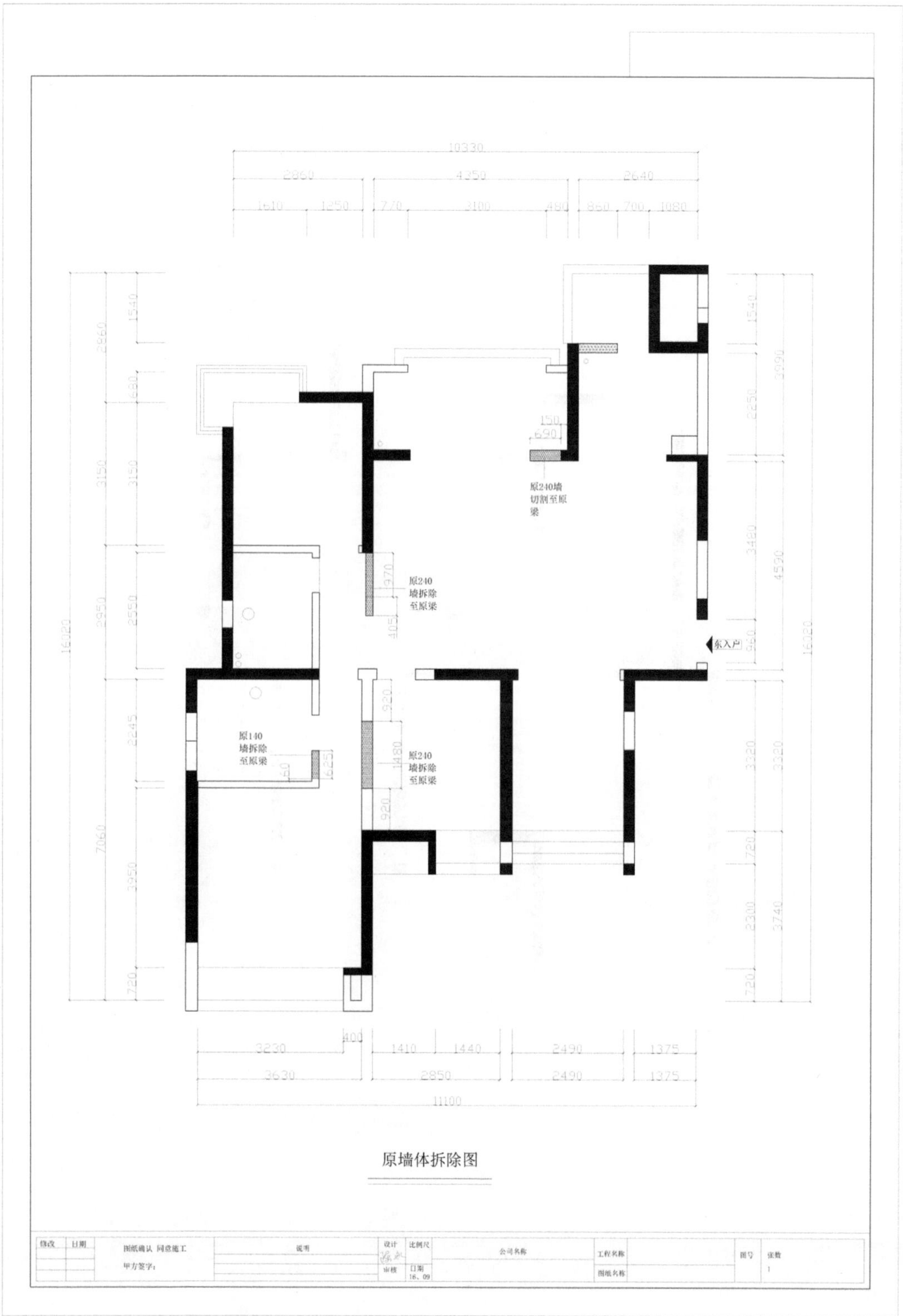
10330
2860
4250
2640
1610
1250
770
3100
480
860
700
1080
原240墙
切割至原
梁
原240
墙拆除
至原梁
原140
墙拆除
至原梁
原240
墙拆除
至原梁
东入户
3230
400
1410
1440
2490
1375
3630
2850
2490
1375
11100
原墙体拆除图

图3-2　原墙体拆除图

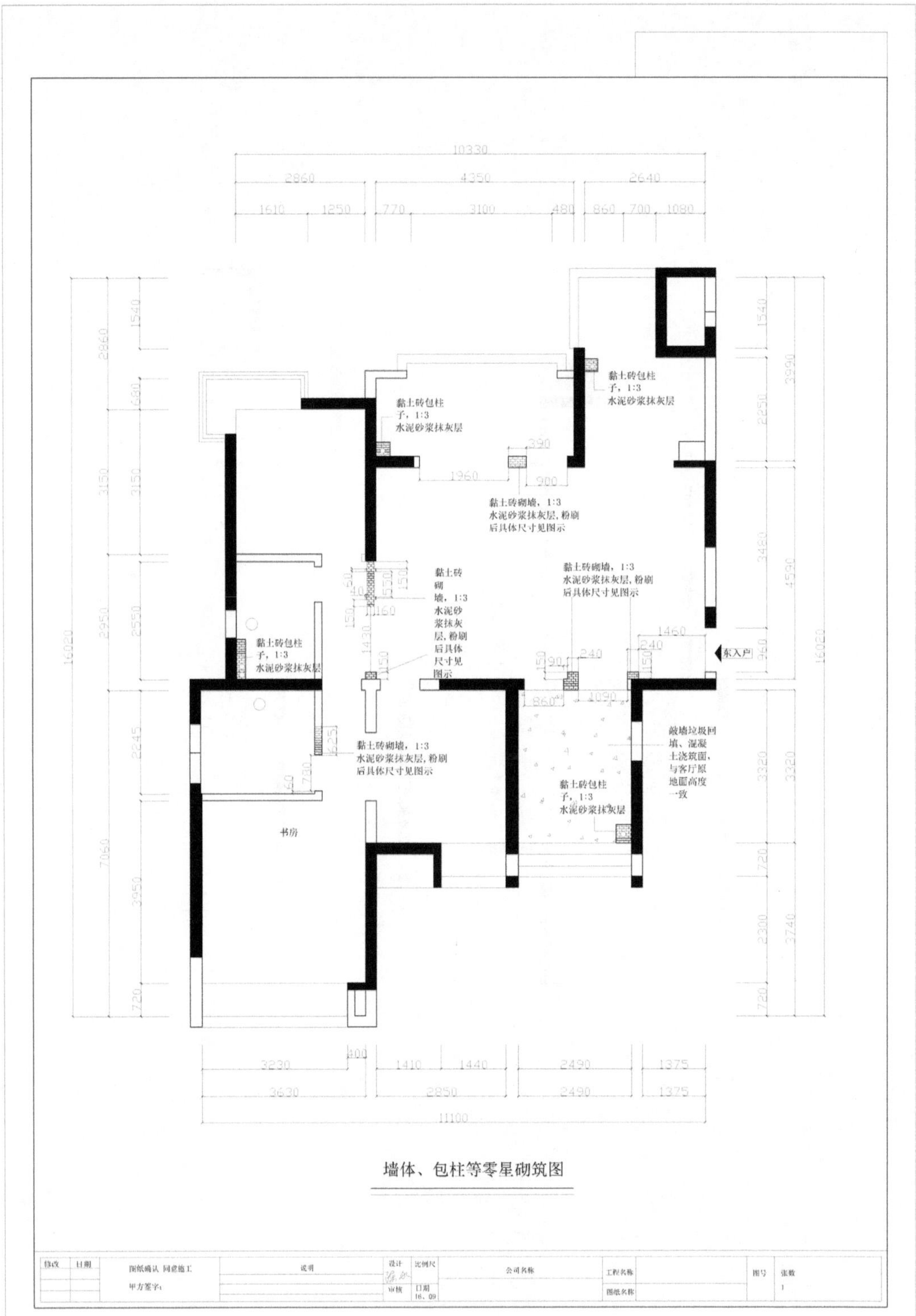

图3-3　原墙、包柱等零星砌筑图

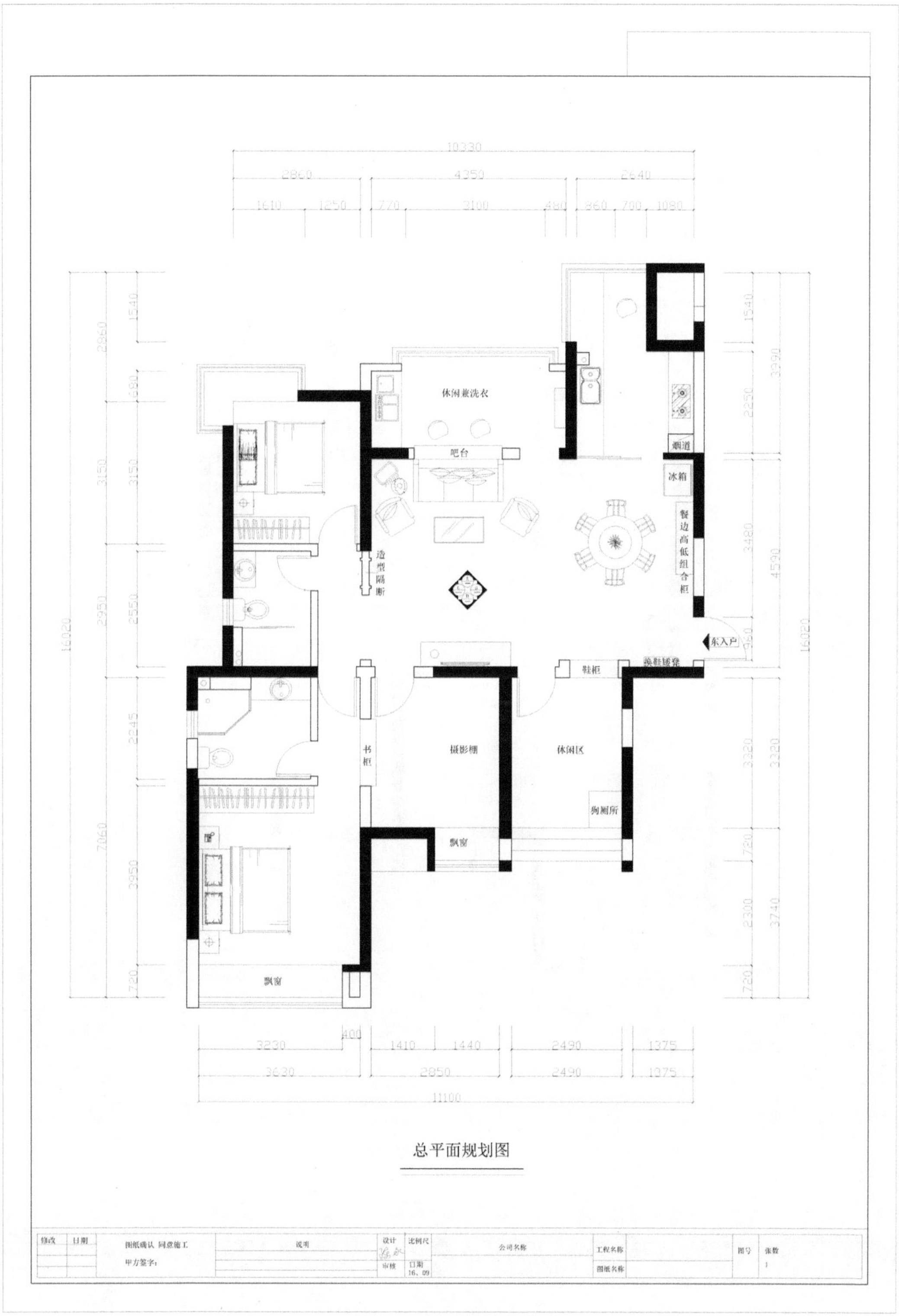
休闲兼洗衣
吧台
烟道
冰箱
餐边高低组合柜
造型隔断
东入户
鞋柜
换鞋矮凳
书柜
摄影棚
休闲区
狗厕所
飘窗
飘窗
总平面规划图
修改
日期
图纸确认 同意施工
甲方签字：
说明
设计
审核
比例尺
日期
16、09
公司名称
工程名称
图纸名称
图号
张数
1

图3-4　总平面规划图

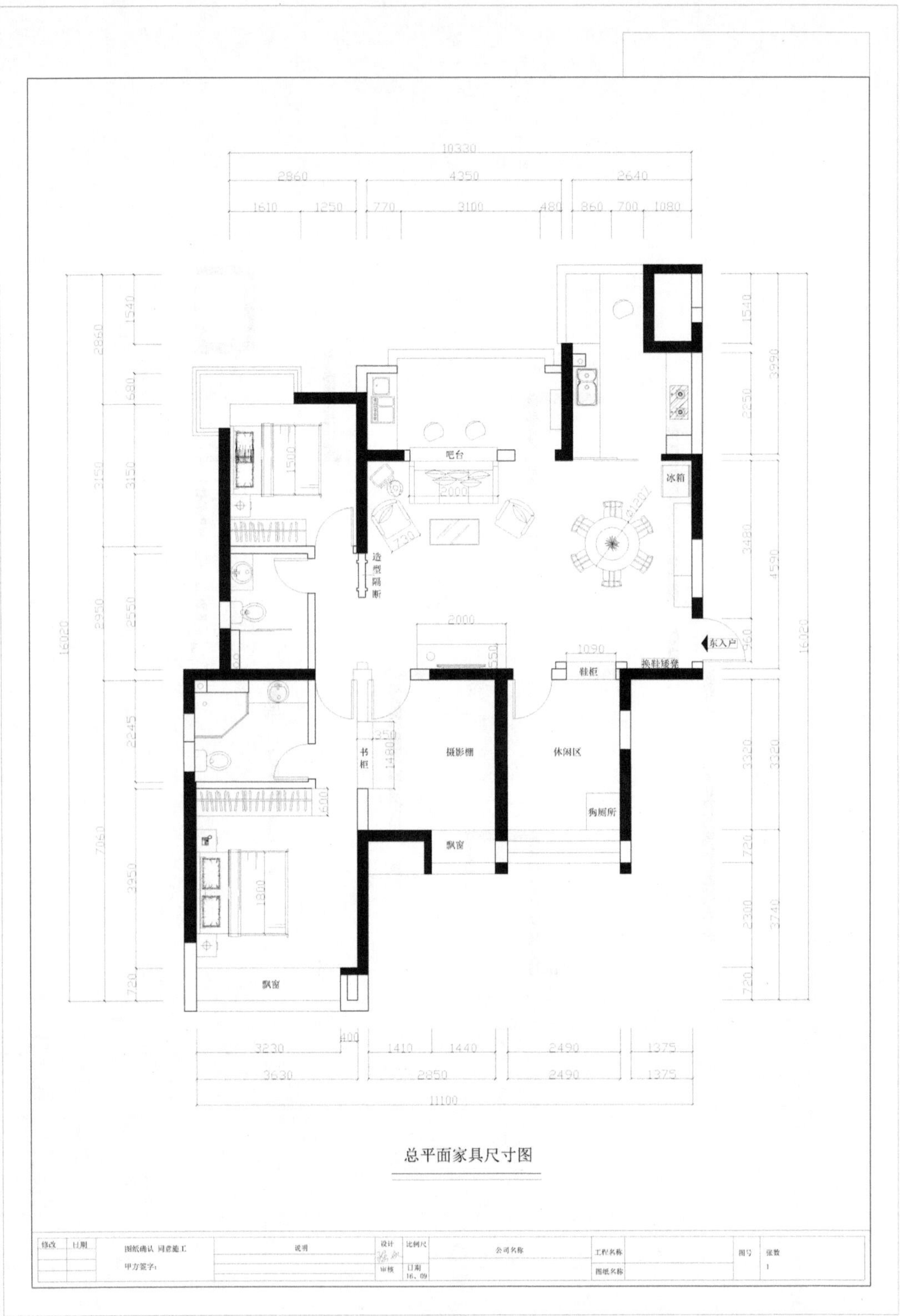

图3-5　总平面家具尺寸图

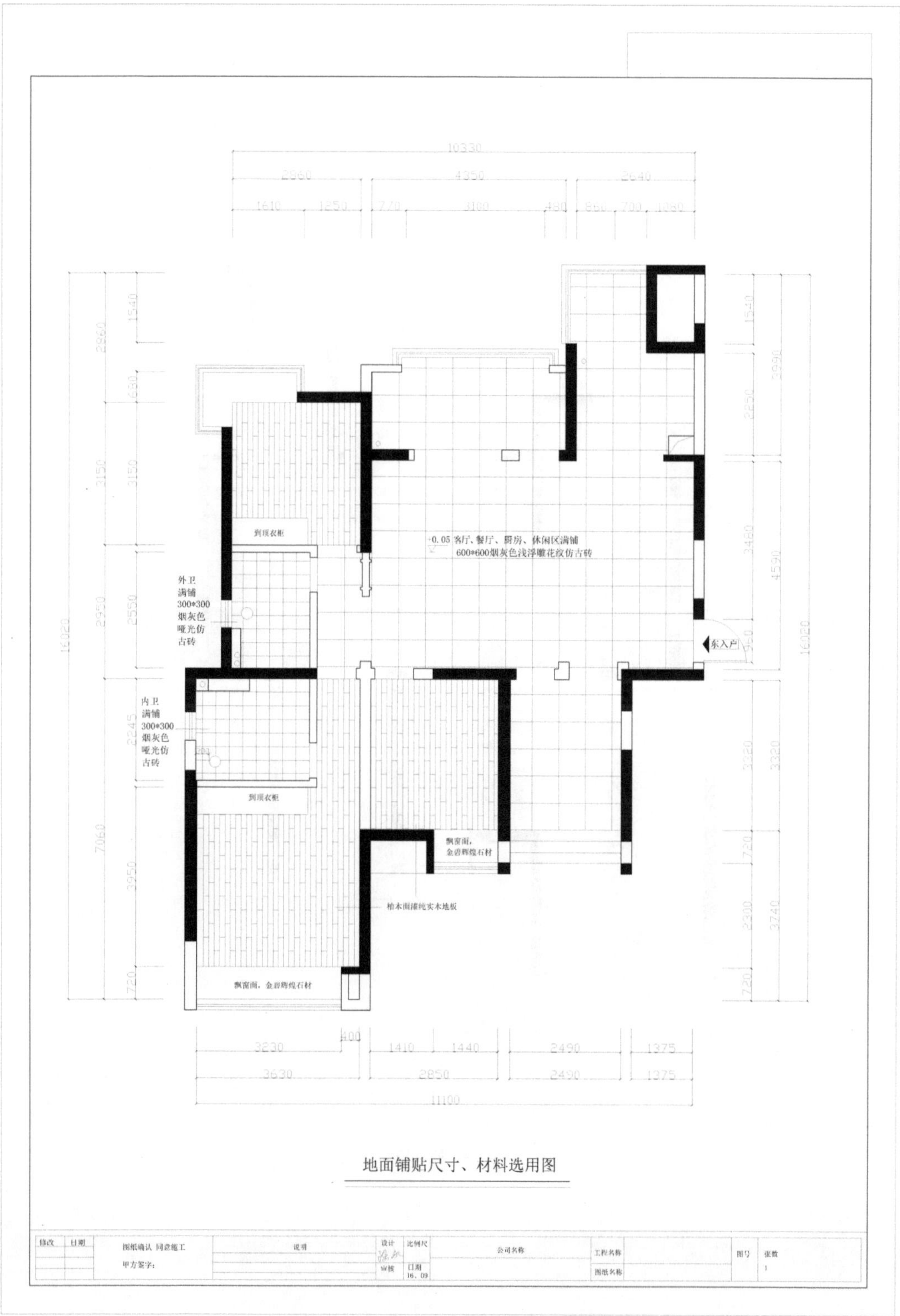

图3-6　地面铺贴尺寸、材料选用图

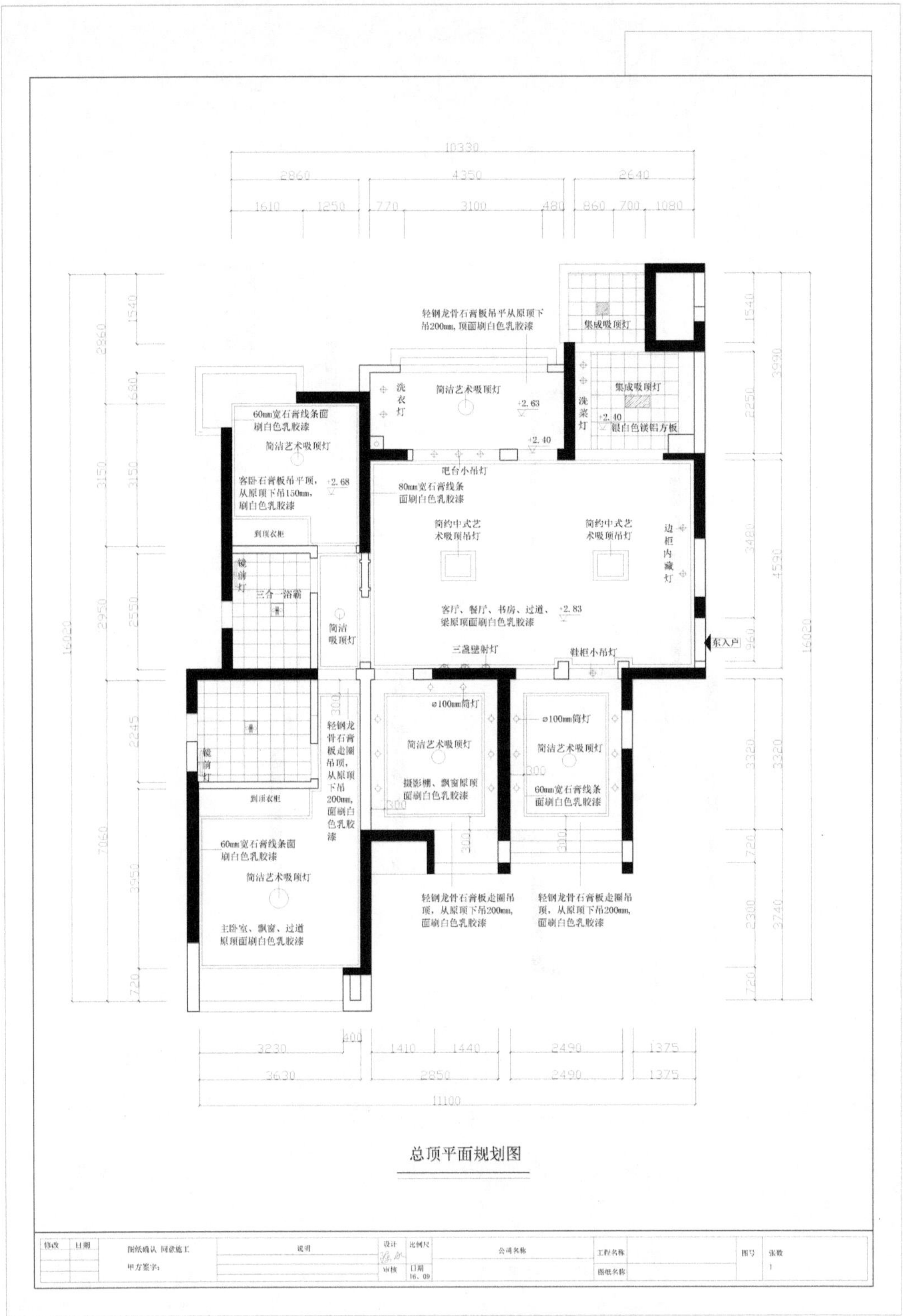

总顶平面规划图
轻钢龙骨石膏板吊平从原顶下吊200mm，顶面刷白色乳胶漆
集成吸顶灯
简洁艺术吸顶灯
洗衣灯
洗菜灯
银白色铝扣方板
60mm宽石膏线条面刷白色乳胶漆
客卧石膏板吊平顶，从原顶下吊150mm，刷白色乳胶漆
吧台小吊灯
80mm宽石膏线条面刷白色乳胶漆
简约中式艺术吸顶吊灯
边柜内藏灯
客厅、餐厅、书房、过道、梁原顶面刷白色乳胶漆
三盏壁射灯
鞋柜小吊灯
入户
到顶衣柜
镜前灯
三合一浴霸
简洁吸顶灯
ø100mm筒灯
摄影棚、飘窗原顶面刷白色乳胶漆
轻钢龙骨石膏板走圈吊顶，从原顶下吊200mm，面刷白色乳胶漆
主卧室、飘窗、过道原顶面刷白色乳胶漆

图 3-7　总顶平面规划图

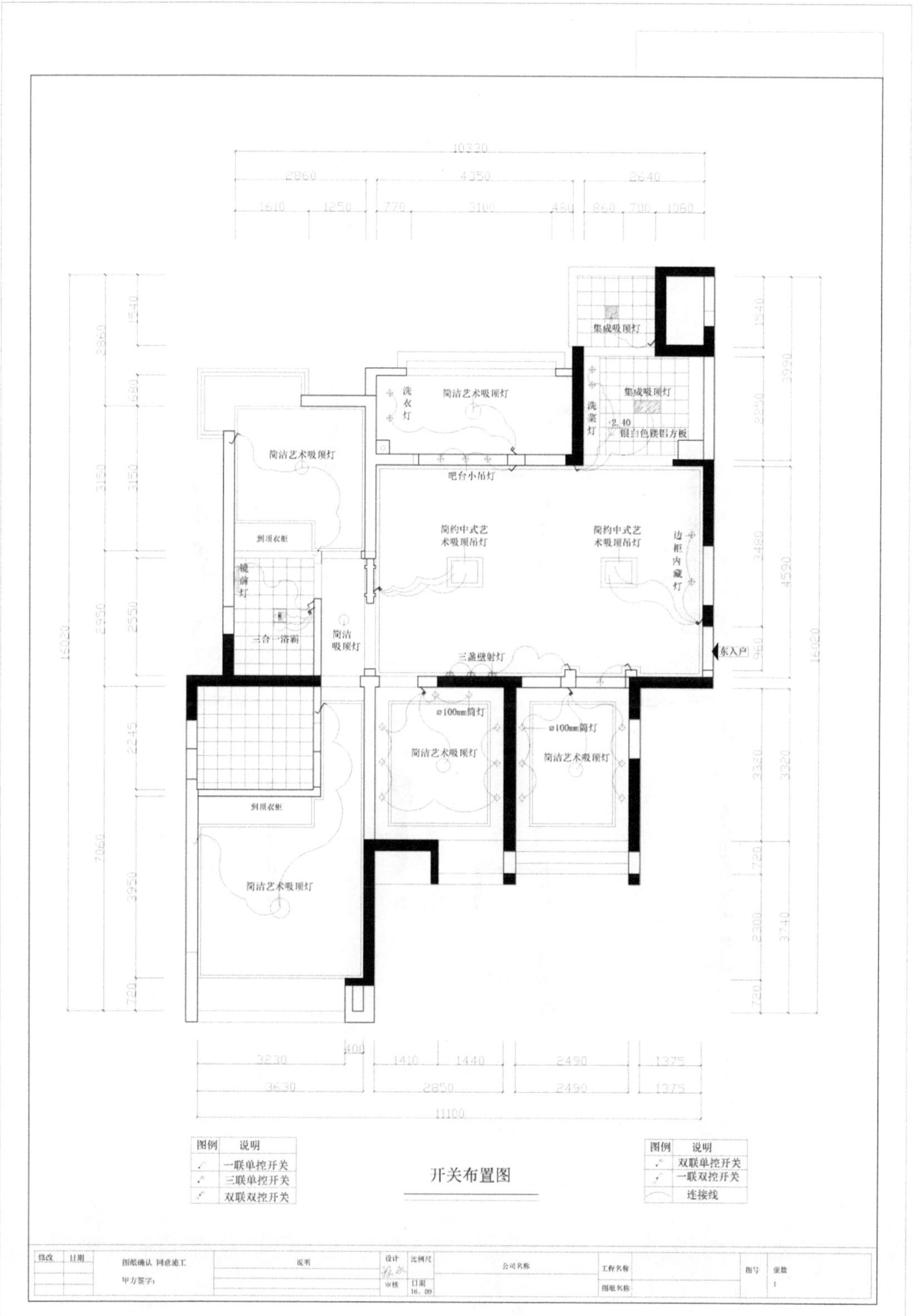
10330
2960
4350
2640
集成吸顶灯
简洁艺术吸顶灯
洗衣灯
洗菜灯
银白色蹼铝方板
吧台小吊灯
简约中式艺术吸顶吊灯
简约中式艺术吸顶吊灯
边柜内藏灯
到顶衣柜
镜前灯
三合一浴霸
简洁吸顶灯
三盏壁射灯
东入户
ø100mm筒灯
ø100mm筒灯
简洁艺术吸顶灯
简洁艺术吸顶灯
到顶衣柜
简洁艺术吸顶灯
11100
图例
说明
一联单控开关
三联单控开关
双联双控开关
开关布置图
双联单控开关
一联双控开关
连接线
修改
日期
图纸确认 同意施工
甲方签字：
说明
设计
比例尺
审核
日期
公司名称
工程名称
图纸名称
图号
张数

图3-8　开关布置图

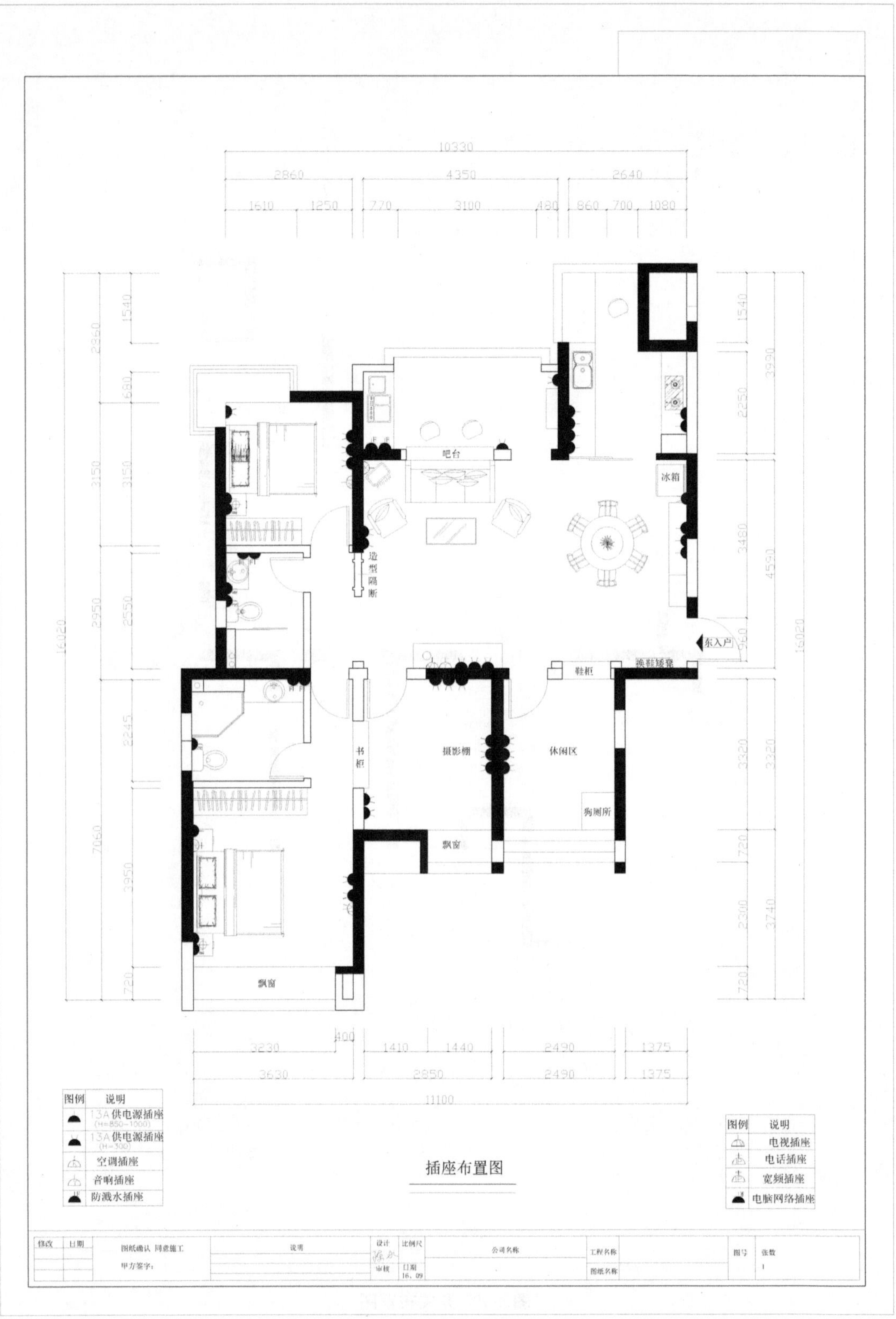
10330
2860
4350
2640
1610
1250
770
3100
480
860
700
1080
1540
2860
680
3150
2950
2550
16020
2245
7060
3950
720
2250
3990
3480
4590
3320
2300
3740
400
3230
1410
1440
2490
1375
3630
2850
11100
吧台
冰箱
造型隔断
东入户
鞋柜
换鞋矮凳
书柜
摄影棚
休闲区
狗厕所
飘窗
图例
说明
13A 供电源插座 (H=850~1000)
13A 供电源插座 (H=300)
空调插座
音响插座
防溅水插座
插座布置图
电视插座
电话插座
宽频插座
电脑网络插座
修改
日期
图纸确认 同意施工
甲方签字：
说明
设计
审核
比例尺
日期
16．09
公司名称
工程名称
图纸名称
图号
张数
1

图 3-9 插座布置图

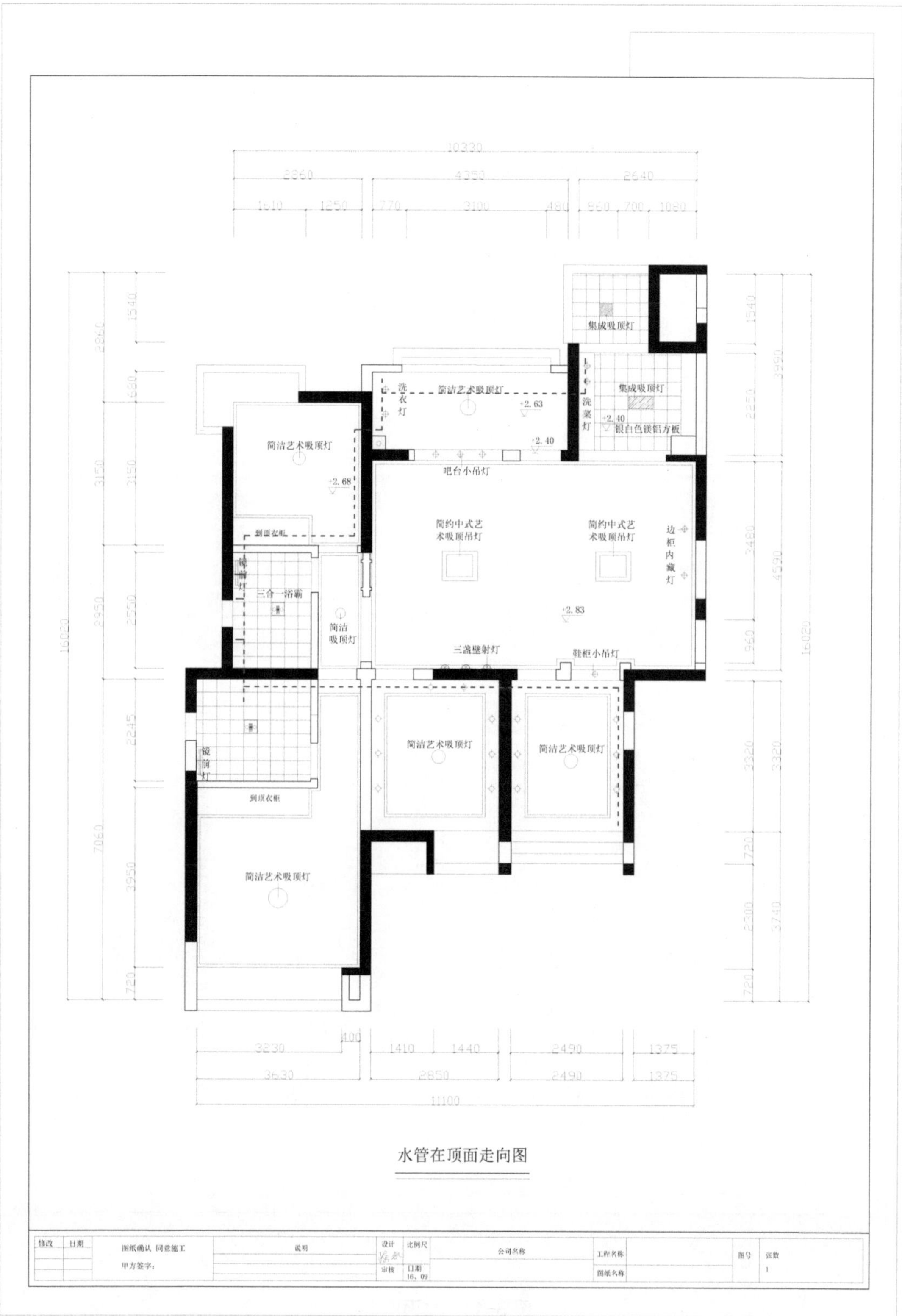

图 3-10　水管在顶面走向图

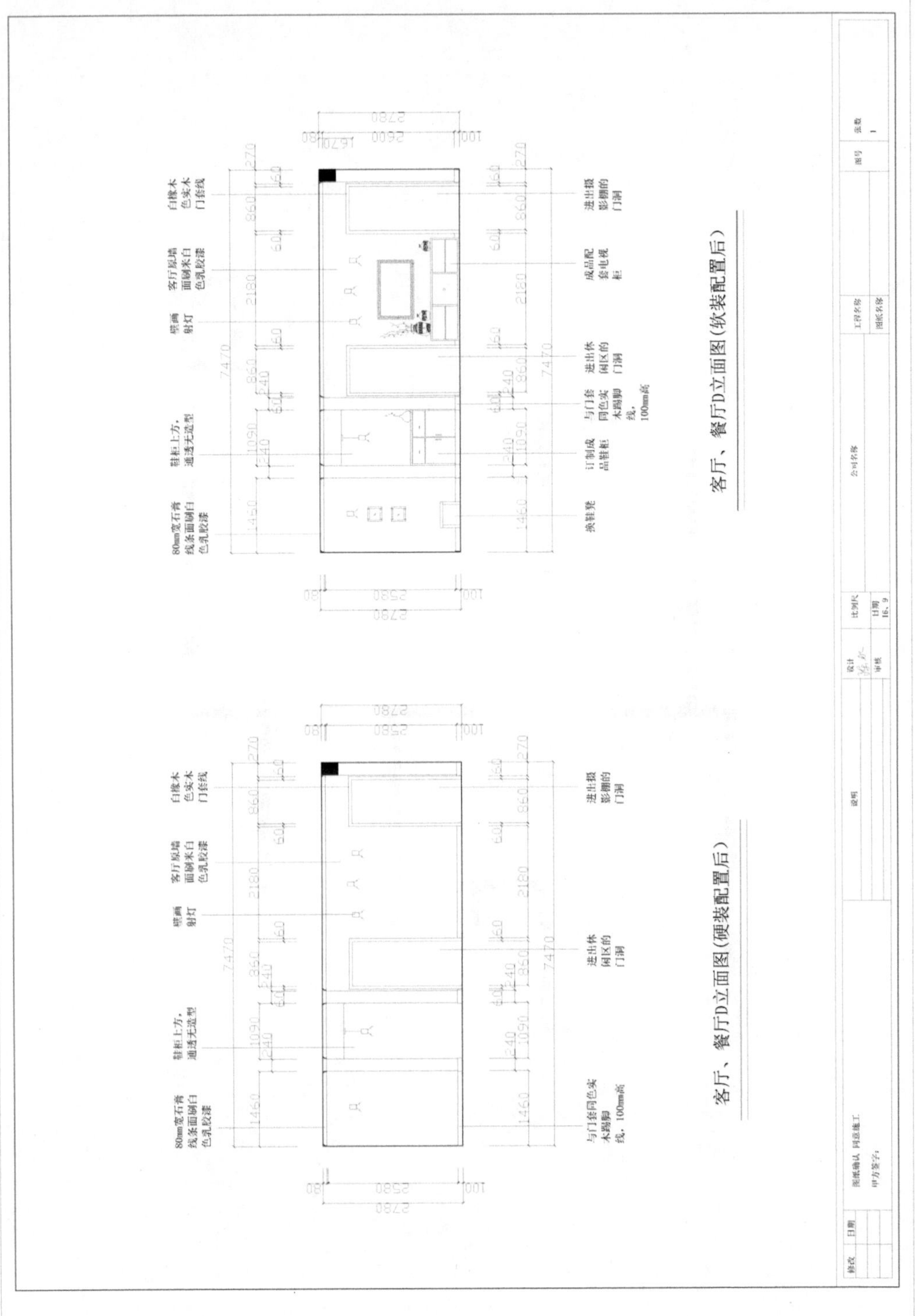
客厅、餐厅D立面图(软装配置后)
白橡木色实木门套线
客厅原墙面刷米白色乳胶漆
壁画射灯
鞋柜上方，通透天造型
80mm宽石膏线条面刷白色乳胶漆
进出摄影棚的门洞
成品配套电视柜
进出休闲区的门洞
与门套同色实木踢脚线，100mm高
订制成品鞋柜
换鞋凳
客厅、餐厅D立面图(硬装配置后)
与门套同色实木踢脚线，100mm高
7470
2780
2580

图 3-11 立面图1

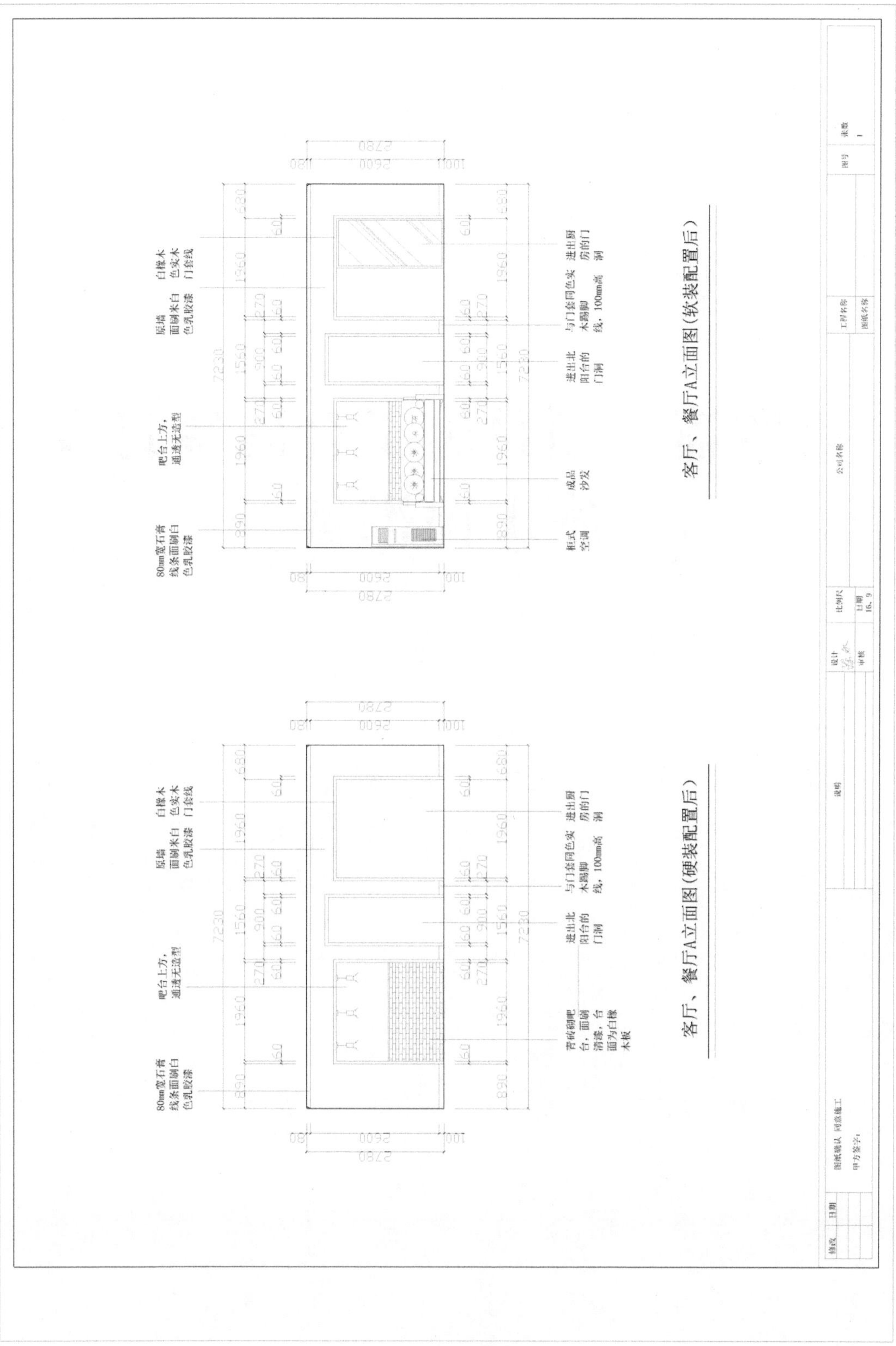

图 3-12 立面图2

第四篇　项目施工合同签订及施工前准备

工作过程1　第三次约谈业主及洽谈方案和预算

当方案修改、预算报价调整完毕后，再次约见业主，进行方案修改和预算交底，听取业主的修改和对预算报价的意见，如果预算造价还是远远超出业主的承受能力而企业又不肯大幅降低价格的情况出现后，该项目可能就此结束；如果预算报价接近业主的心理价位，业主则会与企业讨价还价，在企业小幅降价或打折后，业主可能认可并与装饰公司签订施工合同。

工作过程2　编制文本、签订合同和商议开工事宜

企业与业主在对设计和预算报价协商一致后，应签订住宅装饰装修工程施工合同，合同应包括下列主要内容：

（1）委托人和被委托人的姓名或者单位名称、住所地址、联系电话。

（2）住宅装饰装修的地址、范围、承包方式、质量要求以及质量验收方式。

（3）住宅装饰装修竣工后，对空气质量检测的约定应符合GB 50325—2001的规定。

（4）住宅装饰装修工程的开工、竣工时间。

（5）住宅装饰装修工程保修的内容、期限。

（6）住宅装饰装修工程价格、计价和支付方式、时间。

（7）合同变更和解除的条件。

（8）违约责任及解决纠纷的途径。

（9）合同的生效条件、生效时间。

（10）双方认为需要明确的其他条款。

需要强调的是，地区不同其施工合同格式会有一定差异，协议样本可参考节选自江苏省地方标准：住宅装饰装修服务规范，DB32/T 1045—2007中的住宅装饰装修工程施工合同文本样稿，具体如下。

家庭居室装饰装修工程施工合同

发包方（甲方）：______________________________

承包方（乙方）：______________________________

合 同 编 号：______________________________

工商行政管理局监制

家庭居室装饰装修工程施工合同

发包方（以下简称甲方）：____

委托代理人（姓名）：____

住所：____

联系电话：____________________手机号：________________________

承包方（以下简称乙方）：____

营业执照号：____

住所：____

法定代表人：____

委托代理人：______________联系电话：__________

资质等级证书号：________________________

本工程设计人：____________联系电话：__________

依照《中华人民共和国合同法》及其他有关法律、法规的规定，结合本地家庭居室装饰装修的特点，甲、乙双方在平等、自愿、协商一致的基础上，就乙方承包甲方的家庭居室装饰装修工程（以下简称工程）的有关事宜，达成如下协议：

第一条　工程概况

1.1工程地点：________________________________

1.2工程装饰装修面积：__________________________

1.3工程内容及做法（见预算报价书和图纸）。

1.4工程承包，采取下列第______种方式：

⑴乙方包工、包全部材料；

⑵乙方包工、包部分材料，甲方提供其余部分材料；

⑶乙方包清工，甲方提供全部材料。

1.5工程期限_____天：开工日期_______年_____月_____日；竣工日期_____年___月___日。

1.6合同价款：本合同工程造价为人民币（大写）：______________元整。编制预算报价书以当地《家庭装饰工程参考价格》为参考依据，根据市场经济运作规则，本着优质优价的原则由双方在合同中约定。

第二条　工程监理

若本工程实行工程监理，甲方应与具有经建设行政主管部门核批的工程监理公司另行签订《工程监理合同》，并将监理工程师的姓名、单位、联系方式及监理工程师的职责等通知乙方。

第三条　施工图纸及室内环境设计

3.1施工图纸采取下列第_____种方式提供：

⑴甲方自行设计并提供施工图纸一式三份，甲方执一份，乙方执两份。

⑵甲方委托乙方设计并提供施工图纸一式三份，甲方执一份，乙方执两份。

3.2双方提供的设计方案、图纸必须符合有关设计规范的要求。

第四条　甲方工作

4.1开工三日前要为乙方入场施工创造条件，以不影响施工为原则。

4.2无偿提供施工期间的水源、电源。

4.3负责办理房屋物业部门开工手续和应由业主支付的有关费用。

4.4遵守物业管理部门的各项规章制度。

4.5负责协调现场施工队与邻里之间的关系。

4.6严禁随意改动房屋主体和承重结构，若要改动应向房屋管理部门提出申请，由原设计单位或者具有相应资质等级的设计单位对改动方案的安全使用性进行审定，由房屋管理部门批准。

4.7施工期间甲方仍需部分使用该居室的，甲方则应负责配合乙方做好保卫及消防工作。

4.8参与工程质量、施工进度的监督，参加工程材料验收、隐蔽工程验收、竣工验收。

第五条　乙方工作

5.1施工中严格执行安全施工操作规范、防火规定、施工规范及质量标准，按期保质完成本合同工程。

5.2严格执行市建设行政主管部门施工现场管理规定：

⑴无房管部门审批手续和加固图纸，不得拆改工程内的建筑主体和承重结构，不得加大楼地面荷载，不得改动室内原有热、暖、燃气等管道设施；

⑵不得扰民及污染环境，应根据所在物业的施工作息要求，正常情况下，每日十二时至十四时、十八时至次日八时之间不得从事敲、凿、刨、钻等产生噪声的装饰装修活动；

⑶因进行装饰装修施工造成相邻居民住房的管道堵塞、渗漏、停水、停电等，由乙方承担修理和损失赔偿责任；

⑷负责工程成品、设备和居室留存家具陈设的保护；

⑸保证居室内上、下水管道畅通和卫生间的清洁。

5.3甲方为少数民族的，乙方在施工过程中应尊重其民族风俗习惯。

第六条　工程变更

在施工期间对合同约定的工程内容如需变更，双方应协商一致。由合同双方共同签订书面变更协议，同时调整相关工程费及工期。工程变更单，作为竣工结算和顺延工期的根据。

第七条　材料供应

7.1按本合同附表一、附表二所约定的供料方式提供。

⑴应由甲方提供的材料、设备，甲方在材料设备到施工现场前通知乙方。双方就材料、设备的相关产品标准、环保标准共同验收并办理交接手续。

⑵应由乙方提供的材料、设备，乙方在材料、设备到施工现场前通知甲方。双方就材料、设备的相关产品标准、环保标准共同验收，由甲方确认备案。

⑶双方所提供的建筑装饰装修材料必须符合GB 6566、GB 18580、GB 18581、GB 18582、GB 18583、GB 18584、GB 18585、GB 18586、GB 18587、GB 18588标准并提供的检测合格报告。

⑷如双方对建筑装饰装修材料持有异议需要进行复检，须到法定的专业检测单位检测，

其复检费用由责任方承担。

⑸甲方所提供的材料、设备经乙方验收、确认办理完交接手续后，在施工使用中的保管和外观质量控制均由乙方负责。

第八条　工期延误

8.1 对以下原因造成竣工日期的延误，经甲方确认，工期可顺延：

⑴工程量变化或设计变更；

⑵不可抗力（自然灾害、战争、政策因素等）；

⑶甲方同意工期顺延的其他情况。

8.2 因甲方未按合同约定完成其应负责的工作而影响工期的，工期可顺延。

8.3 甲方未按合同约定支付工程款影响正常施工的，工期可顺延。

8.4 因乙方责任不能按期完工，乙方应承担延期责任。

第九条　质量标准

9.1 装修室内环境污染控制方面，乙方应严格按照GB 50325的规定执行。

9.2 本工程施工质量按本标准附录D的规定执行。

⑴由于原房屋建筑、水电、防水等不属乙方施工范围造成的质量问题，所涉及的费用，均不在本预算内。

⑵房屋装修交付后，由于自然沉降所产生的墙地面裂缝，不属于乙方责任，不在质保范围，乙方可提供有偿服务。

⑶属甲供材料，对质量保证不确定的产品，不属质保范围，甲供材料发生质量问题，应由甲方负责。

⑷施工途中如有变更，甲方应同乙方项目经理或设计师协商变更方案，确认签字并追加（减少）进度款后方可施工。

9.3 在竣工验收时双方对工程质量、室内空气质量发生争议，申请由法定专业检测单位对工程质量、室内空气质量予以检测，检测所应支出的相关费用由责任方承担。

第十条　工程验收和保修

10.1 在施工过程中分下列阶段对工程质量进行联合验收：

⑴材料验收；

⑵分部分项验收及隐蔽工程验收；

⑶竣工验收。

10.2 双方在合同约定工期结束，如有双方签定的顺延工期顺加后十日内组织竣工验收。验收合格后，双方办理移交手续，结清尾款，签署保修单，提交水电改造图，并享受两年工程质保期（余款未付清的不享受质保期）。

10.3 双方进行竣工验收前，乙方负责保护工程成品和工程现场的全部安全。

10.4 双方未办理竣工验收手续，甲方不得入住，如甲方擅自入住视同验收合格，由此而造成的损失由甲方承担。

10.5 竣工验收在工程质量、室内空气质量及经济方面存在个别的不涉及较大问题时经双方协商一致签订“解决竣工验收遗留问题协议”（作为竣工验收单附件）后亦可先行入住。

10.6本工程自验收合格双方签字之日起，在正常使用条件下室内装饰装修工程保修期限为二年，有防水要求的厨房、卫生间防渗漏工程保修期限为五年。

第十一条 工程款支付方式

11.1合同签字生效后，甲方按下列表C.1中的约定向乙方支付工程款：

表C.1 单位：元

支付次数	支付时间	按工程款支付比率	应支付金额
第一次	开工三日前	50%	
第二次	工程进度过半	45%	
第三次	竣工验收合格	5%	

11.2工程进度过半，指工程中水、电管线全部铺设完成，墙面、顶面基层按工序要求全部完成，油漆、成品门、门窗套进场前，现场制作门、门窗套及木制品基本制作完成或合同约定施工期限过半为界定工程过半的标准。

11.3甲方增项费用的95%与第二次工程款同时交纳。

11.4工程竣工验收合格后，甲方对乙方提交的工程结算单进行审核。自提交之日起十日内如未有异议，即视为甲方同意支付乙方工程尾款。

11.5所有付款一律由乙方财务部门出具正式收据为准，严禁支付收受的个人账外行为。

第十二条 违约责任

12.1一方当事人未按约定履行合同义务给对方造成损失的，应承担赔偿责任；因违反有关法律规定受到处罚的，最终责任由责任方承担。

12.2一方当事人无法继续履行合同的，应及时通知另一方，并由责任方承担因合同解除而造成的损失。

12.3甲方无正当理由未按合同约定期限支付第一、二次工程款，每延误一日向乙方支付本合同工程造价总额1‰的违约金。

12.4由于乙方责任导致工程质量和室内空气质量不合格，乙方按下列约定进行返工修理、综合治理和赔付：

⑴对工程质量不合格的部位，乙方必须进行返工修理。因返工造成工程的延期交付视同工程延误，每延误一日，乙方支付甲方本合同工程造价1‰的违约金。

⑵对室内空气质量不合格，乙方必须进行综合治理。因治理造成工程延期交付视同工程延误。每延误一日乙方支付甲方本合同工程造价1‰的违约金。空气质量检测时间为竣工交付15天后，保持自然通风、柜门抽屉打开条件下，再关闭门窗一小时由法定的专业检测单位进行检测。

（3）属甲方供应的材料、家具等产生的空气质量超标由甲方负责。不可控制的原建筑物的有害气体污染，室外空气质量污染，不属乙方责任。

争议解决方式

本合同项下发生的争议，双方应协商或向市场主办单位、装饰装修行业协会、消费者协会等申请调解解决，协商或调解解决不成时，按下列第_____种方式解决：（以下两种方式只能

选择一种）

⑴向________人民法院起诉；

⑵向________仲裁委员会申请仲裁。

第十三条 附则

13.1本合同经甲乙双方签字（盖章）后生效。

13.2本合同签订后工程不得转包。

13.3双方可以依据双方商定的意见，以书面形式对本合同进行变更或补充。

13.4因不可归责于双方的原因影响了合同履行或造成损失的，双方应本着公平原则协商解决。

13.5乙方撤离有形市场的，由市场主办单位先行承担赔偿责任；主办单位承担责任之后，有权向乙方追偿。

13.6本合同履行完毕后自动终止。

第十四条 其他约定事项____

____

____

____

____

甲方（签字）： 乙方（盖章）：

法定代表人：

委托代理人：

年 月 日 年 月 日

附表一　甲方供给工程材料、设备明细表

序号	材料名称	单位	品种	规格	数量	供应时间	供应验收地点

甲方代表（签字盖章）；　　　　　　　　　　乙方代表（签字盖章）：

备注：所供给的材料、设备须有法定专业检验单位提供的检测合格报告。

附表二　乙方供给工程材料、设备明细表

序号	材料名称	单位	品种	规格	数量	供应时间	供应验收地点

甲方代表（签字盖章）；　　　　　　乙方代表（签字盖章）：

施工合同签订后，企业应告知业主在开工前的一些准备工作，例如，去政府部门办理装修的房屋安检；去小区物业公司办理装修手续；墙、地砖等主材的选购，等等。

企业也必须安排施工项目经理并召集设计人员与施工人员熟悉图纸，必要时设计人员进行初步交底，对照图纸及预算工程量，在开工前进行料具及人员安排、施工进度等工作准备。

参考文献

[1] 蒋乃平，喻晓筠，毛晶. DB32/T 1045—2007 住宅装饰装修服务规范. 江苏省质量技术监督局2007-07-01发布，2007-09-10实施.

[2] 甘智和. 中国陶瓷企业创新设计的思路. 佛山陶瓷高峰论坛，2007.

[3] 李沙，全进. 室内项目设计·上. 中国建筑工业出版社，2006.

[4] 梁志天. 室内设计作品《冬》，2007.

[5] 美国室内设计中文网.

[6] 中国室内设计网.

[7] 土豆网.

[8] 陈永. 建筑油漆工技能[M]. 北京：机械工业出版社，2008.

[9] 陈永. 浅析住宅阳台釉面墙砖细裂纹产生原因及防治[J]. 中国住宅设施，2009，4.

[10] 陈永. 浅析家居实铺木地板脚踩声响产生原因及防治[J]. 科技资讯，2010，10.

[11] 陈永. 浅谈家居主题室内设计的趋势与尝试[J]. 家具与室内装饰，2010，11.

[12] 陈永. 中国（上海）国际建筑与室内设计节“金外滩奖”、中国室内设计大奖赛、万都国际家居杯等大赛获奖作品.